U0830409

高职高专教育“十二五”规划建设教材

草坪建植与养护

（第2版）

赵 燕 主编

中国农业大学出版社

·北京·

内容简介

本书是高职高专教育"十二五"规划建设教材。书中系统地介绍了草坪建植与养护技术以及草坪应用和草坪质量评价的要点。内容包括：绪论、草坪草的基本知识、草坪建植技术、草坪养护管理技术、草坪病虫草害及其防治、草坪的应用、草坪质量评价等。全书既有必要的理论基础，又有丰富的实践经验；突出了草坪建植与养护技术的实用性和可操作性，同时融入了当前草坪生产的新知识和新技术。书中内容深浅适度，图文并茂、形象直观。

本教材适用于高职高专园林、园艺及农林专业教学使用，也可作为其他人员的培训、自学的参考书。

图书在版编目(CIP)数据

草坪建植与养护/赵燕主编. —2版. —北京：中国农业大学出版社，2012.8(2019.6重印)

高职高专教育"十二五"规划建设教材

ISBN 978-7-5655-0564-5

Ⅰ.①草… Ⅱ.①赵… Ⅲ.①草坪-观赏园艺-高等职业教育-教材 Ⅳ.①S688.4

中国版本图书馆CIP数据核字(2012)第156026号

书　名　草坪建植与养护(第2版)

作　者　赵　燕　主编

策划编辑　姚慧敏　　**责任编辑**　韩元凤

封面设计　郑　川　　**责任校对**　陈　莹　王晓凤

出版发行　中国农业大学出版社

社　址　北京市海淀区圆明园西路2号　　**邮政编码**　100193

电　话　发行部 010-62818525，8625　　读者服务部 010-62732336

编辑部 010-62732617，2618　　出　版　部 010-62733440

网　址　http://www.cau.edu.cn/caup　　**e-mail** cbsszs @ cau.edu.cn

经　销　新华书店

印　刷　涿州市星河印刷有限公司

版　次　2012年8月第2版　2019年6月第4次印刷

规　格　787×980　16开本　16印张　290千字　彩插4

定　价　32.00元

彩图 4-1 腐霉枯萎病

彩图 4-2 褐斑病

彩图 4-3 夏季斑枯病

彩图 4-4 镰刀菌枯萎病

彩图 4-5 镰刀菌枯萎病

彩图 4-6 币斑病

彩图 4-7 锈病

彩图 4-8 黑粉病

彩图 4-9 白粉病

彩图 4-10 霜霉病

彩图 4-11 德氏霉叶枯病

彩图 4-12 草地螟成虫

彩图 4-13 黏虫成虫

彩图 4-14 黏虫幼虫

彩图 4-15 斜纹夜蛾成虫

彩图 4-16 斜纹夜蛾幼虫

彩图 4-17 短额负蝗

彩图 4-18 东亚飞蝗

彩图 4-19 同型巴蜗牛

彩图 4-20 野蛞蝓

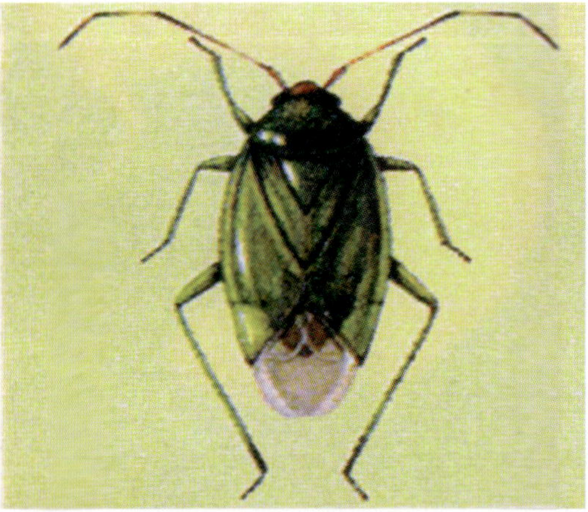

彩图 4-21 绿草盲蝽

彩图 4-22 三点盲蝽

彩图 4-23 大青叶蝉

彩图 4-24 麦长管蚜无翅孤雌蚜及若蚜

彩图 4-25 稻小潜叶蝇

彩图 4-26 黄地老虎成虫

彩图 4-27 黄地老虎幼虫

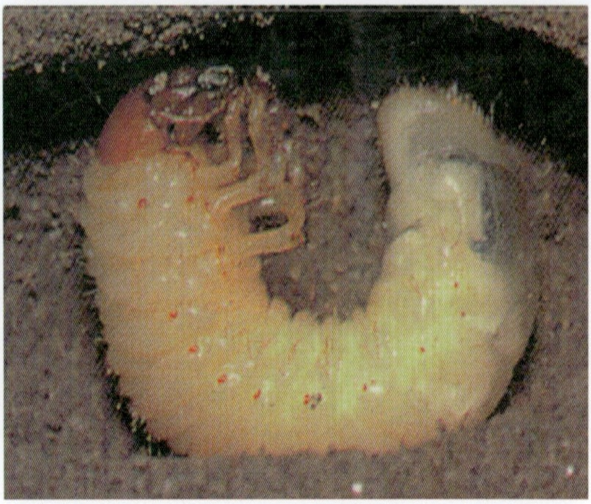

彩图 4-28 蛴螬

彩图 4-29 东北大黑鳃金龟成虫

彩图 4-30 细胸金针虫成虫

彩图 4-31 细胸金针虫幼虫

彩图 4-32 华北蝼蛄

彩图 4-33 东方蝼蛄

彩图 4-34 稗

彩图 4-35 狗尾草

彩图 4-36 牛筋草

彩图 4-37 虎尾草

彩图 4-38 野燕麦

彩图 4-39 狼尾草

彩图 4-40 白茅

彩图 4-41 香附子

彩图 4-42 蒲公英

彩图 4-43 刺儿菜

彩图 4-44 苣荬菜

彩图 4-45 车前

彩图 4-46 萹蓄

彩图 4-47 反枝苋

彩图 4-48 藜

彩图 4-49 田旋花

彩图 4-50 酢浆草

彩图 4-51 马齿苋

图 4-2、4-46、4-48、4-49、4-50、4-51 引自《草坪科学与管理》，胡林，2001

图 4-4、4-8、4-11、4-17、4-18、4-30、4-31 引自《草坪技术手册·草坪保护》，徐秉良，2006

图 4-13、4-14、4-22、4-24、4-26、4-27 引自《中国北方农业害虫原色图谱》，何振昌，1997

图 4-5、4-9、4-12、4-19、4-25 引自《草坪病虫害诊断与防治原色图谱》，余德亿，2005

第 2 版编写人员

主　编　赵　燕　云南农业职业技术学院

副主编　郑长艳　黑龙江农业职业技术学院
　　　　徐　荣　北京市园林学校
　　　　张馨月　新疆农业职业技术学院
　　　　吴艳华　辽宁农业职业技术学院
　　　　杨兴芳　潍坊职业学院

参　编　李　霄　厦门华侨大学
　　　　李永进　河北工程大学

第1版编写人员

主　编　赵　燕　云南农业职业技术学院

副主编　徐　荣　北京市园林学校
　　　　郑长艳　黑龙江农业职业技术学院
　　　　刘桂英　廊坊职业技术学院
　　　　侯建伟　吉林农业大学高职高专学院

参　编　王川才　永州职业技术学院
　　　　杨兴芳　潍坊职业学院
　　　　李祖祥　江苏农林职业技术学院
　　　　付春明　云南农业职业技术学院

第 2 版前言

草坪有净化空气，保持水土，绿化、美化环境等作用。当今世界各国都非常重视城市草坪的建植，英、法、德、美和澳大利亚等国家的首都，人均草坪面积达 20～170 m^2。近年来，国际上还将草坪覆盖面积作为衡量城市现代化程度的重要标志之一。

随着我国改革开放的不断深入，草坪在改善和建设人类生存环境中的意义和作用，已越来越受到人们的普遍关注，尤其是草坪在园林绿化、景观设计中的地位越来越重要，我国草坪业正步入大规模发展的新时期，草坪面积在绿地中的比例越来越大，迫切需要大量的既有一定理论基础，又有较强专业技能的草坪生产、经营和管理的应用型技术人才。

《草坪建植与养护》是为适应高校教学工作而编写的专业课教材。是根据教育部高职高专教育培养人才的目标和教材建设要求，在课程教学大纲和课程教材编写大纲审定的基础上编写的。在编写过程中注重贯彻能力本位原则、岗位群导向原则、与时俱进原则、适用性原则和启发性原则，尤其是结合了编者多年从事草坪教学工作和积累的实践经验，把南北方草坪建植与养护技术的殊同作了有机的统一，更具有针对性和实用性；突出了学生职业综合能力、专业技术能力的培养和发展需求。可操作性强，简明实用，便于自学。

本书是高职高专教育"十二五"规划建设教材，由赵燕担任主编，郑长艳、徐荣、张馨月、吴艳华、杨兴芳担任副主编，李霄参与相关章节的编写和辅助工作。编写分工为：绪论由李霄编写，第一章由吴艳华编写，第二章由赵燕编写，第三章由张馨月编写，第四章、第五章由郑长艳编写，第六章由徐荣编写。赵燕对全书进行修改定稿。

本书可作为高职高专园林、园艺、草业、林学、农学类等专业的教材，也可作为其他人员的培训、自学的参考书籍。

本教材得以在短期内完成，是全体编写人员团结协作、热情奉献以及出版社各位编辑大力支持的结果，在此深表谢意。

由于编者水平和掌握资料有限，不足之处在所难免，敬请读者批评指正。

编　者
2012 年 4 月

第 1 版前言

草坪有净化空气，保持水土，绿化、美化环境等作用。当今世界各国都非常重视城市草坪的建植，英、法、德、美和澳大利亚等国家的首都，人均草坪面积达 20～170 m^2。近年来，国际上将草坪覆盖面积作为衡量城市现代化程度的重要标志之一。

随着我国改革开放的不断深入，草坪在改善和建设人类生存环境中的意义和作用，已越来越受到人们的普遍关注，尤其是草坪在园林绿化、景观设计中的地位越来越重要。我国草坪业正步入大规模发展的新时期，草坪面积在绿地中的比例越来越大，迫切需要大量的既有一定理论基础，又有较强专业技能的草坪生产、经营和管理的应用型技术人才。

《草坪建植与养护》是为适应高校教学工作而编写的专业课教材。教材是根据教育部高职高专教育培养人才的目标和教材建设要求，在课程教学大纲和课程教材编写大纲审定的基础上编写的。在编写过程中注重贯彻能力本位原则、岗位群导向原则、与时俱进原则、适用性原则和启发性原则，尤其是结合了编者多年从事草坪教学工作和实践所积累的经验，较好地突显了南北方草坪建植与养护技术的殊同，更具有针对性和实用性，突出了学生职业综合能力、专业技术能力的培养和发展需求。

本教材编写分工如下：绪论由王川才编写；第一章由杨兴芳编写；第二章由侯建伟编写；第三章第一、二节由李祖祥编写；第三章第三节由郑长艳编写；第四章第一、二、三、五节由赵燕编写，并负责全书统稿；第四章第四节由付春明编写；第五章由刘桂英编写；第六章由徐荣编写。

本教材是高职高专园林、园艺、草业、林学、农学类专业教材，并可作为相关层次人员的培训、自学及参考书。

本教材得以在短期内完成，是全体编写人员团结协作、热情奉献以及出版社各位编辑大力支持的结果。在此，对他们的辛勤劳动和真诚合作表示感谢。

本教材在编写中，尽管有着明确的目标和良好的追求，但由于水平有限，离既定目标和编写要求还有差距，错误和疏漏也在所难免，恳请读者批评指正。

编 者

2012 年 7 月

目 录

绪　论

人类利用草坪最早始于天然草地，人工草坪起源于天然草地，草坪植物则起源于天然嫩草。人类对草坪的认识也是随着时代的发展而不断提高的。随着社会不断进步，人们精神文明和物质文明程度的提高，草坪作为现代文明的象征被广泛应用，不但发挥着显著的生态效益，而且在园林绿化和其他方面的重要作用日趋突出，它是园林绿化的三大植物（花卉、树木、草坪）之一。

草坪起源于中国，中国有悠久的种草史。而草坪发展于欧洲，真正兴起于美洲，是绿化美化西方园林最主要的造园材料。在美国，草坪业与通讯、汽车一样是其十大产业之一。

特别是伴随着足球、橄榄球、高尔夫球等运动场建设的迅速发展，当今草坪业已成为发达国家的一大产业。

由此可见，草坪在绿化、生态及环境的改善和建设中的重要地位和作用。

一、草坪的概念

草坪，又称“草皮”，我国古代时期称它为草地。最早的康熙字典里有“草地”、“草山”、“草坡”、“草甸”几个名词，而无“草坪”一称。草坪是近几十年，在我国城市园林绿化建设中，逐渐发展而形成的。“坪”即地坪，而草坪则是用种草方式形成的地坪。1999 年在北京召开的全国园林学术会议，专家们正式确定了“草坪”一词。目的在于统一名称，加强管理，方便学术交流与研究。草坪最早在《辞海》中的解释是：草坪是园林中用人工铺植草皮或播种草籽培养而形成的绿色地面。显然这一解释是不够完善和全面的。我们可根据草坪的现状和发展将其归纳为：草坪，是指多年生低矮草本植物在天然形成或人工建植后经养护管理而形成的相对均匀、平整的草地植被。这一概念包括了 3 个方面的内容：一是草坪的性质为人工植被；二是其基本的景观特征是以低矮的多年生草本植物为主体相对均匀地覆盖地面；三是草坪具有明确的使用目的。

二、草坪的类型

草坪与人类生产、生活有广泛密切的联系，在园林绿化布景和其他方面的用途广泛。由于草坪科学的不断发展，建植技术的不断提高和创新，并随着人们生产、生活需要的扩大，草坪的应用范围和表现形式亦是多种多样。从不同的角度和标准出发，可以把草坪分成不同的类型。

(一)根据草坪的用途分类

1. 游憩草坪

用于供人们散步、休闲、游玩及户外活动的草坪。此草坪多布置于公园、居住小区、庭院及文化休闲广场。这类草坪的建植要求是除了外观要求平整漂亮外，还应要求有耐踩踏和较强的恢复能力。休闲游憩草坪，除了与人们直接接触外，外观的色彩、形状也是要使人有宁静、舒服的心里感觉。此类草坪无固定形状，一般面积宜宽。为避免感觉单调枯燥，草坪内可种植树群或孤赏树木，点缀石景，草坪边沿配置花木、花带图案等。

2. 观赏草坪

供人们进行园林景观欣赏的草坪。也有称作装饰草坪、造型草坪等。此类草坪不允许人们入内踩踏。从园林布景的整体出发，观赏草坪多用于公园、游园、居民小区、街路、广场、雕塑及喷泉等处。观赏草坪一般要求低矮、茎叶细密。具有鲜亮艳丽花朵的紫云英、红花酢浆草等建成的观赏草坪，观赏效果更佳。

3. 运动场草坪

供体育活动用的草坪。如足球场草坪、高尔夫球场草坪、橄榄球场草坪、网球场草坪及垒球场草坪等。建植此类草坪的草坪草，要求耐踏、耐修剪和极强的恢复能力。同时还应考虑草坪的弹性、硬度、摩擦性及其他方面的性能。一般是采用多个品种混播。

4. 防护草坪

防护草坪指建于坡地、水岸、堤坝、公路和铁路边坡等处，用于固土护坡、防止水土流失的草坪。这类草种的选择，通常要求根系发达、匍匐生长、覆盖度大、草丛茂密，特别要求抗逆力强、适应性广。

5. 飞机场草坪

飞机场草坪指建植于停机坪和机场建筑设施之外空地的草坪。机场草坪的作用大致有防止雨水冲刷，减少扬尘，提高能见度，保持良好环境。建坪要求草坪平坦、坚实、密生、高弹性、粗放管理，应选用繁殖快、抗逆性强、耐干旱、耐瘠薄、耐践踏的草种。

6. 其他草坪

如森林草坪、牧场草坪、停车场的镶嵌草坪、屋顶草坪等。

(二)根据草坪植物的组成分类

1. 单纯草坪

单纯草坪指由一种草坪草种或品种所建植的草坪。其特点是具有明显的单一性,高度、色泽、质地方面均匀一致。常用作观赏草坪布置在公园、广场、庭院或填充花坛衬托草木或灌木花卉。

2. 混合草坪

混合草坪指由多种草坪草或品种建植的草坪。混合草坪也称混栽草坪。这类草坪从建植到成坪,充分发挥各种草坪草的优势和特点,如夏季生长好的草与冬季抗寒性强的草品种混合;宽叶草种和细叶草种混合;耐踏踩的品种与耐修剪的混合。混合栽培不仅能延长草坪草的绿色观赏期,而且能提高草坪的使用效果和防护功能。

3. 缀花草坪

缀花草坪是草坪铺设的一种新形式,即在草坪上布置一定面积的草本花卉。按照景观效果需要在草坪上疏密有致、自然错落、图案流畅自由地点缀一些花色醒目艳丽的草本花卉。所布置的花卉常用一些多年生的草本植物,如水仙、鸢尾、石蒜、葱兰、韭兰、红花酢浆草、郁金香、萱草、野豌豆等。多用于游憩草坪、观赏草坪。这些开花植物常布置在草坪上的景石、树丛、树群、树节的边沿或在大片草坪上作为远景。

(三)根据树木的组合分类

1. 空旷草坪

草坪上不栽任何乔木灌木。这类草坪通常地形较为平坦、开阔,凸显单纯而气势较大的景观效果。这类草坪可用作体育活动和游憩休闲。空旷草坪的边沿常布置一些高大常绿的树群、树带或建筑,通过对比来突出草坪空间的开阔和气势恢宏。多用于风景区和大型公园。

2. 稀树草坪

草坪上布置一些单株乔木。这些乔木要求树形圆整高大、枝叶繁茂、树姿优美。树木的覆盖面积为草坪面积的30%～60%。这类草坪多布置在公园、风景区等地,适宜于夏季休闲、读书、野餐等活动。此类草坪要求耐阴性好,细长柔润。

3. 树下草坪

布置在密林地或树群林下的草坪。树木的覆盖面积要达到70%以上。这类草坪草品种要求相当耐阴。多布置在风景区或大型公园中，通常林木设有林间小道，不容游人入内踩踏，以观赏和水土保持为主。

(四)根据园林规划形式分类

1. 自然式草坪

草坪中及周围布置的植物都是自然式的，地形亦为起伏自然。草坪周围的景物、道路、水体和草坪周沿轮廓线均为自然式。多数空旷草坪、游憩草坪、缀花草坪和疏林、林下草坪均为自然式草坪。

2. 规则式草坪

地形平整，呈几何形状的坡地上、庭院中的草坪，或与其相配合的道路、小径、树木等布置均为规划式时，称之为规则式草坪。一般足球场、网球场、飞机场、纪念堂馆、规则式公园、广场、机关单位的庭园及街路上的草坪，多为规则式草坪。

三、草坪的功能

草坪作为美化环境、净化空气、调节气温、消减噪声、提供休闲和运动场所，以及保持水土等多种功能的公共绿地，在维护生态平衡、美化生活环境、发展体育运动和交通运输等方面，具有不可替代的作用。

(一)草坪对环境的保护作用

1. 改善局部小气候环境

调节气温：夏季草坪中的地表温度比裸地低 8℃左右，高温时间也可缩短 2～3 h；冬季温度比裸地高 1～4℃。调节湿度：在无风状态下，夏季草坪上空湿度比裸地高 10％～20％，在平面楼顶铺植草坪，对减缓上层楼房湿度变幅有明显作用。草坪地还能缓和太阳辐射，减轻阳光对人眼的伤害，消除视神经疲劳。在校园、工厂、广场等公共场所多植绿色草坪有利于保护视力。

2. 净化空气

草坪植物能稀释分解、吸收和固定大气中有毒有害物质，通过光合作用转害为利；草坪植物还能吸收 NH_3、SO_2、HCl 和 O_3 等有毒有害气体和盐类；草坪还有沉降粉尘使空气达到进一步净化的作用，沉降在草坪上的粉尘和灰尘可随雨水、露水和人工灌水流至土中。据测定，草坪近地层空气含尘量比裸露地面少30％～40％。

3. 杀菌防病

许多草坪植物体内含有杀菌素具有杀菌作用，据测算，草坪近地层空气中的细菌含量仅为水泥地面或裸露地面的公共场所的 1/3 000。尤其在修剪后，草坪植物受伤时产生杀菌素的作用更趋强烈。其中以禾本科植物中的红狐茅（*Festuca rubral*)杀菌力最强。

4. 减弱噪声

草坪植物的叶和茎具有良好的吸音效果。据测定,乔灌草结合 40 m 宽的多层次绿地,可降低噪声 10～15 db。居民区、校园、工矿区、公园周围及道路两侧等处建立乔灌草结合的绿带,一方面可覆盖地表、美化环境,另一方面也有降低噪声的作用。

5. 保持水土

草坪植物具有致密的根系和繁茂的茎叶覆盖地面,具有良好的防止水土流失和风蚀的作用;草坪植物能固定土壤,减少地表径流,减少大雨冲刷,减少河道及水体泥沙淤积,保护江河水系。

(二)草坪的景观作用

草坪以其色泽均匀、表面平滑、质地良好和开阔平坦的特性,是园林造景的主要材料之一。草坪与亭台楼阁、山石、水体、树木及花卉映衬组合,可形成优美的景观效果。以草坪作背景的雕塑、喷泉和花坛,生机盎然具有动感。

(三)提供人们活动休闲场地

草坪质地均一并具弹性,可作为一些体育运动的场地,如足球场、橄榄球场、高尔夫球场和板球场等。由于草坪的特性,给予人们宁静放松的感觉,在自然宽阔的绿色草坪上休闲、娱乐,对陶冶情操、增进身心健康有良好的效果。

(四)其他方面的功能

草坪是保护堤岸、公路、铁路陡坡最好的植物材料,也是建筑与预留地的最适覆地材料。在意外事件突发的紧急状态下,如火灾、地震等突发事情,草坪可起到集散人群的作用。定期修剪的多数禾草也是家畜的良好饲料。

四、草坪业的发展

(一)草坪应用发展简史

(1)英国的布丁于 1830 年发明了第一台剪草机。

(2)19 世纪后期,美国最早开始了草坪草及草坪培育的研究,这标志着草坪科学研究的开端。

(3)草坪科学的国际学术组织是国际草坪研究学会,它于 1969 年在英国运动草坪研究所召开首届会议,以后每 4 年召开 1 次。

(4)中国利用草地作为狩猎、娱乐和庭园美化的历史十分悠久。

(5)早在公元前 2 000 多年的周朝,就把草列入到农经园艺范围。

(6)春秋时代,在诗经中就有对草地的描写。

(7)18 世纪,草坪在清朝皇家园林中已占有重要地位,具有相当的规模。

(8)尽管我国利用草坪的历史十分悠久,但在 2 000 年左右的时间内,草坪的应用并没有得到很大的发展。

(9)鸦片战争后,欧美式的公园草坪、运动场草坪等相继传入中国。

(10)1949—1978 年,我国对草坪的利用处于很粗放的阶段,对草坪的重要性也缺乏认识,且规模小、从事草坪生产和经营的人员较少。

(11)改革开放后,草坪发展也开始了历史的转折点。20 世纪 90 年代以后,草坪行业呈加速发展的趋势。

(12)1983 年中国草原学会草坪学术委员会成立。

(二)世界草坪业的发展状况

草坪生产利用和研究有着悠久的历史。公元前 500 年,波斯(今伊朗)就用草坪配合花木装饰宫廷院落。公元前 350 年,英国人把引入的低矮草坪先在一些庭园和修道院里种植,而后建植滚球场草坪。到了 16—17 世纪,草坪的应用得到了进一步的发展,欧洲国家的城镇、乡村都有大量建植,同时,高尔夫球场的建植和一些运动性草坪开始出现。受英国的影响,美国的草坪发展也较早,在中世纪,美国人就用草坪美化房屋四周或种植在城镇的广场或公园内。

1885 年,美国康涅狄克州进行了翦股颖和羊茅两属优良品种草种的选育;1890 年,罗德岛大学开始了草坪学的研究;19 世纪初,草坪学在西方国家逐渐成为热门科学。草坪作为一种文化,已反映在人们生活的许多领域,一些经济和文明发达的国家,都十分重视各类草坪建设和草坪文化的发展。草坪教学、科研及书籍杂志相继出现。20 世纪初,很多大学的实验站都开始了草坪科学的研究。第二次世界大战以后,随着美国草坪科学研究的迅速发展,草坪业成了在世界兴起的一门新兴产业。20 世纪 60 年代,草坪草品种的培育改良、草坪专用肥料、草坪专用机具、除草剂、草坪病虫害药剂及草坪养护管理服务等方面都引入了市场。到了 20 世纪 80 年代,随着经济和文明的更进一步发展,世界草坪有了飞速的发展,草坪已成为建立绿化走廊、花园城、园林城市及实现大地园林化、创建最适居住城市、创造舒适生活工作环境的重要内容之一。草坪绿地面积的大小已成为衡量现代化城市环境质量和体育运动发展水平的客观标准之一。目前,草坪业已成为发达国家的一大产业。具体表现在以下几个方面。

1. 应用现代科学新技术培育新品种

美国和欧洲一些经济发达国家为了提高草坪质量,大学、科研机构及一些公司结合起来选育优质草坪草的新品种,运用生物技术、杂交方法等培育出大量的能适应多种生态环境和株形优美的新品种。美国利用无性系筛选的方法，培育出植株低矮、抗病性强的许多优良的狗牙根新品种，如 Tuffy、Ormand、Tufcote、U-3、Tifgreen 和 Tifdawrf 等。近年来，相继在草地早熟禾、多年生黑麦草、高羊茅及细羊茅 4 个草种，培育出 75 个品种在市场上销售。荷兰根据草坪草品种将来的用途，从草坪密度、叶片质地、抗磨损撕裂能力、建植速度及抗逆性(抗寒、抗旱、耐阳、耐盐、耐热等)和色泽等特性的要求，培育出了一系列的优良品种，如在草地早熟禾、苇状羊茅、紫羊茅、硬羊茅、匍茎翦股颖、多年生黑麦草等草种方面，选育出 70 多个各具优良性状、可供不同用途需要的新品种。

2. 草坪种子产业

随着环境建设绿化美化的需要，草坪种子繁殖生产、销售等成为草坪业的一个重要部分。欧洲的荷兰、丹麦、瑞典等国，都建有多家规模很大的种子公司，从事草坪草种的选育、建植、管理和草种的销售业务。北欧有两家最大的种子公司，丹麦的 PLF-TRIFOLIUM A/S 公司和瑞典的 SVALOF WEIBULL AB 公司。前者主要生产和销售农作物、花卉、牧草和草坪种子，80%是国际贸易，年产值在 10 多亿美元。被称为“世界草种之都”的美国俄勒冈州是世界上重要的草坪和牧草种子生产基地，世界上 60%的草坪和牧草种子产自这里，每年生产的冷季型草种在 30 万 t左右，产值约 3 亿美元。

3. 草坪生产企业化

草皮卷和种子是经农业生产而非工业加工而成的 2 种草坪商品。虽然目前种子繁殖是草坪建植的主要方法，但草茎草块，即草皮直接铺植在草坪建植中也是很重要的，尤其是运动场(如足球场)的应用。美国早在 1992 年就有生产草皮的农场 1 614 个，年销售额达 4.71 亿美元，仅佛罗里达州草皮生产总面积就超过了 2.13 万 hm^2。在过去的 20 年中，美国的草皮产业已增长了近 2.5 倍。由于草皮生产采用了先进的科学技术和设备，而且商品化草皮的品质有规定评价标准。因此，成坪及出售的草皮质量都很高。

4. 草坪养护服务行业的兴起

草坪管理养护这一服务性行业始于 20 世纪 70 年代，到 80 年代迅速兴起。美国到 1986 年时，这一行业已拥有 5 500 家公司，而仅 1986 年这一年，其总收入达 20 亿美元以上。世界上一些发达国家和地区，陆地上除了森林、建筑、农田和高速公路等外，几乎全为绿色覆盖，其中绝大部分为草坪，很少有裸地。公用绿地和私人花园相结合，共同发展草坪绿地。其中草坪大多由专门的公司或个人负责。发达国家的草坪养护服务公司主要为公用绿地草坪提供养护管理，同时也提供专门的草坪养护设备、化学药品、肥料。

5. 其他方面

近年来，一些不同形式的草坪在经济发达国家不断发展。一是屋顶草坪：屋顶草坪的建设面要求平坦、不漏水、空间无遮阴、床土结构要轻，保水保肥性能好，土层在 20～30 cm 之间，草种也要匍匐类型或须根较多。二是人造草坪：人造草坪是用塑料化纤产品为原料，用人工方法制成的外形与天然草坪相近似的模拟草坪，其基本结构由基层、缓冲层和模拟草坪层组成，具有承受持久高强度重压和耐践踏能力的特性。通常有绒面草坪、圆环形卷曲条纹草坪、叶状草坪、透水草坪和充沙草坪等类型。不同类型的人造草坪各有其不同的用途，有的用于运动场地，有的用于公共活动场所、商场及宾馆装饰等。英、美、法及日本等经济发达国家，都有草坪公司生产人造草坪。法国的人造草坪制作商已成功地将贴地纺织纤维下垫物直接铺在砾面地基上，建成光滑平整的人造草坪。三是模块移动式草坪：建造草坪时，通过特殊的固定装置将所有模块固定在地面上，模块内填充草坪生长所需的土壤基质及排水系统。草坪建植可以采用种子直播或草皮铺植等。由于模块移动式草坪是由若干个独立的草坪模块组成，除了能快速成坪外，还由于其灵活性，可以随时更换那些损伤严重的部分，同时模块系统底盘设计具有通风、排水、升降温等特性，为草坪草在使用前后的生长提供了良好的环境。

（三）我国草坪业的发展状况

中国的现代草坪业起步较晚。但改革开放后，特别是 20 世纪 90 年代以来，我国草坪业已经广泛地用于环保、城建、园林、体育运动、旅游、度假、娱乐、休闲、水土保持等各个领域。

我国的草坪在科研、教育、对外交流、出版等方面也得到了一定的发展。近年来，在草坪草的选种育种、草坪养护、专用草坪的建植与养护、草坪营养与施肥、草坪病虫杂草的防治，以及草坪草的生物学、生态学和物候学、抗性生理学等基础研究取得了新的成果。同时，我国从国外引入优质草坪草种 100 余个，经过各地试种和推广应用，筛选出许多适应中国各地栽植的优良品种。栽植面积较大的有：冷地型草坪草类的翦股颖、草地草熟禾、高羊茅、细羊茅、多年生黑麦草、野牛草等；暖地型草坪草类的狗牙根、结缕草、假俭草等。另外，观叶植物的马蹄金、白三叶等以及耐阴的麦冬，各地也有广泛栽培。

我国拥有多姿多彩的园林草坪植物的种质资源，特别是特有的优良草种结缕草，广布于东部沿海省区，面积约百万公顷，每年可产草种上千吨，除国内利用外，已初步进入国际市场，出口到日本、韩国等。然而，目前中国结缕草资源仍处于野生状态，草种混杂，需要进一步加强结缕草种的驯化选育和保护工作，不断提高结缕草种子的产量和质量。其他如狗牙根、假俭草以及草地早熟禾、羊茅等，都应进行系统选育，保护和新草种培育。总之，我们应该积极有效地合理开发利用植物资源，发展具有中国特色的草坪种子业，改变草坪种子主要依靠进口的被动局面，不仅节省外汇，而且避免种子进口带入病虫杂草的危险。

虽然我国草坪业在近年来取得了很大成绩，但与发达国家草坪业相比，不论草坪应用规模、生产制造、服务项目、科研和教育方面均有较大差距。

目前，我国从事草坪业的单位或公司已有几百家。我国的大、中城市草坪建设发展速度也很快，南方草坪发展速度一直居高不下，北方近年来发展更快。据初步估算，我国每年增加草坪面积在 2 000 万 m^2，全国人工种草 667 万 hm^2，绿地覆盖率由 19.2%增加到 22.1%。但全国发展不平衡，大中城市和沿海开放城市草坪业发展很快，人均绿地面积不断增加。如果以中国城市人均绿地达 10 m^2 目标而论，还要增加目前人均绿地面积的 1 倍，而且即使人均达到了 10 m^2 的绿地面积，也远远不能满足人们对生活环境质量要求的需要。另外，草坪业的迅速发展，也为与草坪有关的行业提供了更多的就业机会，如草坪养护管理者。

不难看出，草坪业不仅包含草坪的利用、美化、运动健身及娱乐设施的建造、管理，而且要求草坪草和其他地被的生产和保护相结合，采用草坪科学技术、业务管理、人才资源开发、草坪产品的生产及养护管理一系列措施，实现草坪产业的商品化。可以说，草坪业是一门综合产业、社会产业、应用产业及经济产业。总之，草坪业是一个前景广阔的综合性产业。

复习思考题

1. 草坪在环境保护中的功能主要体现在哪些方面？
2. 什么是草坪？
3. 根据用途草坪可分为哪些类型？
4. 哪些在草坪利用方面有悠久的历史？
5. 阐述合格的草坪管理者所应具备的素质。

第一章　草坪草的基本知识

知识目标

● 理解草坪草生长发育的一般规律及其与环境的相互关系对草坪建植与养护措施的影响。

● 掌握草坪草的一般形态特征、识别不同草坪草种的主要依据以及草坪草生长发育的一般规律。

技能目标

● 能够区分草坪草的各个部分并对其形态特征进行较为准确的描述。

● 会根据草坪各个部分的特征识别不同的草坪草种。

● 熟练草坪草的一般形态特征的识别及描述方法。

第一节　草坪草的生物学基础

一、草坪草的形态特征

(一)草坪草的概念

人们通常把构成草坪的植物叫草坪草。草坪草大多是质地纤细、株体低矮的禾本科草类。具体而言,草坪草是指能够形成草皮或草坪,并能耐受定期修剪和使用的一些草本植物种类。

草坪草通常都具有以下特性:植株低矮、分蘖力强、根系强大;耐修剪、耐滚压、耐践踏;繁殖力强,易于成坪,受损后自我修复力强,弹性强,软硬适度;叶形较细,色泽浓绿且绿期长;适应性强,易于管理。

草坪草大多以禾本科的草本植物为主,也有部分符合草坪要求的其他单子叶和双子叶草本植物，如百合科的麦冬（沿阶草），莎草科的苔草，豆科的白三叶、红三叶等等。

无论哪一种草坪草，在草坪中一般均处于营养生长状态，即植株由根、茎、叶组成，有些情况下也会形成花、果实、种子。这些器官的生长和发育规律，是草坪建植与养护管理的基础和依据。因此，了解和掌握草坪草的形态特征和生长发育规律，对维持草坪生态系统的动态平衡，建立高质量的草坪具有十分重要的意义。

（二）禾本科草坪草及其特征

禾本科草坪草是草坪建植中常用的草坪草主体，了解其形态特征是进行草坪草种识别、草坪建植与养护的基础。下面侧重介绍禾本科草坪草的外部形态特征（图 1-1）。

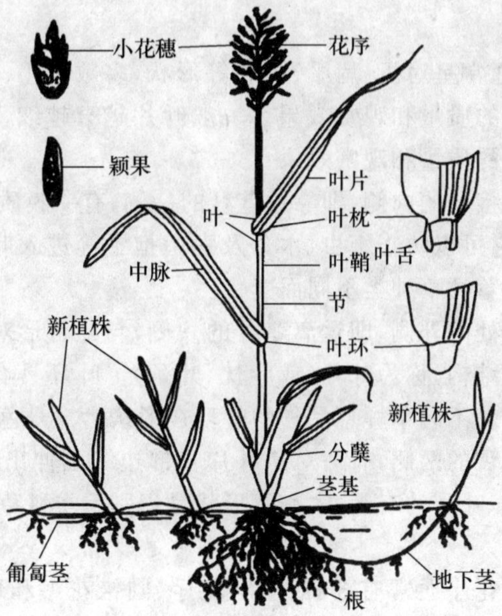

图 1-1　草坪草整株示意图

（引自《草坪建植与管理》，张志国，1998）

1. 根

禾本科草坪草的根包括由种子萌发时的胚根发育而来的初生根以及着生于茎节上的不定根（次生根）两种类型。一般初生根只在草坪建植当年存在，不定根在种子萌发后会不断形成，数量多而密集，是构成禾本科植物根系的主体。

2. 茎

禾本科草坪草的茎通常有两种类型。一种是与地面垂直生长的直立茎，另一种是朝一水平方向生长的横走茎。

直立茎呈狭长的筒状或管状，有明显的节和节间，节间常中空，节是叶片和腋芽的着生点，由秆节和鞘节两个环组成。

横走茎有两类，一类是位于土壤表面的称匍匐茎，另一类是位于土壤表面之下的根状茎。匍匐茎和根状茎具有明显的节和节间，节的部位既能产生新枝条又能产生不定根，所以能利用匍匐茎或根状茎作为无性繁殖材料进行建坪。

3. 叶

禾本科草坪草的叶交互着生于茎的节上，由叶片和叶鞘组成。

叶鞘通常紧密包绕茎秆，呈闭合或开裂状，它起着保护幼芽和茎的生长、增强茎的支持等作用。

叶片相对平展，通常呈对折、扁平、内卷等形状，多数形小、细长且密生。叶片的宽窄直接影响草坪的质量和观赏效果。一般叶片越窄越细，观赏价值越高。叶片的色泽也影响草坪的质量和观赏效果。

在叶片和叶鞘连接处的内侧，即靠近茎秆的一侧，有一膜质片状或纤毛状的突起结构，称为叶舌。它可以防止害虫、水分及病菌孢子等进入叶鞘，也能使叶片向外伸展。叶舌形状因草坪草种类不同而变化。

叶片和叶鞘连接处的外侧，即远离茎秆的一侧，与叶舌形对应的位置上，有一浅绿色或白色的带状结构，称为叶环(或叶枕、叶颈)。叶环具有弹性和延伸性，可调节叶片的伸展方向。不同草坪草品种的叶环在形状、大小、色泽上有明显不同。

有些草坪草在叶舌的两侧，有一对从叶片基部边缘延伸出的膜质耳状或爪状的附属物，称为叶耳。叶耳的有无、大小及形状是识别禾本科草坪草种属的依据。

4. 花序

禾本科草坪草的花序通常有 3 种：总状花序、圆锥花序和穗状花序(图 1-2)。总状花序的小穗有柄，如地毯草、假俭草、巴哈雀稗的花序；圆锥花序由分枝的穗状或总状花序构成，如早熟禾、翦股颖、小糠草的花序；穗状花序的小穗无柄，如狗牙根、黑麦草、结缕草、冰草的花序。

禾本科草坪草的花序由若干小穗组成。小穗(图 1-3)为禾本科植物花序的基本单位，具柄或不具柄。每个小穗下边通常具 2 枚颖片，外面的一枚叫外颖，里面的一枚叫内颖，颖以上是一至数朵小花。花外又各有 2 枚苞片，下方外侧一片称外稃，内侧一片为内稃。有少数种类其外稃顶部或背部具芒。苞片和颖片交互着生于果柄上。包在内外稃里的小花通常两性，具 2 枚由花被退化而成的浆片、3 枚雄蕊及1枚雌蕊。雄蕊具大型花药，花丝着生在花药的基部或中部。子房上位，1室，心皮内含1个胚珠，子房上有2个羽毛状柱头。

图 1-2　草坪草的3种主要花序类型

（引自《草坪建植与管理》，张志国，1998）

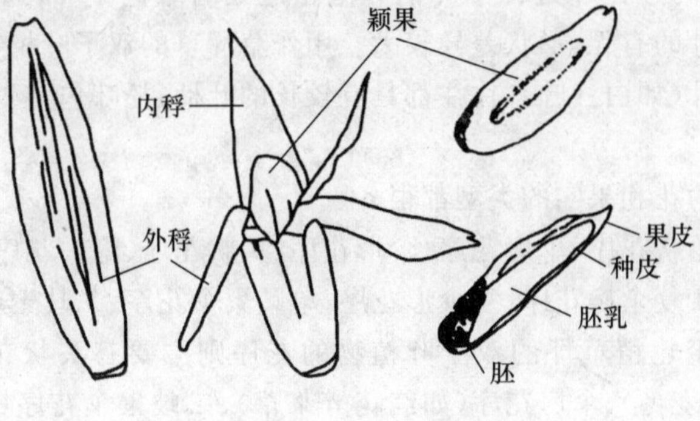

图 1-3　草坪草小穗的组成

（引自《草坪建植与管理》，张志国，1998）

5. 果实

禾本科草坪草的果实为颖果，内含1粒种子，由于果皮和种皮紧密愈合在一起不易分开，生产中这种果实也叫"种子"，可以直接作播种材料用。颖果内真正的种子含有高度进化的胚，位于颖果基部向外稃的一面，呈圆形或卵形凹陷；与提供营养的胚乳相邻。胚包括胚芽（外有胚芽鞘）、胚根（外有胚根鞘）、胚轴和子叶（盾片）。

(三)其他草坪草及其特征

适于建植草坪的草本植物除禾本科草坪草以外,还有某些非禾本科草坪草,如豆科的白三叶、红三叶、小冠花,旋花科的马蹄金,莎草科的细叶苔草、白颖苔草,百合科的麦冬等。下面仅就双子叶草坪草作简单介绍。

1. 根

直根系是双子叶植物根系的主要特征,主根粗大明显,其上可产生各级侧根。可用作草坪草的双子叶植物往往能在匍匐茎上产生须根状的不定根,如白三叶草匍匐茎上长出的不定根。

2. 茎

茎是植株的地上部分,着生叶和芽,主要起输导和支持作用。用作草坪草的双子叶植物通常都具有发达的匍匐茎,茎节上能产生不定根。

3. 叶

双子叶植物的一个完全叶由叶片、叶柄和托叶三部分组成。叶片是叶的主要部分,通常为绿色,宽大而扁平,有单叶、复叶之分,形状变化也很多。叶柄是叶片与茎相接的中间部分,托叶是位于叶柄和茎相连处的绿色小叶,通常成对分离而生。不同植物托叶的有无、形状差异较大。用作草坪草的双子叶植物既有单叶(如马蹄金),也有复叶(如白三叶),往往都具有较长的叶柄,托叶包茎生长。

4. 花和果实

双子叶植物的花和果实的类型都很多。

花序类型有总状花序、伞房花序、伞形花序、头状花序、隐头花序、穗状花序、柔荑花序、圆锥花序、复伞房花序、复伞形花序、单歧聚伞花序、二歧聚伞花序、单生花序等。常见的用于建植草坪的双子叶植物的花序则主要有头状花序(如白三叶草)、总状花序(如麦冬)、伞房花序(如红花醉浆草)、二歧聚伞花序(如地被石竹),而马蹄金的花则通常是单生的。

果实类型有浆果、柑果、梨果、核果、荚果、蓇葖果、角果、蒴果、瘦果、坚果、聚合果、聚花果等。常见的用于建植草坪的双子叶植物的果实则主要有荚果(如白三叶草)、浆果(如麦冬)、蒴果(如马蹄金、地被石竹)。

二、草坪草的生物学特性

(一)草坪草的生长发育

草坪草的生长发育过程可分为营养生长和生殖生长两大过程,它们都受环境条件的影响和制约。了解草坪草的生长发育特点及对环境条件的要求,对合理选择草坪草种类，建设高质量草坪具有重要意义。

从狭义的草坪养护管理考虑，我们主要讨论它的营养生长。

1. 种子萌发与幼苗形成

从草坪建植的角度讲，种子萌发包括种子播入土壤到幼苗出土的全过程，需经历3个阶段，即吸胀、萌动、发芽阶段。大致过程是，种子吸水膨胀后，经过一系列反应，胚根首先突破种皮向下生长形成根系，接着胚芽向上伸出地面形成茎叶（图1-4）。影响种子萌发的环境因素，主要是温度、水分和空气，有的植物如假俭草等，还需要光照。

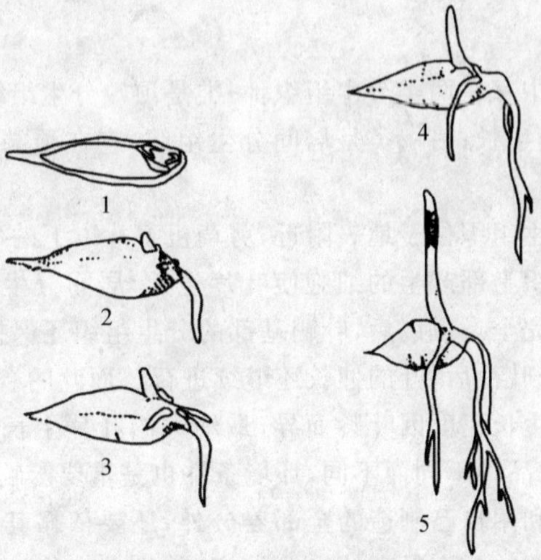

图 1-4 发芽过程示意图

（引自《草坪建植与管理》，张志国，1998）

1. 末端有胚的颖果 2. 长出初生根和胚芽鞘 3. 长出另外的种根
4. 根分枝 5. 第一片叶长出胚芽鞘的顶端

幼苗从第1片叶伸出展开起，除了依靠胚乳提供营养外，同时开始进行光合作用，有了自养过程，从而形成了一个能独立生活的植株。

从新枝基部节上产生的不定根是幼苗的另一重要结构，新建植草坪中存在初生根和次生根两种类型的根，随着草坪草的生长发育，初生根逐渐死亡，次生根取而代之。因此，成熟草坪中整个根系基本是由次生根（不定根）构成的须根系。

2. 根的生长

草坪草的根通常生长在地下，在适宜的条件（如适宜的气候和密度条件）下，一些不定根也会在地上形成。不定根的寿命一般和它们所依附的茎秆的寿命相同，但如果条件不适宜,不定根也会过早衰亡。草坪草的品种不同,每年新形成的用以取代衰亡根系的不定根数量也不相同。如草地早熟禾大部分根可以存活一年以上,而粗茎早熟禾、多年生黑麦草等每年都要更新根系的大部分。

草坪草根系在土壤中的分布深而广,尤其是水平分布更广,一般根系的水平扩展范围是地上部的 2～5 倍。这样深而广的根系,有利于其从更广阔的范围内吸收水和养料,但同时根与根之间的竞争会更加激烈,所以生产实践中应尽量减少或避免地下部的这种竞争。一方面要进行良好的土壤耕作,为根系提供一个良好的生活环境;另一方面要进行科学种植,使单位面积和单位空间上的植株分布更加合理。

3. 叶的形成

草坪草的生长点中存在两类分生组织:一类是顶端分生组织,在茎的顶部产生新细胞,保证茎的持续生长;另一类是居间分生组织,它在顶端分生组织以下的位置产生叶。

草坪草的顶端分生组织位于地表附近,剪草机刀片以下的位置,即没有伸长的茎基部。居间分生组织上部产生的细胞使叶片生长,居间分生组织下部在叶的基部发育成叶鞘。叶片完全形成以后,叶鞘基部的分生组织还保持一段时间的活力,因此,修剪去掉一部分叶片后,叶的伸长还继续进行。而叶的衰老则是从叶尖开始向下延伸的。叶片的生长速度因叶龄而异,最幼嫩的叶片生长最快。而新叶的生长速度又因草坪草种、品种不同而不同,环境条件也是重要影响因素。

新生叶的生长除利用自己制造的全部养分外,还要依靠其他叶子的光合产物作为补充。完全伸展的叶具有最高的光合效率,其光合产物被输送到植株的各个生长点,余下的部分则以碳水化合物的形式贮存于根茎。较老的叶子光合效率明显降低,只能把少量养分输送给其他生长点。叶在具有光合能力以前,生长所需的养分全靠贮存或其他叶制造的碳水化合物供给,因此,过多的修剪会引起草坪草活力的严重下降。

4. 茎的生长

禾本科草坪草的根与茎相连接的部分称茎基,茎基的节间极度缩短,节与节几乎重叠,其上部被几个相邻的叶鞘基部完全包围。茎基是生长根、枝、叶及保证草坪草伸长的关键器官,也是碳水化合物的贮存器官,而茎基节间高度缩短的特性是草坪草具有强耐修剪性的根本原因。

在一个具有活力的草坪群落中,必然存在新旧枝条的更替。正是这种动态的更替,使草坪保持一个适宜的密度,维持在一个动态平衡的水平上。通常,单个枝条的寿命不超过 1 年。幼嫩的枝条到产生足够的叶片和根系后,才能不依赖亲本枝条的养分供给而自立。因此,草坪群落是一个有机的相互联系的系统,而不是一个简单的相互竞争的枝条集合。

5. 花序的形成

草坪草花序的形成可分为成熟、诱导、发生、发育4个阶段。直到成熟前,草坪草对促进开花的环境条件是不敏感的。在诱导期,植株对特殊环境发生反应,体内发生生理变化。到发生期,某些营养茎转变为花轴。最后发育阶段形成花序并从叶鞘中伸出。

一旦茎的顶部从营养生长阶段转化为生殖生长阶段,就不再产生叶原基,因此,剪去花序能刺激枝条的发育,进而促进叶的生长。除专门生产草种外,一般不让草坪开花,因为开花会破坏草坪均一的外观,降低草坪的质量,并增加修剪的难度。

在正常管理下,定期的修剪使一般草坪草没有足够的时间(约需几周)产生具有发芽能力的种子,但一年生早熟禾是一个例外,它可以在很短的时间内产生能育种子因而具有较强的自繁能力。改良的草坪草新品种在正常的养护管理条件下也不会形成大量的种子,但在种子生产时又能有较高的产量。

(二)草坪草与环境条件的关系

草坪环境由很多因素组成,主要有气候因素、土壤因素、生物因素等方面。这些因素决定着草坪草的适应性和生长状况,但每种因素对草坪的作用性质和影响程度各有不同。

1. 气候因素

气候因素中对草坪影响较大的主要有光、温度、湿度和降水。

(1)光　光是植物进行光合作用的能量来源,也是叶绿素的形成条件。光还影响气孔关闭,因而影响呼吸作用,同时还影响大气温度和湿度的变化。光主要通过光质、光照强度、光照长度对植物发生作用。

通常植物在全光范围即在白光下才能正常生长发育,但光谱中不同波长的光即光质对植物的影响是不完全相同的。青、蓝、紫光对植物的加长生长有抑制作用,对幼芽的形成和细胞的分化均有重要作用。红光及红外线能促进茎的加长生长,促进种子及孢子萌发。对光合作用而言,红光作用最大,其次是蓝、紫光。红光还有助于叶绿素的形成,促进二氧化碳的分解与碳水化合物的合成。蓝光有助于有机酸和蛋白质的合成。绿光和黄光多被叶子反射或透过而很少被利用。

绝大部分草坪草为喜光植物,若光照不足,其生长发育将受到影响。植物对光照强度的要求通常用光补偿点和光饱和点来表示。一般植物在很低的光照强度下就可以进行光合作用,但光合强度很低,随着光照强度增加,光合强度也增加,达到一定光强时，光合强度达最大值，以后即使继续增加光照强度，光合强度也不再增加，这种现象叫光饱和现象。开始达到光饱和现象时的光照强度叫光饱和点，在光饱和点以下，随着光照强度降低，光合作用也降低，当光照强度降到一定数值时，光合吸收的 CO_2 与呼吸放出的 CO_2 相等，这时的光照强度叫光补偿点。在光补偿点以上，植物光合作用积累的有机物大于呼吸消耗，有机物积累，植物生长。草坪草中大部分光补偿点为全日照光强的 2%～5%，大部分草坪草单叶的光饱和点可达到全日照光强的 1/3。不同草坪草的光饱和点不同，狗牙根、结缕草等 C_4 植物光饱和点高，而翦股颖、早熟禾等 C_3 植物光饱和点低。植物对光照不足也具有一定的适应性，即耐阴性。草坪草的耐阴性因草种而异，品种间也有差异。在进行林下草坪、疏林草坪及建筑物间草坪的布置时，耐阴性是一个必须考虑的重要因素。

光照长度主要影响植物开花，对植物的营养生长和休眠也起重要作用。一般来讲，延长光照时间会促进植物生长或延长生长期，缩短光照时间会促进植物进入休眠或缩短生长期。

(2)温度　温度是影响草坪草生长发育和分布的关键因素。温度过低，草坪草的生命活动停止，生长受到抑制或处于休眠状态；温度过高，光合作用受到抑制，植株变弱；在适宜的温度范围内草坪草生长旺盛，即草坪草的生长发育对温度的要求有最低、最高和最适温度(温度三基点)之分。不同的草坪草、同一草坪草的不同发育时期及不同的生理过程，其三基点温度是不同的。

一般暖地型草坪草生长的三基点温度较高，耐热性好而抗寒性差，生长的最适温度为 25～32℃，最低为 10～15℃；冷地型草坪草生长的三基点温度较低，耐热性差而抗寒性好，生长的最适温度为 15～25℃，最低可达 4℃以下。

通常草坪草在营养生长时期，对温度的要求不严格，适应范围广，而在开花结果期，要求的温度范围窄。草坪草光合作用的三基点温度一般低于呼吸作用的三基点温度。

草坪草的不同器官的三基点温度也不相同，通常根系生长的最适温度比地上部分生长的最适温度要低。

草坪草对不良环境温度有一定的耐性和适应性。当温度继续降低或增高时，对草坪草的危害逐渐加重。超出一定的温度范围，会使草坪草死亡。也就是说，还有两个极限温度，即最高生存温度和最低生存温度。高于或低于极限温度，草坪草不能生存。这两个极限温度值随持续时间的长短而有所变化。若持续时间短，草坪草可耐非常高和非常低的温度，但同样的温度条件，持续时间一长，草坪草可能会死亡。

(3)湿度和降水　湿度和降水的实质是水。草坪草是含水量较高的植物之一，其含水量与草坪草种类、组织器官及生长环境有关。通常冷地型草坪草比暖地型草坪草的含水量高;根的含水量最高,叶中等,茎最低。

湿度对草坪植物生长发育的直接影响不很明显,它主要通过影响病虫害的发生发展而间接地对草坪发生作用。较高的湿度常常是多种草坪病虫害发生和蔓延的有利条件。而降水与草坪植物生长发育的关系十分密切。在自然条件下,降水是草坪植物主要的水分来源。降水对草坪的影响程度,决定于降水量、降水强度和时间分布。降水量是影响草坪植物自然分布的重要因素之一,如野牛草在年降雨量 300 mm 的地区能安全生长,而狗牙根的安全生长则要求年降雨量在 600 mm 左右。高强度的降水,尤其是持续时间较长的降水,常常会引起地面积水,并通过径流、淋溶,加剧土壤板结和养分流失,间接影响草坪植物的生长发育。降水时间在年度内的分布通常是不均匀的,它常与降水强度一起,造成季节性的水、旱灾害。

水是植物体的重要组成成分。水也是草坪草种子发芽所必需的。水还能维持细胞膨压,保持草坪草各组织器官的固有姿态,使草坪草具有较高的抗践踏性。

草坪草对水分的吸收与散失,主要通过蒸腾作用来实现。草坪草根系从土壤中吸收的水分,98%以上通过蒸腾散失到空气中。通过蒸腾作用可以降低叶片温度,防止高温伤害。

草坪草对水分不足的耐性和适应性即耐旱性因种类而异,但有控制的适度缺水可以改善草坪草对环境胁迫的抗性。水分过多也会对草坪造成危害。不同草坪草种耐水淹的能力也不同。

2. 土壤因素

土壤是草坪草生长的基础。草坪草生长过程中所需要的水分和矿质营养主要来自土壤。同时,土壤还对草坪草起着支撑和固定作用。在草坪建植养护过程中,土壤也是可塑性最大的环境因子。

土壤对草坪草生长发育的影响是由多种因素如土壤质地、土层厚度、土壤结构、土壤酸碱度、土壤营养含量等的综合作用所决定。

土壤质地不同对土壤的水、肥、气、热和其他理化性质均有很大影响。通常认为,壤质土和沙质土是较理想的建植草坪的土质。但具体考虑选择建植草坪的土质时,最重要的是看草坪的主要用途和功能,例如:对于经常强烈践踏的运动场草坪来说,沙质土壤结合充足的灌溉对草坪草的生长是较适宜的;对于践踏较少的观赏性草坪来说,保水、保肥性较高的壤质土则是较好的选择。

土壤酸碱度可直接或间接地影响草坪草的生长,其影响主要表现在对土壤养分的有效性、土壤微生物活性、草坪草根系生长的影响等方面。大多数草坪草在土壤 pH 6.0～7.0 范围内生长良好,但不同草坪草种类对土壤酸碱度的耐性有差异。

3. 生物因素

草坪是一个小型但复杂的生态系统。草坪群落中，除草坪草以外，还有其他一些植物种类，如树木、花卉、杂草等，也会有许多动物种类(如昆虫、鸟类等)及微生物。在同一空间的各种植物、动物和微生物，与草坪之间的关系比较复杂，大体可以分为有害、有益和互利 3 种。其中，人类活动对草坪草影响最大。人们一方面通过修剪、灌溉、施肥、病虫杂草防治等措施使草坪达到或维持人类所希望的状态，另一方面人类的活动又对草坪产生不良影响，如践踏造成草坪草磨损和土壤紧实，工业和生活排放物污染环境对草坪草的危害等。

第二节 草坪草及草坪草种

一、草坪草

草坪草是指经栽植或自然生长能形成草皮或草坪，并能耐受定期修剪和人、物的践踏和冲击的一些草本植物种及其品种。草坪草是建造草坪最重要的基础材料。草坪草大多数为具扩散生长特性的根茎型或匍匐型禾本科植物，也包括部分符合草坪性状的其他科植物。

(一)草坪草的一般特性

草坪草的绿色是其最重要的特征之一。优良的草坪草品种应该枝叶翠绿、绿色均一、绿色期长。一般优良冷地型草坪草，绿色期应在 200 d 以上，优良的暖地型草坪草，绿色期在 250 d 以上。其中禾本科草坪草，适应温暖、寒冷和干燥的自然环境，并具备以下特性：

(1)地上部生长点低位，并有坚韧叶鞘的多重保护。这样既能耐修剪和践踏，又有利于越冬。

(2)叶小型、多数、细长、直立。细而密长的叶是形成地毯状草坪的必要条件。直立、细长的叶有利于光线射入草坪下层，减少下层叶的黄化和枯死现象。

(3)低矮的匍匐型或丛生型覆盖力极强，易形成毯状覆盖层。

(4)适应性强。能适应各类环境而广泛分布。

(5)繁殖能力强。禾本科草通常结籽量大，发芽力强，适于群生。

(二)草坪草应具备的条件

草坪有观赏、运动、休闲活动等多种用途。草坪草应适应草坪各种用途的要求，具备如下条件：①软硬适宜、弹性好；②匍匐型或丛生型生长，易形成以叶为主体的草坪层面，使草坪整体颜色均一；③生长旺盛，再生能力强，修剪后恢复快；④对寒冷、干旱、强光、炎热、酸碱、水渍、践踏、污染等不良环境具有很强的适应性；⑤繁殖力强，结实率较高，易收获，种子发芽能力强，易于直播建坪，能进行营养繁殖，易于建造大面积的草坪；⑥无刺无毒，无不良气味，叶汁不易挤出。

(三)草坪草的一般分类

草坪草种类繁多，特性各异，根据一定的标准将众多的草坪草区别开来称为草坪草分类。

1. 按植物学系统分类

其分类是以植物学上的形态特征为主要分类依据，按照科、属、种、变种来分类，并给予拉丁文形式的命名，如早熟禾(*Poa annua* L.)属禾本科(Poaceae)早熟禾属(*Poa* L.)。

(1)禾本科草坪草　该科草类植物占草坪草种类的90%以上，植物分类学上分属于羊茅亚科、黍亚科、画眉亚科。常见的有翦股颖属、羊茅属、早熟禾属、黑麦草属和结缕草属。

(2)非禾本科草坪草　凡是具有发达的匍匐茎，低矮细密，耐粗放管理，耐践踏，绿期长，易于形成低矮草皮的植物都可以用来铺设草坪，有莎草科、豆科等。

另外，还有其他一些植物，如匍匐马蹄金、沿阶草、百里香、匍匐委陵菜等也可用作建植园林花坛、观赏性草坪植物和造型。

2. 按气候与地域分布分类

按草坪草生长的适宜气候条件和地域分布范围可将草坪草分为暖地型草坪草和冷地型草坪草。

(1)暖地型草坪草　暖地型草坪草也称为夏型草，主要分布在长江流域及以南较低海拔地区，最适生长温度为25～32℃。它的主要特点是冬季呈休眠状态，早春开始返青，复苏后生长旺盛。

(2)冷地型草坪草　冷地型草坪草也称为冬型草，主要分布于华北、东北和西北等长江以北的北方地区，最适生长温度范围是15～25℃。它的主要特征是耐寒性较强，在夏季不耐炎热，春、秋两季生长旺盛。

3. 按草的叶片分类

依草叶宽度分宽叶草坪草、细叶草坪草。

(1)宽叶型草坪草　叶宽 4 mm 以上，其叶宽茎粗，生长强健，适应性强，适用于较大面积的草坪地。如结缕草、地毯草、假俭草、竹节草、高羊茅等。

(2)细叶型草坪草　叶宽 4 mm 以下，其茎叶纤细，可形成平坦、均一、致密的草坪，但其生长势较弱，要求光照充足、土质条件良好。如翦股颖、细叶结缕草、早熟禾、细叶羊茅及野牛草。

4. 按草的植株高度分类

(1)低矮型草坪草　植株高度一般在 20 cm 以下，可以形成低矮致密草坪，具有发达的匍匐茎和根状茎，耐践踏，管理粗放，大多数采取无性繁殖。如野牛草、狗牙根、地毯草、假俭草等。

(2)高型草坪草　植株高度通常在 20 cm 以上，一般用种子播种繁殖，生长较快，能在短期内形成草坪，适用于建植大面积的草坪，其缺点是必须经常修剪才能形成平整的草坪。如高羊茅、黑麦草、早熟禾、翦股颖等。

5. 按草坪的用途分类

根据草坪用途来分类，草坪草主要分为观赏草坪草、游憩草坪草、固土护坡草坪草、点缀草坪草、运动场草坪草、机场草坪草和其他用途草坪草几类。

二、草坪草种及地被植物

(一)主要冷地型草坪草

冷地型草坪草的最适生长温度范围是 15～25℃，可以忍受－15℃的极限低温和 35℃以上的极端高温，因此冷地型草坪草适宜在我国黄河以北的地区生长，在南方越夏较困难。在长江以南，由于夏季气温较高，且高温与高湿同期，冷地型草坪草容易感染病害，所以必须采取特别的管理措施，否则易于衰老和死亡。

草地早熟禾、多年生黑麦草、高羊茅、翦股颖和细羊茅都是我国北方地区最适宜的冷地型草坪草种。冷地型草坪草耐高温能力差，但某些冷地型草坪草，如高羊茅、匍茎翦股颖和草地早熟禾可在过渡带或暖地型草坪区生长。

早熟禾和翦股颖能忍耐较低的温度，高羊茅和多年生黑麦草能较好地适应非极端的低温。

1. 草地早熟禾(*P. pratensis* L.)

草地早熟禾又名光茎蓝草(图 1-5)。禾本科早熟禾属。原产于欧洲、亚洲北部及非洲北部。

(1)形态特征　草地早熟禾具有细根状地上茎和地下生长的根茎。地上茎茎秆光滑、丛生，具 2～3 节，自然生长条件下，高度可达 50～75 cm；叶鞘疏松包茎，具纵条纹。幼叶呈折叠形，成熟的叶片为 V 形或扁平，柔软，宽 2～4 mm，密生于基部，叶片的两面都很光滑，在中脉的两旁有两条明线，叶尖呈明显的船形；叶舌膜质，长约 2 mm，截形；无叶耳；托叶宽，裂形；具有开展的圆锥花序，长 13～20 cm，分枝下部裸露；小穗长 3～6 mm，含 3～5 朵小花。外稃基部具有稠密的白色绒毛。种子细小，千粒重约 0.4 g。

(2)生态习性　草地早熟禾喜光，耐阴性差，喜温暖湿润的环境，具有很强的耐寒能力，抗旱性差，夏季炎热时生长停滞，高温干旱时期进入休眠，春、秋季生长茂盛。根茎繁殖能力强，再生性好，在容易磨损的运动场地上具有很好的适应性。

(3)栽培要点　通常采用种子直播的方法建造草坪。一般直播 40 d 后即可形成令人满意的草坪。播种量为 6～8 g/m^2。该品种绿期较长，春、秋两季生长较快。在生长旺季应注意修剪，加强肥、水管理。若管理不善或受不良环境影响，草地早熟禾在生长 3～4 年后会逐渐衰退，出现成片枯黄甚至秃斑。补播是管理中十分重要的内容，最好 3～4 年补播 1 次。另外，也可用切断根茎和打孔的方法对草坪进行更新，以免草坪过早衰退。

图 1-5　草地早熟禾

(引自《现代草坪建植与管理技术》，黄复瑞、刘祖祺，1999)

(4)应用　草地早熟禾质地细软，颜色光亮鲜绿，绿期长，具有较好的耐践踏性，广泛用于家庭、公园、医院、学校等公共绿地观赏性草坪以及高尔夫球场、运动场草坪，还可应用于堤坝护坡等。

2. 加拿大早熟禾(*P. compressa* L.)

加拿大早熟禾又称扁茎蓝草、加拿大蓝草(图 1-6)。原产欧洲，现在北美栽种很多。禾本科早熟禾属。

(1)形态特征　加拿大早熟禾具根茎，丛生，全株呈蓝绿色，高 15～50 cm，基部倾斜，光滑，扁细而坚韧，有紫色短节；每茎生 2～3 片叶，叶鞘松而扁平，较节间为短，脊很明显，叶片蓝色，坚而直，长 10～20 cm，宽 1～4 mm，边缘稍内卷，上面光滑，背面粗涩；叶舌膜质，短而钝，长 1～3 mm；顶生圆锥花序，长 2～3 cm，直立，分生短枝；丛生小穗，几乎无柄，小穗卵状披针形，排列较紧密，每小穗含 3～6 朵花，长 4～6 mm；颖披针形，近于相等，长 2～3 mm；具 3 脉，但不分明，脊上粗糙。

种子长 1.5～2.5 mm，与草地早熟禾的种子相似。不同的是加拿大早熟禾种子外稃的脉纹较为不明显。

(2)生态习性　系多年生草本，对环境的适应性与草地早熟禾相同，对酷热及干旱气候的抗力较强，而在湿地生长不及草地早熟禾。加拿大早熟禾适于生长在瘠薄的土壤上。

(3)栽培要点　由于加拿大早熟禾的生长点高，易受修剪伤害，常用于粗放栽培和低养护区。

(4)应用　加拿大早熟禾耐干旱、土壤贫瘠、酸性，因而常用于公路护坡，其修剪高度在 7～10 cm，对灌溉要求不高。

图 1-6　加拿大早熟禾

(引自《现代草坪建植与管理技术》，黄复瑞、刘祖祺，1999)

图 1-7　普通早熟禾

(引自《现代草坪建植与管理技术》，黄复瑞、刘祖祺，1999)

3. 普通早熟禾(*P. trivialis* L.)

普通早熟禾又称粗茎早熟禾(图 1-7)，植株高度相对于草地早熟禾更矮。禾本科早熟禾属。

(1)形态特征　普通早熟禾具有发达的匍匐茎，地上茎茎秆光滑、丛生，具 2～3 节，自然生长可高达 30～60 cm；叶鞘疏松包茎，具纵条纹。幼叶呈折叠形，成熟的叶片为 V 形或扁平，柔软，宽 2～4 mm，密生于基部；叶片的两面都很光滑，在中脉的两旁有两条明线；叶尖呈明显的船形；叶舌膜质，长 0.2～0.6 mm，截形；无叶耳；托叶宽，裂形；其有开展的圆锥花序，长 13～20 cm，分枝下部裸露；小穗长 4～

6 mm,含 3～5 朵小花。外稃基部具有稠密的白色绒毛。种子细小,千粒重 0.37 g。

(2)生态习性　普通早熟禾耐阴性非常好,喜温暖湿润的环境,同时具有很强的耐寒能力,抗旱性差。该品种绿期较长,春、秋两季生长较快,夏季阳光充足时会变成褐色。在低湿、冷凉、荫蔽的条件下,普通早熟禾可形成密度良好的草坪。根茎繁殖力强,再生性好,较耐践踏。

(3)栽培要点　通常用种子直播的方法建造草坪,播种量约 8 g/m^2。一般直播后 40 d 即可形成令人满意的草坪。在生长旺季注意修剪,正常修剪高度为 3～6 cm;可忍受低于 1.5 cm 的修剪高度。如果管理不善或受不良环境影响,普通早熟禾在生长 3～4 年后会逐渐衰退,出现成片枯黄甚至秃斑。因此,在管理水平较低或环境条件不利的情况下,最好 3～4 年补播 1 次,另外,也可用切断根茎和打孔的方法对草坪进行更新,以防止草坪过早衰退。

(4)应用　普通早熟禾质地细软,颜色光亮鲜绿,绿期较长,且具有较好的耐践踏性,因此被广泛用于家庭、公园、医院、学校等公共绿地观赏性草坪以及高尔夫球场、运动场草坪,还可应用于堤坝护坡等。

普通早熟禾由于出苗快且质地良好而常用于狗牙根草坪的补播。在播种量高的情况下,普通早熟禾可用在高尔夫球场的球洞区,形成效果极好的补播草坪。

4. 一年生早熟禾(*P. annua* L.)

一年生早熟禾又名小鸡草(图 1-8)。禾本科早熟禾属。为北半球广泛分布的一种草。

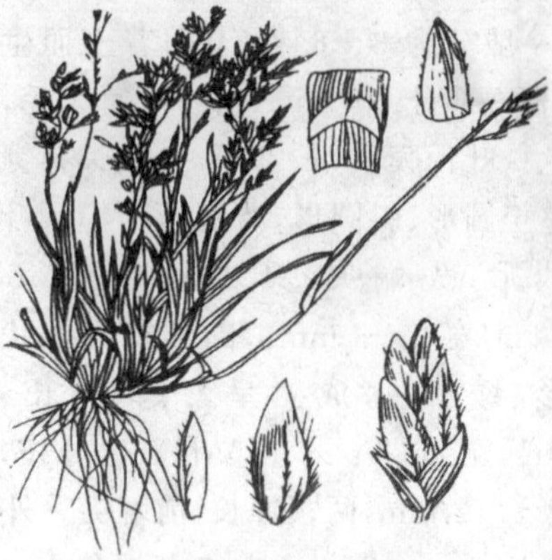

图 1-8　一年生早熟禾

(引自《现代草坪建植与管理技术》,黄复瑞、刘祖祺,1999)

(1)形态特征　一年生早熟禾为一年生草本植物,在良好的管理条件下也可以越年生长。植株丛生、低矮,高 8～30 cm,茎秆直立或基部稍倾斜。叶片扁平、柔软,长 2～10 cm,宽 1～5 mm。叶鞘自中部以下闭合。叶舌钝圆、膜质,长 1～2 mm。圆锥花序开展,长 2～7 cm,每节 1～2 个分枝,小穗绿色柔软,长 3～6 mm,含 3～6 朵小花。花药长 0.5～1 mm。基盘不具绒毛。5～6 月份种子成熟后即脱落自播。

(2)生态习性　一年生早熟禾适应性强,抗寒,耐阴,喜冷凉湿润的环境,耐旱性差。对土壤要求不高,耐瘠薄,可以在各种土壤中正常生长。

一年生早熟禾虽为一年生草本植物,但由于种子小,自播能力强,因此一次栽种后即可自行繁衍后代,如管理得当,可经久不衰。

(3)栽培要点 采用播种法建植草坪。播前将土壤浇透水,待土壤宜耕时,翻耕整细整平,将种子与细沙(或细土)混合撒播,播后保持土壤湿润,以利出苗。出苗后注意及时除草。播种量 7.5～9 g/m^2。

因该草耐旱性差,在气候干旱时容易枯黄,失水时间过长则会枯死,在养护管理中应注意及时浇水。

(4)应用 该草生长低矮,且整齐美观,绿期长,耐阴,因此适宜种于林下、花坛内作为观赏草坪。如果养护得当,一年生早熟禾可形成极好的草坪。尤其是在高尔夫球场,一年生早熟禾的垂直生长性及其优良的耐低修剪性,可使其形成极好的高尔夫球道草坪。

5. 匍匐翦股颖(*A. stolonifera* L.)

匍匐翦股颖又称匍茎翦股颖、匍茎小糠草(图 1-9)。禾本科翦股颖属。主要分布于欧亚大陆的温带和北美。

(1)形态特征 多年生草本植物。茎秆的基部卧于地面,匍匐茎长达 8 cm 左右的,一般分为 3～6 节,节间着土而生不定根,直立部分 20～50 cm。叶鞘无毛,稍带紫色。叶舌膜质,长 2.5～3 cm,有锯齿或完整至圆形、斜圆形,背面微粗糙。叶片扁平线形,先端尖,具小刺毛,长 5.5～8.5 cm,宽 2～3 mm。圆锥花序卵状到长圆形,绿紫色,成熟呈紫铜色,长 11～20 cm,宽 2～5 mm,每节有 5 个分枝,小穗长 2～2.2 mm,两颖等长,前端尖。外稃顶端钝圆,基盘两侧无毛,内稃较外稃短。颖果长 1 mm,宽 0.4 mm,黄褐色。

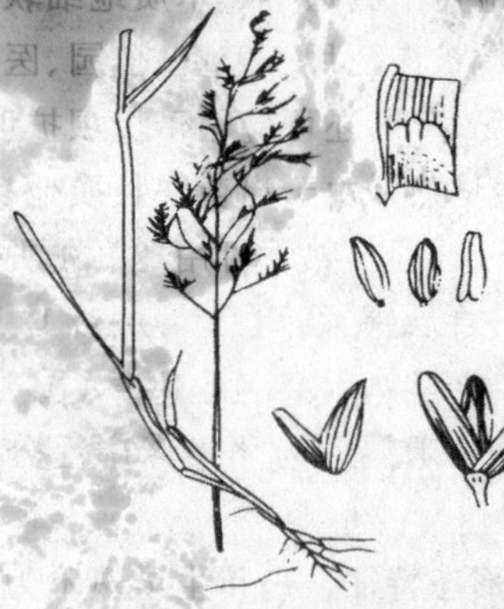

图 1-9 匍匐翦股颖

(引自《现代草坪建植与管理技术》,黄复瑞、刘祖祺,1999)

(2)生态习性 匍匐翦股颖喜冷凉湿润气候,耐寒、耐瘠薄、耐低修剪,耐阴性也较好,但耐热性稍差,匍匐枝横向延展能力强,能迅速覆盖地面,形成密度很大的草坪。由于茎枝上的节根深入土中较浅,因而耐旱性稍差。该草耐践踏能力很强,仅次于结缕草。对土壤要求不严,在肥沃的土壤生长最好。与其他冷地型草坪草相比较,匍茎翦股颖既耐高温又耐低温,但其耐旱性和干旱休眠恢复能力较其他冷地型草坪草稍差。

(3)栽培要点　该草建造草坪比较容易，利用种子直播和播茎建坪均可。利用种子直播时必须精细整地，同时切忌覆土过深。幼苗期应保证土坡湿度和注意除草。播种量为 3～5 g/m^2，春、秋两季均可播种，但以秋播为好。利用播茎建坪成功的关键是保证土壤中有充足的水分。由于该草需水量较多、生长快，故成坪后要注意及时浇水和修剪。表层覆沙有利于控制枯草层，可用打孔方法改善土壤水分和透气性。修剪高度一般以 2～3 cm 为宜，运动场草坪可降至 1 cm 左右，在高尔夫球场中甚至可以修剪至 0.5 cm。

(4)应用　由于匍匐翦股颖生长快，故可用作应急绿化材料。主要用于高尔夫球场的果岭、发球台和球道的一些区域，也用于观赏草坪。由于其质地细弱、适于低修剪和精细管理，使得其养护成本极高。

6. 细弱翦股颖(*A. tenusi* Sibth)

细弱翦股颖又称棕顶草、本特草(图 1-10)。禾本科翦股颖属。主要分布在寒温带地区。

(1)形态特征　多年生草本植物。直立部分 20～40 cm；叶舌膜质，短而钝；叶片扁平线形，先端尖，具小刺毛，长 5～8 cm，宽 1～2 mm；圆锥花序长 8～20 cm，宽 2～4 cm，小穗长 2～2.2 mm；颖果长 1 mm，宽 0.4 mm，黄褐色。

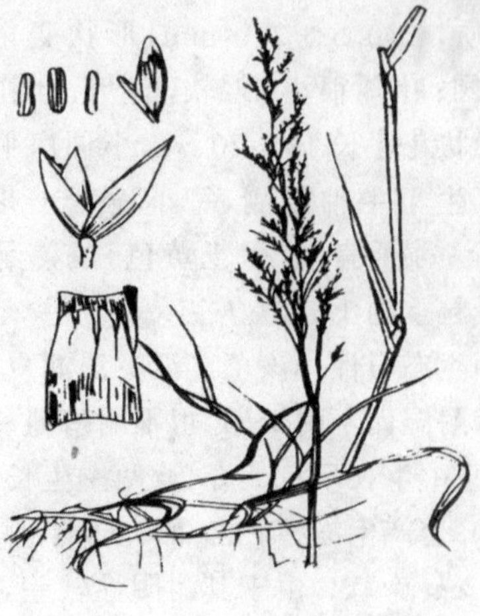

图 1-10　细弱翦股颖

(引自《现代草坪建植与管理技术》，黄复瑞、刘祖祺，1999)

(2)生态习性　细弱翦股颖质地良好，丛生。喜冷凉湿润气候，耐寒、耐瘠薄、耐低修剪，耐阴性也较好，但耐热性稍差。该草耐践踏能力很强，仅次于结缕草和匍匐翦股颖。在排水良好，肥力中等的沙质酸性或轻酸性土壤中生长良好。

(3)栽培要点　该草建坪比较容易，利用种子直播和播茎建坪均可。利用种子直播时必须精细整地，同时切忌覆土过深。幼苗期应保持土壤湿度和注意除草。播种量为 3～5 g/m^2，春、秋两季均可播种，但以秋播为好。利用播茎建坪成功的关键是保证土壤中有充足的水分。由于该草需水量较多、生长快，故成坪后要注意及时浇水和修剪。表层覆沙有利于控制枯草层，可采用打孔方法改善土壤水分和透气性。修剪高度一般为1～2.5 cm，在高尔夫球场中甚至可以修剪至0.5 cm。

(4)应用　由于细弱翦股颖生长快，故可用作应急绿化材料。在高尔夫球场的果岭区常选择它的优良品种作草坪的建植材料。

7. 多年生黑麦草(*L. perenne* L.)

多年生黑麦草又名宿根黑麦草、黑麦草(图1-11)禾本科，黑麦草属。原产于南欧、北非和亚洲西南部。

(1)形态特征　多年生草本植物。茎直立，丛生，高70～100 cm。幼叶呈折叠形，成熟的叶片扁平，长5～12 cm，宽2～5 mm，近轴有脊，远轴表面骨形，深绿色，具光泽，富有弹性，叶脉明显；叶舌膜质，长0.5～2.0 mm，形状变化从截到圆；叶耳很小，柔软，有爪；叶托明显；穗状花序长10～20 cm，小穗扁平无柄，互生于主轴两侧，每小穗含小花3～10朵；种子扁平，呈土黄色，成熟易脱落，千粒重约1.5 g。

图1-11　多年生黑麦草

(引自《现代草坪建植与管理技术》，黄复瑞、刘祖祺，1999)

(2)生态习性　该草喜温暖湿润夏季较凉爽的环境。耐寒性和耐热性都不及早熟禾，耐湿而不耐干旱，也不耐瘠薄。在肥沃、排水良好的黏土中生长较好，在瘠薄的沙土中生长不良。春、秋两季生长较快，在炎热的夏季呈休眠状态。当气温低于－15℃会产生冻害。寿命4～6年。耐践踏性强，但不耐低修剪，一般修剪高度以4～6 cm为宜。由于其耐阴性较差，故不适宜种植在林下以及屋后。

(3)栽培要点　多年生黑麦草具有非常高的发芽率和强健的幼苗，所以一般只用种子直播建坪。在土壤水分充足的情况下，5～7 d即可出苗，30 d左右即可成坪。注意苗期的水分供应和杂草防除。由于该草分蘖力强，再生速度快，所以应注意修剪，特别是春、秋两季生长旺盛的季节。剪后应注意灌水和追施肥料，以保证草坪的外观整齐一致。

(4)应用　通常用于混播，建立混合草坪，可起到保护作用和提高成坪速度。该草抗二氧化硫等有害气体的能力较强，故多用于工矿区。在高尔夫球场草坪、运动场草坪中常与草地早熟禾混播，在南部地区多用于狗牙根草坪的补播。

8. 高羊茅(*F. arundinacea* Schreb.)

高羊茅又称苇状羊茅、法斯克草(图1-12)。禾本科羊茅属。在全球温带地区均有分布。

(1)形态特征　多年生草本植物。须根发达。直立丛生，株高 40～70 cm，基部红色或紫色。幼叶呈卷包形，叶片扁平，略带光泽，长 10～25 cm，宽 3～8 mm，坚硬；叶舌膜质，长 0.4～1.2 mm，截形；叶耳短、钝，有柔绒毛；叶托较宽，有明显的分隔，边缘有短绒毛；圆锥花序狭窄，稍下垂，长 9～13 cm，小穗淡绿色，先端带紫色，含小花 3～6 朵；颖果长 3.5～4.2 mm，宽 1.5 mm。千粒重约 1.33 g。

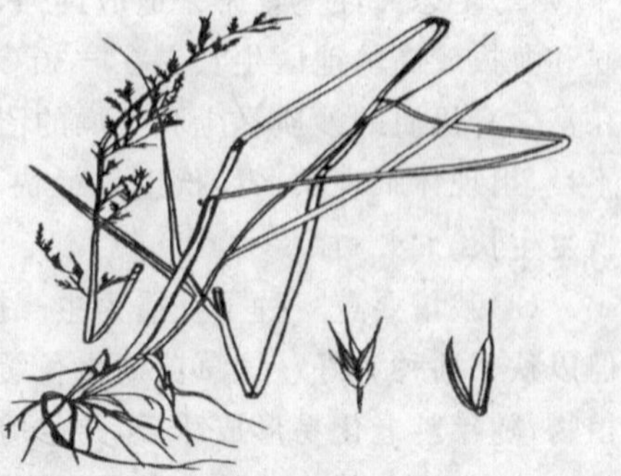

图 1-12　高羊茅

(引自《现代草坪建植与管理技术》，黄复瑞、刘祖祺，1999)

(2)生态习性　高羊茅适应性强，抗旱、耐涝、耐酸、耐瘠薄，但抗寒性较差。适宜于我国冬季不出现极端低温的广大北方地区。在夏季炎热高温的情况下生长不良，会出现休眠现象。春、秋两季生长最快，为保持草坪的外观一致性，在此期间要进行经常性的修剪，修剪高度 5 cm 左右，不宜留茬过低。高羊茅寿命长，耐践踏，覆盖力强，春季返青早，秋季枯黄晚。

(3)栽培要点　种子直播为主，播后 50 d 左右即可形成较好的草坪。播种量 20～30 g/m^2，春秋均可播种，但以秋播为好。该草苗期生长较快，但应注意防除杂草。高羊茅在管理精细的情况下可以形成高质量的草坪，而且可以维持比较长的时间。在肥水较多的情况下，容易滋生病害。因此，高羊茅适于比较粗放的管理条件。

(4)应用　高羊茅由于寿命长、色泽鲜亮、青绿期长以及耐践踏等优点，被广泛应用于过渡带的庭院绿地和运动场草坪，也用于高尔夫球场的低养护区，同时也是一种优良的设施草坪草，如用于机场等。

9. 紫羊茅(*F. rubra* L.)

紫羊茅又名红狐茅(图 1-13)。禾本科，羊茅属。广泛分布于北半球的温带和寒温带，在我国长江以北各省均有分布。

(1)形态特征　紫羊茅为多年生草本植物。须根发达，具有短匍匐茎，分枝紧密；株高 40～70 cm，基部红色或紫色；叶片线形，长 1.5～3 mm，光滑柔软，对折内卷，幼叶呈折叠形；叶鞘基部红棕色并破碎成纤维状；叶舌膜质，长 0.15 mm，截形，无叶耳；叶托无毛。圆锥花序，长 9～13 cm，稍下垂，每节有 1～2 个分枝，小穗淡绿色，先端带紫色，含小花 3～6 朵。颖果长 2.5～3.2 mm，宽 1 mm，千粒重约 0.73 g。

(2)生态习性　紫羊茅适应性强,抗寒、抗旱、耐酸、耐瘠薄,最适于温暖湿润气候和海拔较高的地区生长。在－30℃能安全越冬。在乔木下半阴处能正常生长。在富含有机质的沙质黏土和干燥的沼泽土上生长最好。在夏季高温的情况下生长不良,出现休眠现象,春、秋生长最快。耐湿性较高羊茅差。修剪高度 2 cm,仍能恢复生长。

(3)栽培要点　种子直播为主。播种量为 14～17 g/m^2,春、秋两季均可播种,但以秋季播种为好。该草苗期生长缓慢,应注意及时防除杂草。紫羊茅因系密丛植物,随年龄老化易形成草丘,给修剪带来困难。老草地应注意通气。

(4)应用　紫羊茅是全世界应用最广的一种主体草坪草。由于寿命长,色美,青绿期长,耐践踏,耐阴等,被广泛用于机场、运动场、庭园、花坛、林下等绿化建坪,更是优良的观赏性草坪草。

图 1-13　紫羊茅

(引自《草坪建植技术》,陈志明,2001)

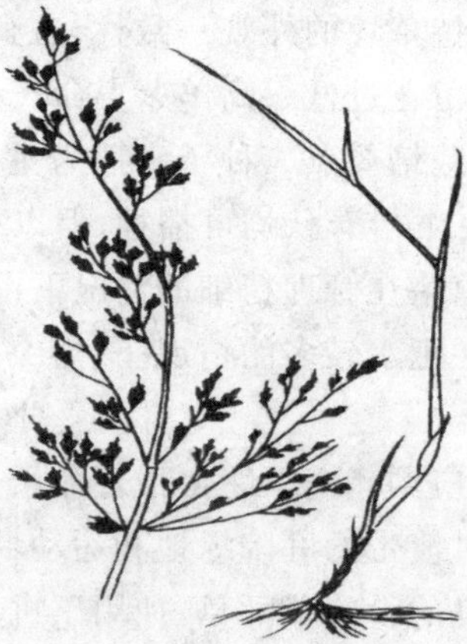

图 1-14　小糠草

(引自《草坪建植技术》,陈志明,2001)

10. 小糠草(*A. alba* L.)

小糠草又名红顶草(图 1-14)。禾本科,翦股颖属。主要分布于欧亚大陆的温带地区。

(1)形态特征　多年生草本植物。具有细长形的根状茎,浅生于地表;茎秆直立或下部膝曲倾斜向上,株高 60～90 cm,具 5～6 节;叶鞘无毛,常短于节间;叶舌长 1.5～5 mm,卵圆形,先端齿裂,背部微粗糙;叶片线形扁平,长 17～32 cm,宽

3～8 mm，表面微粗糙。圆锥花序塔形，疏展，长 14～30 cm，草绿色或带黄紫色，小穗长 2～2.5 mm，两颖等长，前端尖。由于抽穗期顶上呈现一层鲜艳而美丽的紫红色小花，故名红顶草。颖果褐色椭圆形，长 1.1～1.5 mm，宽 0.4～0.6 mm，千粒重约 0.1 g。

(2)生态习性　喜冷凉湿润气候，耐寒、耐旱、抗热，适应各种土壤，在－30℃能安全越冬。喜阳，耐阴能力比紫羊茅稍差。耐践踏性强，分蘖和再生能力很强，一般长成后即可自行繁殖。小糠草在秋季凉爽的气温中生长良好，一般在 12 月下旬才开始枯黄。

(3)栽培要点　种子直播与分根扦插均可。由于该草结实力强，因此一般多采用种子直播的方法建植草坪。由于种子细小，所以整地要求十分精细，土壤应平整细碎。播种后应保持土壤湿润。苗期生长缓慢，应注意防除杂草。建坪播种量为 4～6 g/m^2，以秋季播种为好。营养繁殖可栽植带土小草块或根茎，通常 1 m^2 的草坪可栽植 7～8 m^2 的新草坪，5～9 月份均可栽植，但以春、秋两季为好。栽后应注意保持土壤湿度。生长期间应注意修剪、灌水。

(4)应用　与草地早熟禾、紫羊茅混合播种作公园、庭园及小型绿地的绿化材料，因其具有很强的竞争能力，在混播中比例不能过大，一般不超过 10％。单独建草坪美观性差，而且不易持久。可用作运动场草坪的建坪材料，也可与其他草种混播用作公路、堤坝的保土护坡植物。

11. 白三叶草(*Trifolium repens* L.)

白三叶草又名白车轴草、白三叶、荷兰翘摇(图 1-15)。豆科三叶草属。白三叶原产于欧洲及亚洲的小亚细亚地区。

(1)形态特征　白三叶草株丛低矮，直根性，侧根多，集中分布于表层 15 cm 以内，根部分蘖能力及再生能力极强；匍匐茎爬地生长，长 30～60 cm，节间着地生根，并萌生新芽，节长 1～2 cm；掌状三出复叶，叶柄细长，小叶倒卵形或心脏形，叶缘有细锯齿，叶面中央有 V 形白斑；托叶细小，膜质，包于茎上；头形总状花序，着生于自叶腋抽出的比叶柄长的花梗上，小花众多，白色或略带粉红色，花期长达 150 d 左右；种子成熟期不一，边开花，边结籽，种子细小，心脏形，黄色或棕黄色，有光泽，千粒重0.5～0.7 g。

(2)生态习性　喜光及温暖湿润气候，亦能耐半阴；不耐干旱，稍耐潮湿；耐热性稍差，抗寒能力较强；对土壤要求不严，只要排水良好，各种土壤都能生长，耐贫瘠、耐酸，耐盐碱能力较差。

(3)栽培要点　白三叶主要用播种方法建坪。播种量 7.5～9 g/m^2，播后保持湿润。幼苗生长缓慢，怕干旱。在微盐土壤中宜用根瘤菌拌种后播种，增强其根部生长。

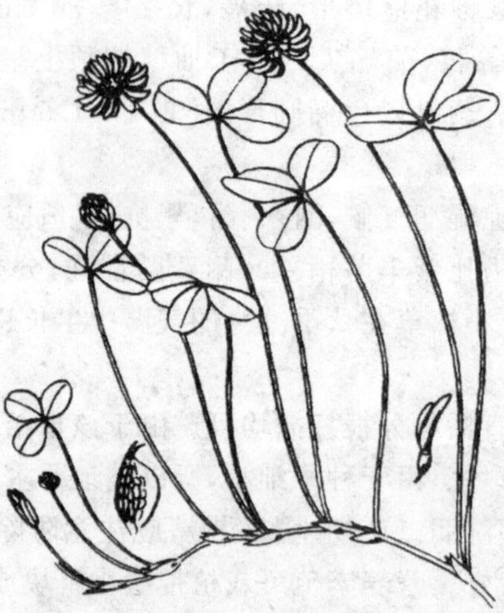

图 1-15 白三叶草

(引自《草坪建植技术》,陈志明,2001)

(4)应用 白三叶除放牧地栽培外,园林绿地通常作固土护坡、地面覆盖植物、花台观赏草坪等应用,也可作粗放草坪单一种植。也可以撒播在已建成草坪上,增加草坪的适应性。

(二)主要暖地型草坪草

暖地型草坪草在我国主要分布在长江以南地区,在黄河流域冬季不出现极端低温的地区也种植有暖地型草坪草中的个别品种,像狗牙根、结缕草等。暖地型草坪草生长的最适温度范围是25~32℃,当温度在10℃以下出现休眠状态。

暖地型草坪草中仅有少数品种可以获得种子,因此主要以营养繁殖方式进行草坪的建植。此外,暖地型草坪草均具相当强的长势和竞争力,群落一旦形成,其他草很难侵入。因此,暖地型草坪草多为单一品种的草坪,混合型草坪不易见到。

1. 狗牙根[*C. dactylon*(L.)Rers]

狗牙根又名绊根草、爬根草、百慕大等(图 1-16)。禾本科狗牙根属。广泛分布于温带地区,我国黄河流域以南各地均有野生种。

(1)形态特征 多年生草本植物。具根状茎和匍匐茎,节间长短不一,茎秆平卧部分可长达1 m,节上可产生不定根和分枝,故又名"爬根草"。幼叶折叠形,成熟的叶片扁平,长3.8~8 cm,宽1~2 mm,先端渐尖,边缘有细齿,叶色浓绿。叶舌边缘有毛,长2~5 mm;无叶耳;叶托窄,边缘有毛。穗状花序,4~5个穗状花序合成一丛；小穗排列于穗轴一侧，绿色，有时略带紫色，含1朵花，颖片等长，长1.5～2 mm；种子成熟易脱落，具一定的自播能力。

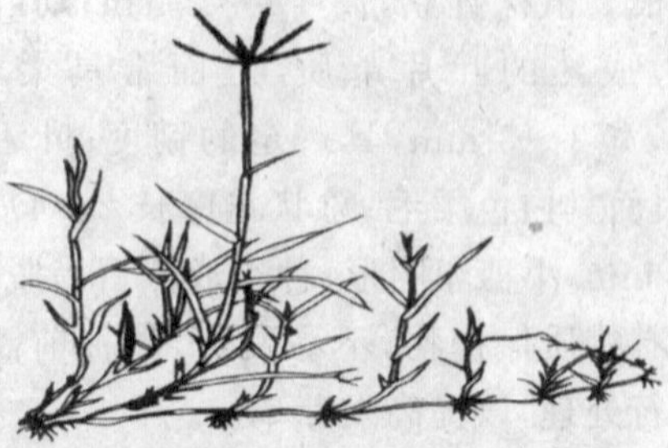

图1-16　狗牙根

（引自《现代草坪建植与管理技术》，黄复瑞、刘祖祺，1999）

(2)生态习性　该草喜光，耐阴性差，抗寒能力较好。因系浅根系且少须根，所以遇到较长时间的干旱时，容易出现匍匐嫩尖成片枯头的现象。狗牙根耐践踏，喜排水良好的肥沃土壤，在轻度盐碱地上也能很好生长。该草侵占能力极强，在良好的条件下常侵入其他草坪。

(3)栽培要点　用种子直播和分根繁殖两种方法进行草坪建植。直播一般在晚春、初夏进行，播种后应保持土壤湿润。采用扦插方法建植草坪一般在初夏进行，扦插后应保持土壤湿润，20 d左右即能滋生匍匐茎。养护管理较粗放，夏季修剪次数较少。由于根系较浅，夏季干旱时应注意浇水，冬季草根部应增施薄肥覆盖。

(4)应用　狗牙根是我国应用比较广泛的优良草坪草种类之一。在我国的华北、西北、西南及长江中下游等地也有广泛的应用。可以单独使用，也可以与其他暖地型及冷地型草坪草品种混合，用于运动场及高尔夫球场草坪。该草耐践踏性好，再生能力极强，故经球赛践踏的草坪，如能在球赛的当晚立即灌水，1～2 d后即可复苏。如果能及时施用氮肥，很快便又能茂盛生长，继续使用。狗牙根覆盖力强，也是很好的堤坝护坡草坪。

2. 结缕草

结缕草能形成致密，生长缓慢的草坪，常用于庭院草坪和高尔夫球场草坪的建植。它具有优良的耐热性和耐旱性。结缕草在高尔夫球场中作为球道草坪得到越来越广泛的应用。它也用于果岭和沙坑四周，以防止狗牙根蔓延到翦股颖果岭上或沙坑中。

(1)结缕草(*Z. japonica* Stend)　又名老虎皮、崂山草、日本结缕草等(图1-17)。禾本科结缕草属。原产于亚洲东南部，主要分布于中国、朝鲜和日本的温暖地带。

①形态特征　多年生草本植物。茎叶密集，株体低矮，属深根性植物，须根一般可深入土层30 cm以上。具有坚韧的地下根状茎及地上匍匐茎，于茎节上产生

不定根。植株直立，高 12～15 cm；幼叶呈卷包形，成熟的叶片革质，上面常具柔毛，长 3 cm，宽 2～3 mm，具一定的韧度；叶舌不明显，表面具白色柔毛；总状花序长 2～4 cm，宽 3～5 mm，小穗卵圆形；种子成熟后易脱落，外层附有蜡质保护物，不易发芽，播种前需对种子进行处理，以提高发芽率。

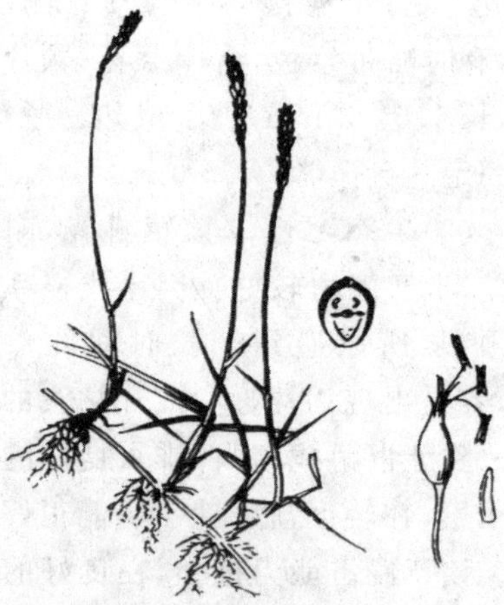

图 1-17 结缕草
（引自《现代草坪建植与管理技术》，黄复瑞、刘祖祺，1999）

②生态习性　结缕草适应性强，喜光、抗旱、耐高温及耐贫瘠，在暖地型草坪草中属于抗寒能力较强的品种。喜深厚肥沃、排水良好的沙质土壤。入冬后草根在－20℃左右能安全越冬，气温 20～25℃生长最盛，30～32℃生长速度减弱，36℃以上生长缓慢或停止，但极少出现夏枯现象，秋季高温而干燥可提早枯萎，使绿期缩短。结缕草与杂草竞争的能力极强，容易形成单一连片、平整美观的草坪，且具有耐践踏、病害较少等优点。耐阴性虽较钝叶草差，但比其他暖地型草略强。匍匐茎生长较缓慢，蔓延能力较一般草坪草差，因此，草坪一旦出现秃斑，恢复比较缓慢。

③栽培要点　一般采用分株扦插方法进行草坪建植，在整个生长期内均可进行。也可将长 20 cm、宽 20 cm、厚 5～6 cm 的草皮块，按 2～3 cm 的间距铺设。草皮块铺设前应按草皮块建坪要求做好土壤等准备。

结缕草管理较粗放，欲保持草地经久不衰，主要应采取以下措施：在生长旺盛期，应定期进行修剪，一般可每月 2～3 次，以控制草层高度，保持草坪的外观一致性和抑制杂草，但以结缕草建植的草坪在完全成坪以后，一般不会出现杂草的危害。

④应用　结缕草贴地而生，植株低矮，且又坚韧耐磨、耐践踏，具有良好的弹性，因而在园林、庭园和体育运动场地广为利用，是较理想的运动场草坪草和较好的固土护坡植物。

(2)细叶结缕草(*Z. tenuifolia*)　细叶结缕草又名天鹅绒草、朝鲜芒草、台湾草等(图 1-18)。禾本科结缕草属。主要分布于日本及朝鲜南部地区，早年引入我国，目前已在黄河流域以南等地区广泛种植，是我国栽培较广的细叶型草坪草种。

①形态特征　多年生草本植物。通常呈丛状密集生长，高 10～15 cm，茎秆直

立纤细。具地下茎和匍匐茎，节间短，节上产生不定根。须根多浅生。叶片丝状内卷，长 2～6 cm，宽 0.5 mm。总状花序顶生，穗轴短于叶片，故常被叶所覆盖。花果期 6～7 月份，花期短。花穗长 1 cm，宽 1.5 mm，小穗具 1 朵花，穗状排列。种子小，成熟时易子脱落，采收困难。

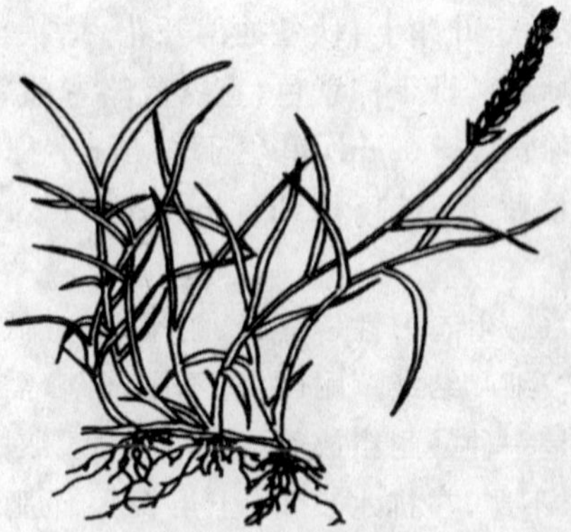

图 1-18　细叶结缕草

（引自《现代草坪建植与管理技术》，黄复瑞、刘祖祺，1999）

②生态习性　该草喜光，不耐阴，耐湿，耐寒力较日本结缕草差。细叶结缕草与杂草竞争力极强，夏、秋生长茂盛，油绿色，能形成单一草坪，且在华南地区夏、冬季不枯黄。

③栽培要点　该草因种子采收困难，目前各地多采用营养繁殖。方法是分栽由草皮切下的匍匐茎或带土小草块，栽后保持一定土壤湿度，1 周后即可生根出芽。用该草新建的草坪，叶丛平整又密集，似天鹅绒一般十分美丽，但三四年后，草丛逐渐出现馒头状突起，不仅绿期短，有时叶尖枯焦，或因积水发生病害，影响观赏效果。因此养护管理应注意：在初春草坪返青时由于植株幼嫩，应避免过于践踏。在草坪生长旺盛的季节应该注意浇水和施肥。春季施用氮肥可以促进草坪的返青，夏季施用氮肥以满足草坪正常生长的需要，并可保持草坪的颜色鲜艳美丽。必须定期修剪，以控制草坪高度，并可防止出现球状凸起。一般在草坪生长旺盛期应定期修剪，以保持草坪的外观一致性。在土壤因出现板结而通气不良时，应采用打孔等办法进行通气，使草坪更新复壮。

④应用　该草色泽嫩绿，草丛密集，杂草少，外观平整美观，具有良好的弹性，易形成草皮，故常种植于花坛内作封闭式花坛草坪或用作塑造草坪造型。又因其耐践踏，故也用于医院、学校、宾馆、工厂等专用绿地，作开放型草坪。也可植于堤坡、水池边、假山石缝等处，固土护坡，绿化和保持水土。

3. 假俭草[*E. ophiuroides*(Munro) Hack.]

假俭草又名蜈蚣草、苏州草（图 1-19）。禾本科蜈蚣草属。原产于中国南部亚热带地区，主要分布于长江流域以南各省区。

(1)形态特征　多年生草本植物。植株低矮，高 10～15 cm，茎秆自基部直立，具有贴地生长的匍匐茎。叶片长 2～5 cm，革质，先端略钝，宽 1.5～3 mm；生于花茎上的叶多退化，顶部叶片常退化成一小尖头着生于叶鞘上；秋冬抽穗开花，总状花序，花穗绿色，微带棕紫色，直立或略弯曲，具长柄，穗长 4～6 cm，单生于枝顶；小穗具短柄，紧贴于穗轴，长约 4 mm；种子入冬前成熟。

(2)生态习性　喜光、耐旱、适宜低矮修剪，较细叶结缕草耐阴湿，不耐践踏，需肥量少，是一种最耐粗放管理的草坪草。对土壤要求不严，在排水良好、土层深厚而肥沃的土壤上生长茂盛。

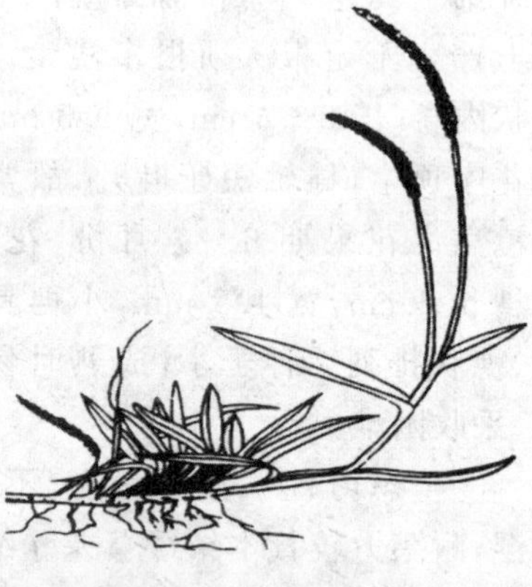

图 1-19　假俭草

(引自《现代草坪建植与管理技术》，黄复瑞、刘祖祺，1999)

(3)栽培要点　可用种子直播或无性繁殖建坪。目前我国各地仍习惯于采用移植草块和埋植匍匐茎的方法进行草坪建植，一般 1 m^2 草皮可建成 6～8 m^2 草坪。假俭草养护管理的重点是修剪、施肥和镇压。生长旺季可修剪 2～3 次，修剪高度为 3～6 cm，可使草坪保持平整而有弹性。入冬施基肥 1 次，夏秋增施适量混合肥2～3 次，以增加绿色。在干旱季节需要灌溉。

(4)应用　该草是我国南方栽培较早的优良草坪草种之一。由于株体低矮，茎叶密集，平整美观，绿期长，且具有抗二氧化硫等有害气体及吸附尘埃的功能；因而被广泛用于庭园草坪，并与其他草坪植物混合铺设运动场草坪，同时也是优良的堤坝护坡植物。

4. 地毯草[*A. compresus*(Swartz) Beaduv.]

地毯草又名大叶油草(图 1-20)。禾本科地毯草属。原产南美洲。

(1)形态特征　多年生草本植物，具匍匐茎。茎秆扁平，节上密生灰白色柔毛，高 8～30 cm。叶片柔软，翠绿色，短而钝，长 4～6 cm，宽 8 mm 左右；穗状花序长 4～6 cm，小穗长 2～2.5 mm，排列于三角形穗轴的一侧。

(2)生态习性　该草适于热带和亚热带气候，喜光，也较耐阴。再生力强，亦耐践踏。对土壤要求不严。由于匍匐茎蔓延迅速，每节均能产生不定根和分蘖新枝，因此侵占力强。此草耐寒性较差，易受霜冻，春季返青早且速度快。

(3)栽培要点　该草结实率和萌发率均高，可用种子直播方法建植草坪。也可进行无性繁殖，即在温暖湿润的春夏期间，切取匍匐茎或草块埋植土中，即可生长发芽。条植行距 15 cm，经 70～75 d，覆盖度可达 100%。

(4)应用　在华南地区，为优良的固土护坡植物。可用作公路两侧的草坪。由于该草低矮，耐践踏，较耐阴，在广州常用它铺设草坪和与其他草种混合铺运动场。在成都用它作公共绿地草坪。

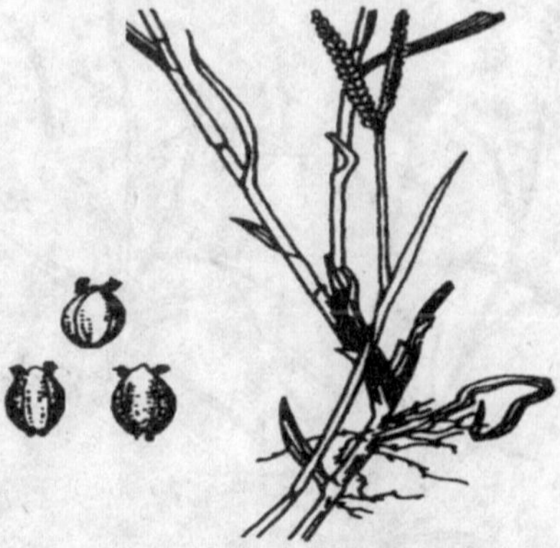

图 1-20 地毯草

（引自《现代草坪建植与管理技术》，黄复瑞、刘祖祺，1999）

图 1-21 两耳草

（引自《现代草坪建植与管理技术》，黄复瑞、刘祖祺，1999）

5. 两耳草(*P. conjugatum* Berg.)

两耳草又名水竹节草、叉仔草(图 1-21)。禾本科雀稗属。分布于我国华东、华南、西南、华中等地。

(1)形态特征　多年生草本植物。株高 8～30 cm，具匍匐茎，气温高时匍匐茎蔓延迅速，侵占力极强。叶片扁平，长 8～20 cm，宽 5～15 mm，色泽淡绿，属草坪中阔叶型草类。夏秋间抽穗开花。总状花序，孪生，状似叉形着生于茎顶，故称"叉仔草"，小穗淡绿、扁平，长 1.2～1.5 mm。种子陆续成熟，自然脱落，条件适宜时即萌生成幼苗。

(2)生态习性　该草极耐阴湿，匍匐茎具有很强的趋水性，在水中节上能生出不定根，故称"水竹节草"。在土质肥沃的潮湿土壤中生长茂盛，也能在树下生长。

(3)栽培要点　用种子直播或无性繁殖均可。利用扦插等无性繁殖方法进行草坪建植时，将其匍匐茎埋入土中，很快便可以成活，蔓延很快。此草管理粗放，虫害较少。在雨季生长速度快时，应适当增加修剪次数，以控制草坪高度。

(4)应用　为优良的湿地建坪草种，生命力强，生长快，极易形成单一的自然群落。在我国华东、华南等地，多把它混入假俭草、结缕草中，建植混合草坪，一般两耳草只能占混合比例的 25%～30%，否则两耳草会占优势，影响草坪美观。该草适于湿地生长，在地势低洼、排水欠佳处，可用其建立单纯草坪。

6. 野牛草[*B. dactyloides*(Nutt.)Engil. M]

野牛草为禾本科野牛草属(图 1-22)。原产于北美洲。

(1)形态特征　多年生草本植物。具匍匐茎,茎秆高 5～25 cm,较细弱;幼叶呈卷筒形,成熟的叶片呈线形,长 10～20 cm,宽 1～2 mm,两面疏生细小柔毛,叶色灰绿,色泽美丽;叶舌边缘有毛,长 0.5～1 mm;无叶耳;托叶宽,生有长绒毛;雌雄同株或异株,雄花序 2～8 枚,长 5～15 mm,排列成总状,着生于细长的穗轴之上,雌小穗含 1 朵花,大部分 4～5 枚簇生呈头状花序;通常种子成熟时,自梗上整个脱落。

图 1-22　野牛草

(引自《现代草坪建植与管理技术》,黄复瑞、刘祖祺,1999)

(2)生态习性　该草适应性强,喜光但可耐半阴,对土壤的适应性很广泛。在我国东北、西北有积雪覆盖下,在−34℃能安全越冬。夏季耐热、耐旱,在 2～3 个月严重干旱情况下,仍不致死亡,可用作干旱地区非灌溉的草坪。该草与杂草竞争力强,具有一定的耐践踏能力。

(3)栽培要点　种子直播和扦插分株均可。由于结实率低,目前各地均采用分株扦插或用匍匐茎埋压等方法建植草坪,以春、秋两季种植为好。栽后要立即浇水,以保证土壤湿度,促进其恢复生长。由于野牛草再生快,生长迅速,植株也较高,因此修剪是养护管理的基本措施。通过修剪可以控制草坪高度,保持平整美观。全年可修剪 3～5 次,每次留茬高度 3～4 cm。施氮肥可促进野牛草密度增大,色泽变浓。

(4)应用　该草因具有枝叶柔软、较耐践踏、繁殖容易、生长快、养护管理简便、抗旱、耐寒等优点,目前已被我国北方地区广泛应用于公园、庭院及公共绿地草坪。由于它抗二氧化硫、氟化氢等污染气体能力较强,因此也是冶炼、化工等工业区的环保绿化材料。同时,也是一种很好的堤坝护坡植物。

该草的缺点是绿期较短,其雄花伸出叶层之上,破坏草坪绿色的均一性,不耐长期水淹,枝叶不很稠密,在一定程度上影响了它更广泛的应用。

7. 马蹄金(*Dichondra repens* G. Forst)

马蹄金又名马蹄草、黄胆草、金钱草等(图 1-23)。旋花科马蹄金属。

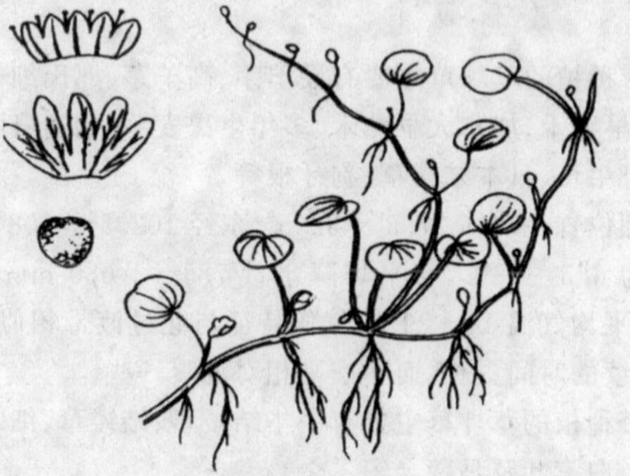

图 1-23　马蹄金

(引自《现代草坪建植与管理技术》,黄复瑞、刘祖祺,1999)

(1)形态特征　多年生双子叶草本植物。植株低矮,须根发达;具较多的匍匐茎,能节间着地生根;株高仅 5～15 cm;叶片扁平,基生于根部,具细长叶柄,肾形,外形大小不等,表面无毛,直径 1～3 cm;夏秋开花,种子结实率不高。

(2)生态习性　喜光及温暖湿润气候,耐阴、耐旱能力很强。对土壤要求不严,但在肥沃的土壤上生长茂盛。缺肥叶色黄绿,覆盖度下降。能耐一定的低温。华东地区栽培,冬季最冷时叶色褪淡,草层上部的部分叶片表面变褐色,但仍能安全越冬。不耐践踏,应种植在人流量小的地方。

(3)栽培要点　马蹄金主要采用匍匐茎繁殖,一般按 1∶8 的比例分栽。它侵占能力很强,较耐粗放管理,但要注意及时除去杂草,越早除草越省工,覆盖越好。马蹄金在潮湿、坚实的土壤上生长不良,需定期灌溉和适度施肥。当修剪高度 3.8～5 cm 时,会形成叶片较大、覆盖度较小的地被。

(4)应用　多用于小面积花坛、花径及山石园,作观赏草坪栽培,亦可用于布置庭院绿地及小型活动场地。

(三)过渡带草坪草

对于草坪种植而言,过渡带气候区主要指的是长江流域两岸地区,属于热带和亚热带气候的过渡区域。夏季炎热潮湿,冬季不太寒冷。一般认为,为了更有利于草坪草种的合理选择,我国应划分为两个过渡带,即北过渡带和南过渡带。

北过渡带地理位置在北纬 32.5°～42.5°、东经 104°～122.5°的范围内，该区域内的年平均气温为－1～15℃，年平均降水量 480～1 090 mm，最冷时月平均气温－9～2℃，最热时月平均气温 9～25℃，气候特点是雨热同季、夏季高温潮湿、冬季寒冷干燥。

适宜北过渡带种植的草坪草主要有硬羊茅、高羊茅、邱氏细羊茅、匍匐紫羊茅、草地早熟禾、粗茎早熟禾、加拿大早熟禾、多年生黑麦草、匍匐翦股颖、细弱翦股颖、小冠花、白三叶、野牛草、日本结缕草、狗牙根等。

南过渡带地理位置在北纬 27.5°～32.5°、东经 102.5°～108°的范围内，该区域内的年平均气温为 6.5～18℃，年平均降水量 785～1 680 mm，最冷月平均气温－3～7℃，最热月平均气温 14～29℃，气候特征与北过渡带相似，只是夏季更热更潮湿，高温高湿持续的时间更长，而冬季则相对温暖一些。

适宜南过渡带种植的草坪草主要有中华结缕草、结缕草、细叶结缕草、高羊茅、马尼拉草、狗牙根、白三叶及马蹄金等。

(四)常用地被植物

地被植物是指用于保护、美化环境的地上植被，常为草本、灌木、乔木及其结合体。草坪绿地中常用的地被植物包括一年生花卉、多年生宿根花卉、藤本和攀缘植物等。它们以其繁多的种类、美丽的外观、较强的适应性与草坪配置在一起，形成丰富多彩的草坪绿地园林景观，成为现代草坪绿地的有机组分。

草坪绿地常用地被植物主要有薜荔、蛇莓、紫茉莉、诸葛菜、垂盆草、多变小冠花、爬山虎、常春藤、络石、美女樱、连线草、百里香、藿香蓟、大金鸡菊、金银花、石菖蒲、万年青、萱草、阔叶沿阶草、细叶麦门冬、石蒜、葱兰、蝴蝶花、鸢尾、常夏石竹、箬叶竹、蔓长春花等。

复习思考题

1. 草坪草常见的分类方法有哪些？
2. 草坪草应具备哪些特点？
3. 根据草坪的用途，草坪草主要分为哪几类？
4. 何为冷季型草坪草，其有何特点？常见的品种有哪些？
5. 何为暖季型草坪草，其有何特点？常见的品种有哪些？
6. 何为过渡型草坪草，其有何特点？

技能训练

技能训练 1-1　草坪草种子识别与检验

一、训练目的

1. 熟悉并掌握草坪草及地被植物不同属间草种的基本特点。
2. 掌握草坪草种的一般质量鉴定方法。

二、训练场所、用具及材料

(1)训练场所:实验室或实训基地。

(2)用具及材料:市场上销售的各种类型草坪草种子或标本、小镊子、毫米尺、滤纸、体视显微镜、放大镜、电子天平、坐标纸。

三、训练内容

种子属间识别与鉴定:通过观测种子间的形态、大小、附属物特征等,对早熟禾、羊茅、黑麦草、剪股颖、白三叶、偃麦草、冰草、狗牙根、结缕草、马蹄金等各草坪草种进行属间特征的观察与鉴定。

(1)种子的长度:即种子先端至末端的长度。

(2)背腹扁:种子宽度大于厚度。

(3)两侧扁:种子厚度大于宽度。

(4) 腹面形状:不同种类的植物其种子腹面各不相同,大体有平凸、凸、平坦、具沟、凹陷等。

(5)立体轮廓:梭形、长梭形、纺锤形、心形等。

(6)千粒重。

四、训练步骤方法

(1)把草地早熟禾、羊茅、紫羊茅、高羊茅、黑麦草、剪股颖、白三叶、红三叶、冰草、狗牙根、结缕草、马蹄金、野牛草、百脉根、小冠花等草坪草种子放在坐标纸上置于体视显微镜下进行种子长度、背腹扁、两侧扁、腹面形状、立体轮廓的观察。

(2)在电子天平上进行千粒重的称量。

(3)观察总结:整理观察结果,完成不同属间草坪草种子形态表(实训表 1-1)。

实训表 1-1 草坪草种子形态观察

草种科属	草种名称	英文名	种子长度	两侧扁	背腹扁	腹面形状	立体轮廓	芒	色泽	千粒重	种子标本

五、考核标准及配分

本项技能满分 100 分,要求达到 60 分以上。

(1)概念准确,描述到位。可用绘图的方式描绘草坪草种子的特征。 30 分

(2)草坪草种子结构与各部分名称所指要明确。 40 分

(3)实训报告上交及时,内容全面,结果准确。 30 分

技能训练 1-2 草坪草种类识别及形态特征观测

一、训练目的

使学生熟悉并掌握常见草坪草植物的形态特征和基本特点,掌握草坪草的生长与环境适应情况,掌握草坪草的应用。

二、训练场所、用具及材料

(1)训练场所:实验室或实训基地。

(2)用具及材料:数码相机、体视显微镜、钢卷尺、直尺、卡尺、铅笔、笔记本、常见草坪草活体或标本。

三、训练内容

常见草坪草植物的形态特征和基本特点。

四、训练步骤方法

(1)营养体观测与描绘:禾本科草坪草包括叶舌、叶耳、叶环、叶鞘、叶片的形状、大小、质地,草的分生形式(根茎、匍匐茎、丛生等)等。

(2)花序的类型、大小、形态的观察。

(3)测量植株的高度、横向分布情况。

(4)利用数码相机记录典型标本。

(5)完成实训表 1-2 和 1-3。

实训表 1-2 禾本科草坪草形态观察

草坪草名称	叶舌	叶耳	叶环	叶鞘	叶片	叶脉

实训表 1-3 观赏地被植物的形态观察

名称	叶片形状	株高	花序类型	花颜色	花朵大小	生长环境	应用

五、考核标准及配分

本项技能满分 100 分,要求达到 60 分以上。

(1)禾本科草坪草形态特征描述及应用。 40 分

(2)观赏地被植物形态描述及应用。 30 分

(3)实训报告上交及时,内容全面,结果准确。 30 分

第二章　草坪建植技术

知识目标

- 理解草坪地调查、草种选择的方法、草坪建植的原理。
- 掌握选择草种的因素与组合、坪床的制备、草坪建植的常用方法。

技能目标

- 能够正确地选择草坪草种、根据实际情况选用适宜的建坪方法。
- 会坪床制备及草坪建植的要求与步骤。
- 熟练基础整地的方法、草坪建植的技术要点。

草坪建植是指用种子(有性)繁殖或营养体(无性)繁殖的方法,人工建立草坪的过程。草坪建植的过程主要包括草种的选择、草种的组合、坪床的准备、确定建植方式、拟订建植方案、建植和苗期管理直至成坪等部分。

第一节　草坪草种选择

草坪草种选择是建坪时需要考虑的首要问题,它不仅对草坪建植有重要影响,而且还将关系到未来养护管理的很多问题。

一、草坪草种的选择依据

由于草种种类繁多,特性各不相同,影响草坪草种或品种选择的因素又很多,可从以下 5 个方面综合考虑:

(一)对草坪质量的要求

主要由草坪的使用目的来决定,这是草坪草种选择首先要考虑的问题。包括草坪的颜色、质地、均一性、绿色期、高度、密度、耐磨性、耐践踏和再生力等。比如水土保持草坪要求速生，根系发达，能快速覆盖地面，管理粗放；运动场草坪要求耐低修剪，耐践踏，再生能力强；观赏性草坪要求质地细腻，色泽明快，绿色期长。

(二)草坪草种的特性

要了解满足建坪质量要求或草坪使用目的的候选草种。如草种质量、草坪草生长特性、建坪速度、叶片密度、叶片质地、色泽、耐阴性、耐践踏性等。

(三)环境适应性

主要包括气候适应性和土壤适应性。各类草坪草不同的基因型特性，对外界环境表现出不同的适应性，主要是气候和土壤。气候主要指抗热、抗寒、抗旱、耐淹、耐阴等性能。温度和降雨是影响最大的气候因素。土壤主要指耐瘠薄、耐盐碱、抗酸性等性能。

(四)对病虫害的抗性

主要是指草坪植物对病虫害的抵御程度。如易感病的草坪草必须经常用杀菌剂进行处理，以预防疾病的发生，否则，轻者使草皮出现枯黄的病斑，影响草皮的均一性和外观；重者，将导致草皮的死亡，造成不可补救的经济损失。

(五)所需养护管理的强度和预算

主要包括建坪成本与管理费用。而管理水平对草坪草种的选择有很大影响，管理水平包括技术水平、设备水平、经济水平 3 个方面。许多草坪草在低修剪时要求较高的管理技术和管理设备。

二、草坪草种的组合

草坪草种组合是指草坪由一个草种(或品种)单播或由几个草种(或品种)按一定的形式、比例混播。草坪是由一个或者多个草种(或品种)组成的草本植物系统，其组分间、组分与环境间存在着密切地相互促进与制约的相关关系。组分间量与质的改变，亦改变草坪的特性及功能。在草坪实践中通常用单一组分的方法来提高草坪外观质量，从而提高草坪的均一性和美学价值。而更广泛采用的则是增加草坪组分的丰富度，来增强草坪系统对环境的适应性和增加草坪的坪用功能。

(一)草坪的组合

1. 根据草坪草种的组合分类

(1)单播　是指草坪组合中只含一个种，并且只含该种中的某一个品种。其优点是保证了草坪最高的纯度和一致性，可造就最美、最均一的草坪外观。缺点是由于遗传特性较为单一，因此对环境的适应能力较差，要求养护管理的水平也较高。

(2)混合　是指在草坪组合中只含有一个种，但含该种中的两个及两个以上品种的草坪组合。该组合有较丰富的遗传特性，较能抵御外界不稳定的气候环境和病虫害多发的草坪场合，同时也具有较为一致的草坪外观。

(3)混播　是指在草坪组合中含有两个及两个以上的种及品种的草坪组合。其优点是使草坪有较广泛的遗传特性，因而草坪对外界具有更强的适应能力。但其缺点是草坪的一致性较差，常常景观不够理想。

(4)交播　草坪的交播是指在草坪过渡带地区，在暖季型草坪草休眠枯黄前一个月左右，将冷季型草坪草均匀地播种在其中，以填补冬季的绿色，使草坪四季保持绿色。待暖季型草坪草返青时，再通过超低修剪，逐渐削弱冷季型草坪草的生长势，直至枯死，仍由暖季型草坪草取代生长。这种用两种或两种以上的草坪草种，在一年四季中交替生长的播种技术称为草坪的交播技术。也有的称之为草坪的覆播、盖播或补播。其优点是使草坪基本保持四季绿色，并使草坪具广泛的遗传特性，对外界具有更强的适应能力。但其缺点是在两类草坪草交替时，草坪的一致性较差。

2. 依据各草坪草种的数量及作用分类

(1)建群种　又称基本种，是永久性品种，体现草坪功能和适应能力的草种，通常在群落中的比重在50%以上。

(2)伴生种　又称辅助种，是草坪群体中第二重要的草坪草种，当建群种生长受到环境影响时，由它来维持和体现草坪的功能和对不良环境的适应，比重在30%左右。

(3)保护种　一般是发芽迅速，成坪快，一年生的草种，在群落组合中充分发挥先期生长优势，对草坪组合中的其他草坪草种起到先锋和保护作用。

(4)特殊种　在阴性地区、潮湿地区或其他不良环境下，需要有对这些不良环境有耐性的品种。

(二)草坪组合的原则

草坪草的混播不是简单地把草坪草种混在一起播种，而应有一定的原则和依据标准。选择混播草种时就遵循以下原则。

1. 目的性

提高草坪抗病性，常把对不同病害抗性较好的草坪草种或品种放在一起混播种。如某些草地早熟禾品种抗褐斑病较好，但抗锈病能力差，秋季易发生锈病，可以选择另外的抗锈病的品种混合建植，从而提高草坪的总体抗病性；疏林下建坪时，由于树木分布不匀，树冠大小、遮阴不同，单一草坪草种很难适应各种场合，因而可在某一主导草种内加入耐阴性草种。

2. 兼容性

不同草坪草混播后形成的草坪应该在色泽、质地、均一性、生长速度等方面相一致。如从美国进口的大多数改良型草地早熟禾品种颜色较深，与老的草地早熟禾品种(如公园等)浅绿色很难一致，混合播种后草坪颜色深浅不一，观赏质量差；很粗和很细的草坪草也不宜混播。

3. 生物学一致性

混播草坪的生态习性如生长速度、扩繁方式、分生能力等应该基本相同。如翦股颖、马尼拉、狗牙根分生能力很强，与其他类型的草坪草如黑麦草、草地早熟禾混播后，最后会出现块斑状分离现象，使草坪总体质量下降；生长太快和太慢的草种也不宜混播，易产生参差不齐的感觉，观赏价值下降。

4. 主导性

在考虑草坪混播时，应该首先确定最终结果是什么，得到的草坪应该以什么样的草坪草为主。如草地早熟禾发芽速度慢，建坪期间管理难度大，较易出现问题，如果用少量的黑麦草(占 20%以下)混播，黑麦草先出苗、速生，可以起到保护作用，有利于草地早熟禾在草坪中发芽和出苗，但最终成坪的应以草地早熟禾为主要比例的草坪。

(三)草坪组合的依据

在草坪混播原则的基础上，主要应依据草坪草的生态特性选择混播品种。其主要依据有：

1. 分生方式与竞争能力

有些草坪草种的分蘖能力和竞争能力很强，参与混播时，所占比例不能太大。如匍匐翦股颖、狗牙根类草坪草地下根茎和地上匍匐茎发达，分生能力特别强，即使播种较少，与其他混播也难以达到预期的目的；高羊茅和黑麦草主要是靠分蘖来扩繁的，其竞争能力是有限度的，要得到以高羊茅和黑麦草为主的草坪必须加大播种量。

2. 叶片质地

草坪草种和品种不同，叶片质地有较大差异，参与混播的草坪草的质地应该接近，否则难以兼容。

3. 遗传色

深浅不一的草坪草种不应混播建坪。一般情况下老的草坪品种色较浅，新品种色较深；从欧洲进口的草坪草的颜色较浅，从美国进口的草种颜色较深。

4. 耐阴能力

草坪草的耐阴性在某些情况下是选择草坪草种的主要依据之一，耐阴性草坪草参与混播，可适应树下及背阴的环境。

5. 其他

其他指标如绿期长短，抗性(抗病、抗旱)强弱、耐践踏等指标，在某些情况下也应该考虑。

(四)草坪组合中的一些问题

应用过程中遇见的一些案例：

(1)高羊茅类草坪草与其他类草坪草混播建坪，比例少时草坪常表现出植株高大，丛生，使草坪均匀性及感官质量降级，形成草坪上的“杂草”。

(2)早熟禾与黑麦草混播，理想的是得到均匀一致的、高质量的草地早熟禾草坪，但在实践中很难达到，原因是管理不当和播种比例不当。

(3)紫羊茅与黑麦草或早熟禾混播，若在强光、高温、高湿条件下紫羊茅则难以生存，因而，在无遮阳的广场绿地上建植草坪，加入紫羊茅是一种浪费。

(4)翦股颖与其他类型草坪草混播，易产生斑块状，使草坪观赏质量下降甚至成为杂草。

(5)暖季型草坪草同冷季型草坪草混播，冷季型草坪草一般很难与暖季型草坪草混播，原因是夏季暖季型草坪草一般生长良好，要求施用足够氮肥，但此时冷季型草坪草则处于不适期，一般不可施用过量氮肥。

(6)暖季型草坪草间的混播，如马尼拉、结缕草和狗牙根生态习性差异很大，竞争能力有很大不同，在草坪中易分离成斑块状，因而不易混播或混植，否则会严重降低草坪总体质量。

三、种子质量和标签认定

种子质量和质量监督体系是确保市场上获得高品质草坪草商品种子的关键。影响草坪草种子质量的主要因素是纯度和活力(表 2-1)。

1. 种子纯度

纯度指某一种或某一栽培品种种子中含纯种子的百分率，如果纯度小于100％，另外的就是杂质、杂草种子和其他作物种子等。

2. 种子活力

活力指活种子的百分率或在某一标准实验室条件下的发芽率。

表 2-1 常见草坪草商品种子质量标准

种　　名	千粒重/g	最小纯净度/%	最低发芽率/%
多年生黑麦草	1.54	90	90
多花黑麦草	1.98	97	85
紫羊茅	0.74	97	85
草地羊茅	1.78	97	90
高羊茅	2.52	95	90
无芒雀麦	4.05	85	85
匍匐翦股颖	0.06	90	90
小糠草	0.11	92	90
结缕草	0.65		24
地毯草	0.34	92	90
狗牙根	0.37	97	85
百喜草		72	70
白三叶	0.63	95	85

3. 纯活种子百分率

纯度和活力的乘积就是纯活种子百分率。

4. 种子标签

附在包装袋上的标签对于评价种子质量具有非常重要的作用。标签上标明了袋内每个草种或栽培品种的重量、种子纯度和杂草种子、作物种子、其他杂质的百分数，这些数据之和必须是 100。这些数据是通过抽样检测得到的，草坪草种不同抽样的数量也是不同的。

5. 种子监督

种子监督是一项为确保种子质量而对种子田间生产和精选包装进行监视的过程。种子监督机构是独立的、受政府管理的行政部门，对监督过程负有责任，以保证进入市场的草坪种子具有一定的标准。由种子监督机构所定标准的 4 个级别的种子是：

(1)育种种子　是所有许可种子(商业化种子)的基础，是由育种人员或研究单位提供，作为基础种子的基本种源。

(2)基础种子　是用育种种子在大田种植生产出来的种子，这类种子包装袋上带有白色许可标签。

(3)注册种子　是用基础种子在田间生产出来的，主要目的是为了提高供应量，注册种子包装袋上带有紫色许可标签。

(4)许可种子　消费者购到的是许可种子，是用基础种子或注册种子生产出来的，这类种子包装袋上带有蓝色标签。

种子标签的颜色并不能保证种子质量是最好的，但能保证标签上所列的栽培品种是真的。

第二节　坪床的准备

草坪草生长的外界条件包括气候条件和坪床条件，气候条件是不可改变的，因此，坪床条件的好坏将直接影响草坪草的生长发育状况，从这方面说，它是建坪是否成功的关键。坪床准备工作主要包括场地的清理、翻耕平整、基肥与有机质和石灰的施用、土壤的改良、排灌设施的安装等。如果场地整理完后，遇恶劣天气或其他原因而推迟草坪繁殖，在草坪繁殖前还需对坪床土表作适当的处理，即播前处理。

一、场地的清理

主要是尽量清除或减少影响草坪建植和草坪草良好生长的障碍物，如树木、灌丛的清挖，石块、瓦砾等建筑垃圾的清除，田间杂草的防除等。

(一)木本植物的清挖

木本植物包括那些活着的乔木、灌木和那些虽然地上部分已经死掉，但仍在土壤表面留有树桩、树根等。对于仍在生长的乔木、灌木，根据景点需要和功能要求适当留下一些，多余的不符合要求的则需进行移栽或将无用的连根拔除，而对于地上部分已死掉的那些仍残留在土壤表面的树桩、树根等则必须全部挖除，以免其在未腐烂时影响草坪草的生长发育，而其在地下腐烂后又会使坪床形成洼地，破坪草坪，还可能引发病害的滋生。

(二)石块、瓦砾的清除

现代草坪绿地的建植多是在建筑工程施工完成之后才开始进行，因此，建坪时的石块、砖块、水泥块、瓦砾等建筑垃圾的清除是必不可少的。对于比较严重的建筑垃圾，如石块、瓦砾太多或太大，必须进行一定深度的挖方和填方，清除的石块可埋于地下 60 cm 处（当然，此处不能栽植高大的乔木），并用土填平，太多了则需移出坪床。一般应清除土壤表层以下 15～20 cm 深的石块和瓦砾，以利于草坪草的生长，避免杂草的入侵。

(三)杂草的防除

种植前杂草的数量和品种将直接影响和决定于草坪建植后的杂草的数量和品种。因此，在草坪繁殖前要尽量将田间杂草去除干净，特别是坪床上的难以防除的多年生杂草和莎草科杂草对新建草坪的危害特别严重。杂草的防除可用物理方法，也可用化学药剂处理。

1. 物理防除

指用人工或机械来去除杂草，如拖拉机牵引的圆盘耙、手耙、锄头等，在翻挖土壤的同时清除杂草。

2. 化学防除

指用化学药剂杀灭杂草，常用的化学药剂主要是非选择性除草剂和土壤熏杀剂。除草剂在田间杂草长到 8～10 cm 时施用效果最佳，施用 3～7 d 后即可开始进行土壤耕作，以便于杂草对药剂的吸收和向地下器官的传输。土壤熏蒸剂是将具有高挥发性的农药施入土壤，从而杀死杂草种子的活力或抑制杂草种子的发芽和其营养繁殖体的繁殖，也能杀死土壤中有害的物质，该法效果较好，但其过程繁琐，所需费用昂贵，且其要求土壤湿度均匀，土壤温度不低于 15℃，土壤表面还须覆盖薄膜。因此，此法要求有一定的技术难度，使用较少（表 2-2）。

表 2-2 常用于坪床的除草剂和熏蒸剂

类别	名称	特性
除草剂	草甘膦	灭生性内吸型除草剂，施用后 7～10 d 见效，对未修剪和刈割的植物效果最佳，杀灭有根茎的杂草效果较好。施用量为 0.25～0.5 g/m^2，用药后 3～7 d 可播种
	克芜踪	灭生性触杀型除草剂，施用后 1～3 d 见效，可杀灭植物的地上部分，但对根茎无效。施用量为 0.08～0.12 g/m^2，用药后 1～3 d 可播种。土壤中无残留
	茅草枯	对禾本科杂草如白茅、香附子、狗牙根、毛花雀稗等效果较好。在禾草生长期每隔 4～5 周施用 1 次

续表 2-2

类别	名称	特　性
熏蒸剂	必速灭	颗粒土壤熏蒸剂，在土壤湿度 60%～70%、土壤温度 10℃以上时，消毒最好。将土壤整细整平，用 15 g/m^2 的必速灭撒在土壤中，拌匀，浇透水后覆盖薄膜，3～6 d 后揭膜，再过 3～10 d 播种，此间翻动 1～2 次
	威百亩	液体土壤熏蒸剂，施用前保持土壤湿润。施用量为有效成分计 2.5～4 g/m^2，施用后 2～3 周方可播种

对于特别难以一次性清除的杂草，如匍匐冰草、革命草等靠根茎繁殖的杂草，用物理方法或化学药剂都较难防除，通常可采用土壤休闲法防除，休闲是指在夏季坪床不种植任何植物，且定期地进行耙锄作业，以杀死杂草可能生长出来的营养繁殖器官。休闲期越长，杂草清除的就越彻底。

二、坪床的翻耕、平整

坪床的翻耕、平整工作主要是为草坪草的生长提供一个疏松、透气的土壤层，提高土壤的持水能力，减少草坪草根系向下生长的阻力，如同农作物耕作一样将表土挖松、耙细。面积较小时，可行人工挖或用耕机耕作，但当面积较大时，须用机械犁耕、圆盘犁耕和耙地等一系列机械操作。当然，耕作时须土壤含水量适中，即土壤湿度适合耕作，以免土壤太湿时易形成泥条，而太干了则不易破碎，从而不能很好地形成适宜植物生长的土壤颗粒。

(一)坪床的翻耕

机械翻耕包括犁耕、圆盘犁耕和耙地三个步骤，首先对坪床进行犁耕，使下层土壤松散，但犁的表面不平，常带有犁沟和垄，因此，须对坪床进行圆盘犁耕，这样就能将翻动的下层土壤破碎，从而让表层土与下层土充分混合，以改善土壤结构，平整坪床。如果犁耕后有机残留物埋于土中，在工期允许的前提下，可等其腐烂分解后再行圆盘犁耕。当然，也可拣除这些有机残留物，犁耕后直接圆盘犁耕，从而缩短工期。圆盘犁耕也可用在夏季休闲地去除杂草。耙地则在上述两项工作完成后立即进行，也可等有机残留物分解完后才进行，主要用于平整犁耕和圆盘犁耕留下的沟和垄。

(二)坪床的平整

坪床的平整分两步，第一步是如果有必要，如自然式草坪，需将坪床整成有一定高差的高低起伏的地面，又叫粗整。第二步，则是对第一步后的坪床进行细致的平整，让坪床表面均匀一致，不积水，不形成陡坡等，又叫细整。

1. 粗整

粗整最重要的工作就是挖填方，挖方用于堆起自然山形，填方则用于填于坪床低洼的地方。当然，挖填方后土壤必定会有一定的沉降(视土质不同其沉降大小不等)，细土通常下沉15%(即每米下沉15 cm左右)，因此，有条件的可每填30 cm即行镇压1次，也可让填方超过设计高度，让其自然沉降。为了保证土壤的养分储存，挖填方时要尽量保证形成后的坪床表面有12～15 cm厚的表层土(即熟土)。

在对坪床进行粗整时，结合挖方填方一起考虑坪床的排水问题，通常地表排水适宜的坡度为2%，即每米直线距离下降2 cm，坡向朝向排水沟。若四周均能排水的地面，则设计成中间高、四周低的坪床。在建筑物附近，坡度则应是远离房屋的。总之，要根据具体的地形地势来设计排水方式。

2. 细整

细整是在粗整的基础上进一步平整坪床，如果需要紧跟着进行草坪繁殖，可连同草坪基肥、有机质等土壤改良剂一同施入土壤后进行细整，可以人工耙地，也可用机具耙平。在细整前一定要让土壤充分沉降，以免草坪繁殖后出现高低不平的坪床，从而给草坪的养护带来一定的难度，细整也必须在土壤湿度适宜时进行，从而能形成理想的土壤颗粒。

对于有地形起伏的坪床，细整一定要防止陡坡的形成，以避免给养护管理带来困难。如的确不可避免，可修筑阻墙来限制草坪的坡度。

(三)土壤改良

理想的草坪坪床土壤应是土层深厚、排水性良好、pH值在5.5～6.5之间、结构适中的能供草坪草良好生长和草坪功能发挥的土壤，但建坪的土壤可能一般都不全具有这种特性。因此，必要时须对土壤进行改良，以创造15～20 cm深的疏松肥沃的土壤供植物根系良好生长发育。

一般草坪草在壤土上能生长良好，而在沙土和黏重土上则生长不良，因此，对草坪坪床土壤进行改良的措施主要就是向土壤中加入改良剂(在沙土中掺入黏土，在黏土中掺入沙土)。用有机质改良是最好的办法，使用最广泛的改良剂是泥炭，施用量一般以5 kg/m^{2}或覆盖5 cm厚为宜，施泥炭在细质土中能减少土壤的黏性，促进土壤颗粒的形成，而施在粗质土中，也能提高土壤的持水能力和养分保持能力，同时，草坪成坪后还可改善草坪的回弹力。其他还有一些土壤改良剂，如秸秆或锯屑，它们腐烂分解后也能起到改良土壤的作用。近年来应用土壤保水剂也能起到很好的保水、改土作用。但有些土壤改良剂有可能会对土壤的某一方面产生副作用。因此，若需大面积改良土壤，建议向有关专家和科研人员咨询后慎重实施。

对于在建筑工地上直接建植草坪，一般是清除了大量的建筑垃圾后，先铺一层有效的表土层，直到符合要求的土壤表面大致形成为止，再将松软的表土层加厚到20～25 cm，以满足草坪草根系生长所需。这一过程完全是由其他田园土更换坪床的土壤，同具有特殊要求的草坪，如高尔夫果岭草坪和足球场草坪一样，所换的土也可按需要由特殊土壤混合制备而成。

(四)基肥和石灰的施用

1. 施基肥

在土壤肥料不足时，施入一定量的基肥减轻了以后草坪管理的难度。足够的养分是草坪草良好生长的保证，基肥主要是磷肥和钾肥，在土壤有特别需要时也可施入其他的大量元素和微量元素，氮肥在最后一次平整前施用，而且不宜施用过深，以有利于幼苗根系的吸收和防止随水土流失。施肥量可根据土壤测定结果按实际需要来施用，尽量避免施用过多对草坪草造成损伤或造成肥料的浪费。一般地，每100 m^2 的土壤表面，施 23～45 kg 的复合肥料(N∶P∶K＝1∶2∶1)和230～450 kg的有机质，如果施用的肥料中有一部分是缓释性肥料，其用量可加大。

2. 施石灰

如果在土壤 pH 值不适合所选的草坪草生长发育时，就需要对坪床土壤进行酸碱度改良(表 2-3、表 2-4)，一般在施基肥的同时可随同施入石灰粉。石灰粉也可在逐年的草坪管理中连同追肥一起施用，以改善逐渐变化的土壤 pH 值。石灰一般要充分混合到根系可能生长到的地方。

表 2-3 提高 pH 值到 6.5 所需的石灰的量 kg/100 m^2

原土的 pH	沙土	沙壤土	壤土	粉壤土	黏壤土与黏土
4.0	29.3	56.2	78.6	94.2	112.3
4.5	24.9	46.8	64.9	78.6	94.2
5.0	20.0	38.1	51.8	63.0	74.2
5.5	13.7	29.3	38.1	44.9	51.8
6.0	6.9	15.6	20.0	24.9	26.8

表 2-4 降低 pH 值到 6.5 所需的硫元素的量 kg/100 m^2

原土的 pH	沙土	沙壤土	壤土	粉壤土	黏壤土与黏土
8.5	22.5	24.9	27.9	30.8	33.7
8.0	13.7	15.2	16.6	19.5	22.5
7.5	5.3	6.9	8.8	9.8	11.2
7.0	1.0	1.1	1.9	2.5	3.4

在将底肥和石灰粉均匀地撒在粗糙的土表后，可以用旋耕式耕种机将这些物质与土壤充分地混合均匀，旋耕机的机齿一般要调整到合适的深度，旋耕作业在纵横两个方向进行两次，以使之混合充分。

（五）排灌设施的安装

水分是草坪草正常生长所必须的物质之一，过犹不及，必须适中。因此，排灌系统的安装对草坪的养护管理非常重要，其准备工作和设施的安装一般在场地粗整之后即开始进行。对于要预埋管道的，为安全和保险起见，可分段进行。一般而言，我国东南部地区以排水为主，而西北部地区以灌水为主。

1. 排水系统

排水类型可分为两类，即地表排水和地下排水。地表排水可将草坪草根部多余的水分迅速排出，地下排水的目的是排除土壤深层过多的水分。

(1)地表排水　一般公共绿地或较小的绿地，采用地表排水即可达到排水目的。

利用地形排水：通常使坪床表面保持0.5%～5%的坡度进行排水。如围绕建筑物的草坪，从建筑物到草坪的边缘，视地势，做成1%～5%的自然坡度；足球场等运动场地也应保持0.5%～1%的自然坡度。

明沟排水：对地形较为复杂的坪床，则可根据地形的变化、地势的走向，在一定位置开挖不太明显的沟，或明暗结合的沟，以排出局部的积水。

改良土质：草坪土壤一般以沙壤土为好，因为该土壤既具有良好的排水性，又具有较强的保水性。在草坪建植与养护实践中，常通过掺沙、增施有机肥等措施来增加土壤的通透性，以利于土壤的排水。对板结的土壤，可通过打孔、垂直修剪等措施，来保持草坪土壤的通透性，有利于土壤爽水。

(2)地下排水　是在地表下挖一些必要的底沟，以排除地下多余的水分。一般城市绿化草坪、运动场草坪，都应设置地下排水系统。

暗沟排水：这是一种用地下管道与土壤相结合的排水方式。地下水可通过土壤、石头到暗管，最终流到主管排出场地外。排水管的排布常采用网格状、人字形(主干管与支管的连接呈45°左右)或其他形式放置于水的走势位置。排水管放置的深度，依地形地貌、主干管深度、是否有盐碱等因素而定。一般应铺设在草坪下40～90 cm深处，在沿海地区或半干旱地区，因地下水可能造成表土返盐，排水管深可达2 m。排水管的间距5～20 m。常用的排水管有水泥管和陶管，现在广泛应用的是穿孔的塑料管。在排水管放置时，应在其周围放置一些砾石，以防止细土堵塞管道。

盲沟排水：在运动场地上，为使水分迅速排出场地，在种植草坪前，常在场地内，按一定格式，设置盲沟。盲沟的规格是：挖深50～60 cm、宽10～15 cm，沟间距

2～3 m，沟底填 10～15 cm 厚的砾石，其上填 10 cm 左右厚的细石，细石上覆 5～10 cm 的粗沙，粗沙上再覆 5 cm 左右的细沙，最后覆 25 cm 左右的土壤。

2. 灌溉系统

灌溉系统可归纳为三种形式：

(1)人工浇灌　主要是用软管的方式浇水。其水源是用自来水，或是用动力在自然水源中抽水引入坪床。

(2)地面漫灌　主要是用引水或动力抽水等方式，将水引入坪床，进行地面漫灌。地面漫灌的缺点是会使土壤板结，影响草坪草的生长。

(3)喷灌　草坪喷灌应用较多，尤其是景观草坪、运动草坪已基本采用。喷灌的形式有三个基本类型，即固定式喷灌系统、半固定式喷灌系统、移动式喷灌系统。

(六)播种前土表的处理

不管是否对土壤进行了 15～20 cm 深的改良，播种前均需对土壤表面进行处理，特别是遇恶劣天气或特殊情况时，整完地后间隔了一段时间才开始播种的坪床。如果存在适宜的表土层，则不必施有机质，但是若土壤很硬或下雨后造成了土壤板结，则应施少量的泥炭或腐殖质，再次改良土壤，以便促进种子的萌发和幼苗的定植。为了保证种子或枝条的良好的生长发育，还需在每 100 m^2 的土壤中施入 12.5～23 kg 的氮∶磷∶钾为 1∶2∶1 的化学肥料(其中 50%的氮肥是长效氮)。

所有上述物质在与土壤混合以前应均匀施入土表，但应记住，这些物质在降雨或灌溉之后，可能会向地表深处移动，而不管怎样都不会向其周围扩散。在施入的物质没有扩散到的区域，其土壤是得不到改善的，故形成的草坪质量低劣。避免这种问题发生的较好方法是：先将一半的上述物质按南北方向施入土表，剩下的一半沿东西方向施入。在施肥结束后，应用钉齿耙小心耙地，以使肥料均匀分布到土表，从而使所有物质与表层土壤充分混合。

第三节　草坪建植方法

草坪建植方法概括起来有两大类，即有性(种子)繁殖法和无性(营养体)繁殖法。种子繁殖法又可分为播种法、植生带建植法、喷播法等；营养体繁殖法又可分为铺植法、直栽法、播茎法等。具体选用何种方法应根据成本、时间要求、繁殖材料、建坪目的等来确定。通常直播法建坪的草坪质量较高，费用较低，但成坪时间长，新草坪的养护管理难度大。密铺法建坪速度最快，能形成瞬时草坪，但费用较高。而具有强匍匐茎和强根茎生长习性的草坪草才可能用播茎法建坪。另外，某些草坪草由于得不到纯正或具有活力的种子，则不能通过种子繁殖法建植。

一、种子繁殖法建植草坪

大部分冷季型草坪草能用种子繁殖法建坪。暖季型草坪草中，假俭草、地毯草、野牛草和普通狗牙根均可用种子繁殖法建植，也可用营养繁殖法来建植；结缕草也常用种子直播建坪。

(一)播种法建植草坪

播种法即用种子直接播种建植草坪的方法，是比较常用的建坪方法。大多数草坪草均可用种子直播法建坪。

1. 播种时间

从理论上讲，草坪草在一年的任何时候均可播种。但在生产中，由于种子萌发的自然环境因子气温是无法人为控制的。所以，建坪时必须抓住播种适期，以利种子萌发，提高幼苗成活率，保证幼苗有足够的生长时间，能正常越冬或越夏，并抑制苗期杂草的危害。如冷地型禾草最适宜的播种时间是夏末，暖地型草坪草则在春末和初夏。表 2-5 列出了草坪草种子发芽适宜温度范围，供大面积建植参考。

表 2-5 草坪草种子发芽适宜温度范围

(引自《草坪栽培与养护》，陈志一，2000) ℃

草种	适温范围	草种	适温范围
苇状羊茅	20～30	无芒雀麦	20～30
紫羊茅	15～20	沟叶结缕草	30～35
假俭草	20～35	黑麦草	20～30
羊茅	15～25	多花黑麦草	20～30
草地早熟禾	15～30	狗牙根	20～35
加拿大早熟禾	15～30	地毯草	20～35
普通早熟禾	20～30	两耳草	30～35
早熟禾	20～30	双穗雀稗	20～35
野牛草	20～25	百喜草(阔叶品种)	20～35
小糠草	20～30	结缕草	20～35
匍茎翦股颖	15～30	中华结缕草	20～35
细弱翦股颖	15～30	细叶结缕草	20～35

注：参照上表应用时，春播宜取低值，秋播宜取高值，作为各地选择播种适期的标准。

暖季型草坪草发芽温度相对较高，一般为 20～35℃，最适温度为 25～32℃。所以暖季型草坪草必须在春末和夏初播种，这样才能有足够的时间和条件形成草坪。

冷季型草坪草发芽温度为 10～30℃，最适发芽温度为 20～25℃。所以冷季型草坪草适宜播种期在春季、夏末和秋季。在春季日平均温度稳定通过 6～10℃，保证率 80%以上，至夏季日平均气温稳定达到 20℃之前；夏末日平均气温稳定降到 24℃以下，秋季日平均气温降到 15℃之前，均为播种适期。秋天播种杂草少，是最好的建坪季节。春天播种杂草多，病虫害多，管理难度较大。但是，在有树遮阴的地方建植草坪时，由于光线不足，会使草坪稀疏或导致建坪失败。在此条件下，春季播种比秋季播种建植要好，因为春季落叶树叶子较小、光照较好。

2. 播种量

播种所遵循的一般原则是要保证足够量的种子发芽，每平方米出苗应在 10 000～20 000 株。根据这项原则，如果草地早熟禾种子的纯度 90%，发芽率 80%，每克种子 4×10^3 粒时，每平方米应播 3.6～7.2 g 种子。这个计算是假定所有的纯活种子都能出苗，而实际上由于种子的质量和播后环境条件的影响，幼苗的致死率可达 50%以上，因此，草地早熟禾的建议播种量为 6～8 g/m²。特殊情况下，为了加快成坪速度，可加大播种量。

草坪草种子的播种量除了取决于种子质量，还与草种的混合组成、土壤状况以及工程的性质有关。几种常用草坪草种在生产上的参考单播量见表 2-6。

表 2-6　几种常用草坪草种参考单播量

（引自《草坪建植与管理手册》，韩烈保，1999）　g/m²

草　种	正常播种量	加大播种量
普通狗牙根(不去壳)	4～6	8～10
普通狗牙根(去壳)	3～5	7～8
中华结缕草	5～7	8～10
草地早熟禾	6～8	10～13
普通早熟禾	6～8	10～13
紫羊茅	15～20	25～30
多年生黑麦草	30～35	40～45
高羊茅	30～35	40～50
翦股颖	4～6	8
一年生黑麦草	25～30	30～40

混播组合的播种量计算方法：当两种草混播时选择较高的播种量，再根据混播的比例计算出每种草的用量。例如若配制90%高羊茅和10%草地早熟禾混播组合，混播种量40 g/m²。首先计算高羊茅的用量40 g/m²×90%＝36 g/m²；然后计算草地早熟禾的用量40 g/m²×10%＝4 g/m²。

当播种量匡算出来之后，即可根据需要建植草坪的面积，计算出总的种子需要量。实际种子备量，一般取"足且略余5%～10%"为宜。对照实有的种子贮备量，若有多余，满足备补种子，多余的部分可及时转让。若数量不足，缺口又不大，宜做好播种前的种子处理，提高播种质量，争取少损失多出苗；若缺口较大，应及时补足。

3. 播种方法

草坪草播种是把大量的种子均匀地撒在坪床上，并把它们混入0.5～1.5 cm的表土层中，或覆土0.5～1.0 cm厚。播种过深或覆土过厚，导致出苗率下降；过浅或不覆土，种子会被地表径流冲走或发芽后干枯。一般播种深度以不超过种子长径的3倍为准。

播种的技术关键是把种子均匀地撒于坪床上，只要能达到均匀播种，用任何播种方法都可以。一般可把播种方法归纳为人工撒播和机械播种两类。

(1)人工撒播　很多草坪是用人工撒播的方法建成的。这种方法要求工人播种技术熟练，否则很难达到播种均匀一致的要求。其优点是灵活，尤其在有乔、灌木等障碍物的位置、坡地及狭长和小面积建植地上适用；缺点是播种不均匀，用种量不易控制，有时造成种子浪费。人工撒播大致分以下五步：

第一步，把建坪地划分成若干块或条。

第二步，把种子相应地分成若干份。

第三步，把种子均匀地撒播在相应的地块上，种子细小可掺细沙、细土，分2～3次横向、纵向均匀撒播。

第四步，用细齿耙轻耧或竹丝扫帚轻拍，使种子浅浅地混入表土层。若覆土，所用细土也要分成相应的若干份撒盖在种子上。

第五步，轻度镇压，使种子与土壤紧密接触。

(2)机械播种　在草坪建植时，使用机械播种可大大提高工作效率，尤其当草坪建植面积较大时，如各类运动场草坪的建植，适宜用机械完成。机械播种的优点是容易控制播种量、播种均匀、省时、省力；不足之处是不够灵活。

常用播种机根据动力类型可分为手摇式播种机、手推式播种机和自行式播种机；根据种子下落方式可分为旋转式播种机和下落式播种机。经过校正的施肥器可用于小面积草坪定量播种。下面介绍几种比较常用的草坪播种机。

①手摇播种器　手摇播种器的工作特点是手摇动排种盘,从料袋下来的草籽经过旋转的排种盘时受到离心力的作用而撒开(图2-1)。手摇播种器适用小面积撒播草种,且要求操作者行走速度保持一致,手摇动均匀。

图 2-1　用手摇播种机播种

②手推式播种机　手推式播种机体积小,重量轻,操作维护方便。适用于小面积草坪播种、施肥。播种量可随意调节,撒播均匀。

手推式播种机又分下落式和旋转式两种。

在使用下落式播种机时,料斗中的种子可以通过基部一列小孔下落到草坪上,孔的大小可根据播种量的大小来调整。由于机具的播种宽度受限,因而工作效率较低(图2-2)。

旋转式播种机的操作是随着操作者的行走,种子下落到料斗下面的小盘上,通过离心力将种子撒到半圆范围内(图2-3)。在控制好来回重复的范围时,此方式可以得到满意的效果,尤其对于大面积草坪,工作效率较高。

图 2-2　下落式播种机

图 2-3　旋转式播种机

③旋耕播种机　简称旋播机,是一种把旋耕和播种作业工作部件组合在一起的联合作业机械。它利用旋耕刀将表层土壤和作物残茬打碎,然后直接进行播种,并利用旋耕刀旋耕起的碎土对种子进行覆盖,而不需要预先耕整地,因此旋耕播种机也是一种免耕(或少耕)播种机具。它的作业质量好,劳动生产率高,有利于降低生产成本、减轻劳动强度。旋耕播种机除了旋耕播种外,也可单独作旋耕机使用。

旋播机的配套动力有手扶拖拉机及轮式拖拉机等。其结构组成主要由旋耕刀滚、种子箱、排种器、镇压轮和传动机构等组成，包括旋耕和播种两大部分(图2-4)。旋耕部分，旋耕刀的直径一般比较小，多为 300～350 mm，刀滚的转速比普通旋耕机要快一些，以利于打碎土壤，对种子进行覆盖。排种器多用塑料制成的外槽轮式排种器，结构简单、轻巧，工作可靠。

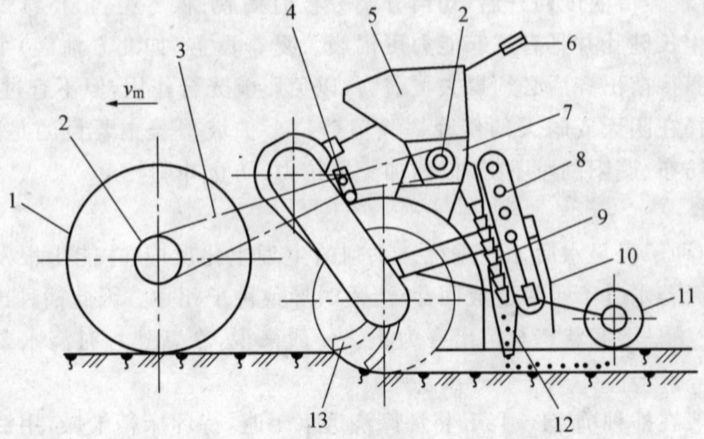

图 2-4　旋耕播种机

1. 拖拉机驱动机　2. 传动链轮　3. 链条　4. 张紧机构　5. 种子箱　6. 变速手柄　7. 排种器　8. 镇压轮调节孔板　9. 输种箱　10. 橡胶挡泥板　11. 镇压轮　12. 播种头　13. 旋耕刀

旋耕机常用调整镇压轮高低的方法改变碎土深度。镇压轮连接板上有多个孔，当把镇压轮连接到不同孔上时，它相对于旋耕刀的位置就不同，从而改变碎土深度。刮土器的位置可上下调节，因此可改变播种深度。

4. *覆盖*

对播种建植的草坪来说，覆盖是播后管理中的一项十分重要的内容。

(1)覆盖的目的　稳定土壤中的种子，防止暴雨或浇灌的冲刷，避免地表板结和径流，使土壤保持较高的渗透性；抗风蚀；保持土壤水分；调节坪床地表温度，夏天防止幼苗曝晒，冬天增加坪床温度，促进发芽。覆盖在护坡和反季节播种及北方地区尤为重要。

(2)覆盖材料　覆盖材料既可用专门生产的地膜、遮阳网、无纺布、草帘、草袋等，也可就地取材，用农作物秸秆、树叶、刨花、锯末等。北方地区多使用草帘、草袋进行覆盖。一般地膜用在冬季或秋季温度较低时，用于增温和保水。地膜的增温效果很明显，但使用时应注意避免烧苗，因此一定要把握好通风、揭膜时间。无纺布、遮阳网多用于坡地绿化，既起覆盖作用，又起固定作用。若用农作物秸秆进行覆盖，应注意秸秆中不要含有种穗，若有，可采用熏蒸法杀死种子。秸秆覆盖不应过厚，覆盖面积达 2/3 以上即可，覆盖后用竹杆压实或用绳子固定，以免被风吹走。锯末、树叶等是无法再利用的覆盖物，使用前应先进行发酵，有条件的要进行消毒。

(3)覆盖物的揭除　一般早春、晚秋低温播种时覆地膜，主要目的是提高土壤温度。早春覆盖待温度回升后，幼苗分蘖分枝时揭膜；秋冬覆盖，持续低温可不揭膜，若幼苗生长健壮并具有抗寒能力可揭膜。夏季覆盖（如北方地区）主要起降温保水等作用，待苗出齐后必须揭去覆盖物，以免影响光合作用，但不宜过早，以免高温回芽，选择在阴天或晴天的傍晚揭除覆盖物。护坡覆盖主要目的是防冲刷、保水，若用无纺布、遮阳网可不揭，以增加土壤拉力，防止冲刷。

5. 浇水

出苗前种子吸足水后才能进行一系列的生理生化反应，才能生根发芽。种子发芽后，夏天若水分不足易造成回芽，严重时导致种子死亡。因此播种出苗阶段应保持坪床土壤呈湿润状态至苗出齐为止。一般来说，在新建坪时浇水要注意以下几个问题：

(1)一般在播种前 24～48 h 将坪床浇透水 1 遍，待坪床稍干燥，用钉耙重耙后再播种，这样可增加底墒，从而避免播后大量浇水造成冲刷和土壤板结。

(2)播种后至苗出齐阶段的浇水应坚持小水勤浇，喷水强度要小，以雾状喷灌（自动喷灌或人工喷灌）为好，以免造成种子移动，出苗不匀，或对幼苗造成机械损伤。

(3)北方习惯在播前不浇水，播后覆盖草帘或草袋，覆盖后第 1 次要浇足水，并经常检查墒情，及时补水，直至出苗。

(4)夏天温度较高时，中午不要浇水，因为这样容易造成烧苗，最好在清早或傍晚太阳落时浇水。

6. 苗期管理

草坪草出苗至成坪前的管理都属苗期管理的范围。为了提高成坪速度和质量，同时降低管理费用，主要应实行以下管理措施：

(1)追肥　在施足基肥的基础上，草坪草出苗后 7～10 d，应及时首次施好分蘖、分枝肥。以速效肥为主。如尿素 5 g/m^2 左右撒施，施后结合喷灌或浇水以提高肥效和防灼伤。第 2、3 次分枝、分蘖肥视苗情而定。一般可结合首次、二次剪草后施用。追肥施用量宜少不宜多，以“少吃多餐”为原则；施肥一定要保证均匀，否则会引起草坪草生长不均，叶色深浅不一，影响外观。

(2)灌溉、排水与蹲苗　苗期要适当控制浇水次数，适当蹲苗，可协调土壤水、气条件,促进分枝、分蘖和根系扩展;调整地上部与地下部的生长比例;蹲苗还可预防病害。具体做法是:以浇透1次水为基础,然后任其自然蒸发,至1/2坪面土壤变灰白,再浇第2次水,至整个坪面土壤几乎变灰白,再浇第3次水。随着时间的推移,每次土壤变白后延长1～2 d蹲苗时间,直到成坪。若遇大雨,应注意及时排水。

(3)修剪 依据草坪的种类和计划管理强度,当幼苗有50%达到或高于应修剪的高度时,开始第1次修剪。一般草坪在草高8～10 m时开始修剪较好,球场草坪达5 cm时就可修剪。草坪修剪应遵循1/3原则(详见第三章第一节)。如果修剪时土壤潮湿,剪草机容易在草坪上压出沟或把草坪草幼苗连根拔起,因此在修剪前应减少浇水,等土壤干燥、紧实后再修剪。剪草机的刀片一定要锋利。

(4)表施土壤及镇压 表施土壤对于匍匐型草坪草组成的新建草坪在修剪条件下的养护非常重要,可以促进匍匐茎不定芽的再生和地上枝条发育。表施土壤要注意以下几点:①施用的材料质地和原坪床完全一致,或用土、沙和有机混合物,比例1∶1∶1最好。②材料无杂草,无病、虫等。③草坪草修剪后再表施土壤,施后用锯刷拖平,避免土过厚将草坪草压在下面,形成秃斑。④表施土壤后进行镇压。

镇压常在剪草、表施土壤后进行,其作用是促进草坪草的分蘖、匍匐茎的伸长,增加坪床整齐度,对抵制杂草也有作用。镇压时不能采用太重或太轻的磙子,一般磙重60～200 kg。镇压时土壤干湿要适度,可掌握在土表由灰变白的过程中进行。南方多雨潮湿地区要减少镇压次数。

(5)草坪保护

①杂草防除 在草坪成坪前一般不用化学除草。若有少量杂草应随时人工拔除。如人工除草有困难,最早也要到草坪草第4叶全展开后才能化学除草。

②病、虫害防除 密切注意病、虫害的发生情况,一经发现应及时对症下药。

(二)植生带法建植草坪

草坪植生带是指把草坪草种子均匀固定在两层无纺布或纸布之间形成的草坪建植材料。植生带法是草坪建植中的一项新技术,在北方应用较多,生产上已经工厂化。

植生带法的优点是:无须专门播种机械;铺植方便;适宜不同坡度地形;种子固定均匀;防止种子冲失;减少水分蒸发等。不足之处是:费用较高;小粒草坪草种子(如翦股颖种子)出苗困难;运输过程中可能引起种子脱离和移动,造成出苗不齐;种子播量固定,难以适合不同场合等。

1. 植生带的材料组成

(1)载体　目前利用的载体主要有无纺布、植物碎屑、纸载体等。原则是播种后能在短期内降解,避免对环境造成污染;轻薄,具有良好物理强度。

(2)黏合剂　多采用水溶性胶黏合剂或具有黏性的树脂。可以把种子和载体黏合在一起。

(3)草种选择　各种草坪草种子均可做成植生带。如草地早熟禾、高羊茅、黑麦草、白三叶等。种子的净度和发芽率一定要符合要求,否则制作工艺再好,做出的种子带也无使用价值。

2. 加工工艺

目前国内外采用的加工工艺主要有双层热复合植生带生产工艺,单层点播植生带工艺,双层针刺复合匀播植生带工艺。近期我国推出冷复合法生产工艺。各种工艺各有优势和不足,目前都在改进和发展中。加工工艺的基本要求如下:

(1)种子植生带的加工工艺一定要保证种子不受损伤。包括机械磨损、冷热复合对种子活力的影响,确保种子和活力和发芽率。

(2)布种均匀,定位准确,保证播种的质量和密度。

(3)载体轻薄、均匀,不能有破损或漏洞。

(4)植生带的长度、宽度要一致,边沿要整齐。

(5)植生带中种子的发芽率不低于常规种子发芽率的95%。

3. 植生带的储存和运输

(1)库房要整洁、卫生、干燥、通风。

(2)温度10～20℃,湿度不超过30%。

(3)植生带为易燃品,注意防火。

(4)预防杂菌污染及虫害、鼠害对植生带的危害。

(5)运输中防水、防潮、防磨损。

4. 植生带的铺设技术

(1)整地要求　精细整地,做到地面平整,土壤细碎,土层压实,避免虚空影响铺设质量。

(2)植生带的铺设　将植生带展铺在整好的地面上,接边、搭头均按植生带的有效部分搭接好,以免漏播。然后在植生带上覆土,覆土要细碎、均匀,一般厚度为0.5～1 cm。覆土后用碌镇压,使植生带和土壤紧密接触。

(3)苗期管理　植生带铺设完毕后即可浇水,采用微喷或细小水滴设备浇水,做到喷水均匀,喷力微小,以免冲走浮土,每天喷水2～3次,保持地表湿润。至苗出齐后,逐渐减少喷水次数,并适当进行叶面追肥,以促壮苗,40 d左右即可成坪。

(三)喷播法

喷播法是以水为载体，将植物种子、纤维覆盖物、黏合剂、保水剂、肥料、染色剂等混合成均匀的浆状物，通过高压把草浆喷到土壤表面，施肥、覆盖与播种一次操作完成。喷播法主要适用于公路、铁路的路基、斜坡、堤坝护坡及高速公路两侧的隔离带和护坡进行绿化；也可用于高尔夫球场、飞机场建设等大型草坪的建植。

以上提到的一些斜坡地地表粗糙，不便进行人工或机械整地，使用常规方法建植达不到理想的效果。喷播材料中加入了黏结剂，喷播到地面后不会流动，干后比较牢固，能达到防风、防冲刷的目的；又有保水剂和肥料，能满足植物种子萌发所需要的水分和养分，幼苗期一般不需要浇水施肥。是坡地绿化非常有效的一种方法。但是这种播种方法比较粗放，播后如遇干旱、大雨，都会遭受很大的损失。

1. 喷播设备

主要由机械部分、搅拌部分、喷射部分、料罐部分等组成，一般安装在大型载重汽车上，施工时现场拌料现场喷播。

2. 草浆的原料

草坪喷浆要求无毒、无害、无污染、黏着性强、保水性好、养分丰富。喷到地表能形成耐水膜，反复吸水不失黏性。能显著提高土壤团粒结构，有效地防止坡面浅层滑坡及径流，使种子、幼苗不流失。

草浆一般包括水、黏合剂、纤维、染色剂、草坪草种子、复合肥等，根据情况可选择添加保水剂、松土剂、活性钙等。

(1)水　作为溶剂，把纤维、草籽、肥料、黏合剂等均匀混合在一起。

(2)纤维　纤维在水和动力作用下可形成均匀的悬浮液体，喷后能均匀地覆盖地表，具有包裹和固定种子、吸水保温、提高种子发芽率及防止冲刷的作用。这种纤维覆盖物是用木材、废弃报纸、纸制品、稻草、麦秸等为原料，经过热磨、干燥等物理加工方法加工成絮状纤维。纤维覆盖物一般在平地少用坡地多用，用量 60～120 g/m^2。

(3)黏合剂　黏合剂以高质量的自然胶、高分子聚合物等配方组成，水溶性好，并能形成胶状水混浆液，具有较强的黏合力、持水性和通透性。平地少用或不用，坡地多用；黏土少用，沙地多用。一般用量占纤维重的 3%左右。

(4)肥料　最好为复合肥，一般用量为 2～3 g/m^2。

(5)染色剂　一般采用绿色，使水和纤维着色，用以指示界限，喷播后很容易检查是否漏播。

(6)活性钙　用于调节土壤 pH 值。

(7)保水剂　是一种无毒、无害、无污染的水溶性高分子聚合物，具有强烈的保水性能。一般用量 3～5 g/m²。湿润地区少用或不用，干旱地区用量多些。

(8)草坪草种　一般根据地域、用途和草坪草本身的特性选择草种，采用单播或混播的方式播种。

3. 喷播技术

(1)整地　在杂草较多的地方，要进行化学除草，一般在播前一周采用灭生性除草剂防除。喷播地段坡度不大的地方，可以进行耕作，但旋耕方向要与坡垂直，即沿等高线进行。要填平较大的冲蚀沟，沙土多的地段还需填土，以保证草坪草的生长需要。天气干旱时，最好在播前喷 1 次水。

(2)喷头的选择　根据不同的地形，可以选用不同的喷头。大型护坡工程或对质量要求不高的草坪，可以选用远程喷射喷嘴，其效率高，但均匀性差；小块面积或对质量要求高地草坪则采用扇形喷嘴或可调喷嘴，近距离实施喷植，效率相对较低但均匀性好。

(3)喷播过程　喷播时，水与纤维覆盖物的重量比一般为 30∶1。根据喷播机的容器容量，计算材料的一次用量，不同的机型一次用量也不同(表 2-7)。一般先加水至罐的 1/4 处，开动水泵，使之旋转，再加水，然后依次加入种子→肥料→活性钙→保水剂→纤维覆盖物→黏合剂等，搅拌 5～10 min，使浆液混合均匀后才可喷播。

表 2-7　喷播机一次用料量

机型	种子/kg	复合肥/kg	纤维/kg	覆盖面积/m²
HD3503	8.4	16.7	33.8	372
HD6003	16.9	33.4	66.8	743
HD9003	25.3	51.5	103.2	1 115
HD12003	33.7	66.7	133.7	1 486

喷播时离心泵把草浆压入软管，从喷头喷出，操作人员要把草浆均匀、连续地喷到地面上。每罐喷完，应及时加进 1/4 罐的水，并循环空转，防止上一罐的物料依附沉积在管道和泵中。完工后用 1/4 罐清水将罐、泵和管子清洗干净。

二、营养体繁殖法建植草坪

营养体繁殖法包括铺植法、直栽法、插枝条和匍匐茎撒播。除铺草皮之外，以上方法仅限于具有强匍匐茎和强根茎的草坪草的繁殖建坪。

营养体建植与播种相比，其主要优点是能迅速形成草坪，见效快，坪用效果直观；无性繁殖种性不易变异，观赏效果较好；营养体繁殖各方法对整地质量要求相对较低。主要缺点是：草皮块铲运、种茎加工或铺(栽)植费时费工，成本较高。

(一)铺植法

铺植法即用草皮或草毯铺植后，经分枝、分蘖和匍匐生长成坪。

1. 草皮的生产

草皮是建植草坪绿地的重要材料之一，特点是能快速建成并实现绿色覆盖。随着我国草坪绿化事业的发展，草皮生产规模逐年扩大，成为快速建设绿地的重要手段之一。

(1)普通草皮的生产　选择靠近路边，便于运输的地块，将土地仔细翻耕、平整压实，做到地面平整、土壤细碎。最好播前灌水。当土壤不黏脚时，疏松表土。用手工撒播或机械播种。播后用竹扫帚轻扫一遍或用细齿耙轻耧一遍，使种子和土壤充分接触，并起到覆土作用，平后镇压。根据天气情况适当浇水，保持地面湿润，要使用雾状喷头，以免冲刷种子。如果温度适宜，草地早熟禾各品种一般 8～12 d 出苗，高羊茅、黑麦草 6～8 d 出苗。苗期要注意及时清除杂草。长江以南地区草皮生产多采用水田，坪床准备好之后，先灌水，使土壤呈泥浆状，然后撒茎，边撒边拍(图 2-5)使草茎与土壤紧密接触。一般 60 d 左右即能成坪。

图 2-5　播茎法生产草皮

(引自《草坪建植与养护》，鲁朝辉，2006)

当草坪成坪后，有客户需要可立即铲(起)“草”。起草皮之前要提前 24 h 修剪并喷水，镇压保持土壤湿润，因为土壤干燥时起皮难，容易松散。传统的起草皮方法是先在草坪田内用刀划线，把草坪划成长 30～40 cm，宽 20～30 cm 的块，然后用平底铁锹铲起，带土厚度 0.5 cm 左右。每 6～7 块扎成一捆。在卡车上码放整齐运送目的地。若用小型铲草皮机可铲成宽 32 cm 左右，长 1 m 左右的块卷成筒状装车码放，比人工铲草皮省工、省时，但铲草机带土厚(1～2 cm)。有条件可采用大型起草皮机，一次作业可完成铲、切、滚卷并堆放在货盘上等工作，这种机械用于大面积草皮生产基地。

草皮带土厚度要尽可能薄，以减少土壤损失，而且草皮重量轻，易搬动。草皮装载运至建坪现场后要尽早及时铺植，以免草皮失水降低成活率。

(2)无土草毯的生产

①场地的准备　生产无土草坪的场地要求平整，不能坑坑洼洼，具备微喷、遮阴条件的场地最为理想。

②隔离布的选择　隔离布最好是空隙在 0.001～0.1 mm 之间的化纤材料。致密的废旧编织袋是一种经济有效的隔离材料。塑料薄膜在有喷灌条件下也可使用。

③基质的配比　为利于无土草坪根系良好生产和集结成坪，要求基质疏松而富含有机质。农作物秸秆、蘑菇废料、木屑、煤渣、珍珠岩等或其中几种按一定的体积配比而成的混合基质，可满足无土草坪生产的需要。基质材料要根据当地情况和经济有效的原则就地取材。

④草种的选择　冷季型和暖季型的高羊茅、草地早熟禾、翦股颖、狗牙根、百喜草、马蹄金等草坪草种，按不同季节均可选作无土草坪生产用种。不同草种的用种量视发芽率而定。

⑤管理　播种后，水分以保持基质层湿润不翻白为宜，一般早晚各浇水 1 次。施肥时间和用量视生长情况而定，肥料以速效肥为主。修剪在草高 10 cm 开始进行，按 1/3 原则执行。同时要注意少量杂草的拔除和病虫害防治。

⑥移栽　无土草坪茎叶盖度达到 90%以上时就可移栽。铺植时要做到草坪与土壤的结合，铺后马上浇透水，保湿 1 周左右即可成活返青，以后进入正常的养护管理。

2. 铺植方法

(1)满铺法(密铺法)　满铺是将草皮或草毯铺在整好的地上，将地面完全覆盖，人称“瞬时草坪”，但建坪的成本较高，常用来建植急用草坪或修补损坏的草坪。可采用人工或机械铺设。

机械铺设通常是使用大型拖拉机带动起草皮机起皮，然后自动卷皮，运到建坪场地机械化铺植，这种方法常用于面积较大的场地，如各类运动场、高尔夫球场等。

用人工或小型铲草皮机起出的草皮采用人工铺植。从场地边缘开始铺(图 2-6)，草皮块之间保留 1 cm 左右的间隙，主要是防止草皮块在搬运途中干缩，浇水浸泡后，边缘出现膨大而凸起。第二行的草皮与第一行要错开，就像砌砖一样(图 2-7)。为了避免人踩在新铺的草皮上造成土壤凹陷留下脚印，可在草皮上放置一块木板，人站在木板上工作。铺植后用磙筒磙压，使草皮与土壤紧密接触，易于生根，然后浇透水。也可浇水后，立即用锄头或耙轻拍镇压，之后再浇水，把草叶冲洗干净，以利光合作用。

图 2-6　从边缘开始铺植草皮

（引自《草坪建植与养护》，鲁朝辉，2006）

图 2-7　品字形铺植草皮

（引自《草坪建植与养护》，鲁朝辉，2006）

如草皮一时不能用完，应一块一块地散开平放在遮阴处，若堆积起来会使叶色变黄，必要时还需浇水。

（2）间铺法　间铺是为了节约草皮材料。用长方形草皮块以间距 3～6 cm 或更大间距铺植在场地内，或用草皮块相间排列，铺植面积为总面积的 1/2。铺植时也要压紧、浇水。使用间铺法比密铺法可节约草皮 1/3～1/2，成本相应降低，但成坪时间相对较长。间铺法适用于匍匐性强的草种，如狗牙根、结缕草和翦股颖等。

3. 铺植法建植草坪的特点

相对于播种法建坪，铺植法具有成坪速度快的优点；但播种材料用量大，运输费用多。另外还要有专门的草皮生产基地。

（1）铺植时期　黄河以北，可在当地的春季或雨季进行铺植法建坪。黄河以南五岭山脉以北的地区，暖季型草种以当地春季至雨季为佳，冷季型草种则分别以早春和夏末至中秋为好。五岭山脉以南全年可建立草坪，但以雨季为佳。

（2）材料要求　铺植材料（普通草皮或无土草毯）无论带土与否，都应选择纯净、均匀、生长正常、无病虫害、人工栽植的成坪幼坪。幼龄而生长正常的建植材料是铺植后迅速生长发育的内在因素。

（3）成活管理　铺植法建坪的关键是草皮的成活率，要为新铺植的草皮创造一个水、气、热协调的环境，尤其是土壤环境。铺设完毕，透水 1 次，以后土白即灌，少量多次，3 片新叶后开始蹲苗。施肥、除杂草、病虫防治等与其他种植方式基本一致。

(二)直栽法

直栽法是种植草坪块的方法。最常用的直栽法是栽植正方形或圆形的草坪块,草坪块的大小约为 5 cm×5 cm。栽植行间距为 30～40 cm,栽植时应注意使草坪块上部与土壤表面齐平(图 2-8)。结缕草常用此法建植草坪,其他多匍匐茎或强根茎的草坪草也可用此法建植。直栽法除了用在裸土建植草坪上外,还可用于把新品种引入现有的草坪中。例如,用直栽法能把草地早熟禾草坪转变成狗牙根或结缕草草坪,通常转换过程非常缓慢。

图 2-8 直栽法建坪
(引自《草坪建植与养护彩色图说》,王彩云,2002)

第二种直栽法是把草皮切成小的草坪草束,按一定的间隔尺寸栽植。这一过程可以用人工,也可以用机械完成。机械直栽法是采用带有正方形刀片的旋筒把草皮切成小块,通过机器进行直栽,这是一种高效的种植方法,特别适用于不能用种子建植的大面积草坪中。

(三)插枝条

枝条是单株草坪草或是含有几个节的植株的一部分,节上可以长出新的植株。插枝条法主要用来建植有匍匐茎的暖季型草坪草,如狗牙根、结缕草等,但也能用于匍匐剪股颖。

通常,把枝条种在条沟中,沟间距 15～30 cm,深 5～7 cm。每个枝条要有 2～4 个节,栽植过程中,要在条沟填土后使枝条的一部分露出土壤表面。枝条插完后要立刻碾压和灌溉,以加速草坪草的恢复和生长。也可以用上述直栽法中使用的机械来栽植枝条,它能够把枝(而非草坪块)成束地送入机器的滑槽内,并且自动地种植在条沟中。有时也可直接把枝条放在土壤表面,然后用扁棍把枝条插入土壤中。

(四)播茎法

是把草坪草的匍匐茎均匀地撒在土壤表面,然后再覆土和轻轻碾压的建坪方法(图 2-9)。

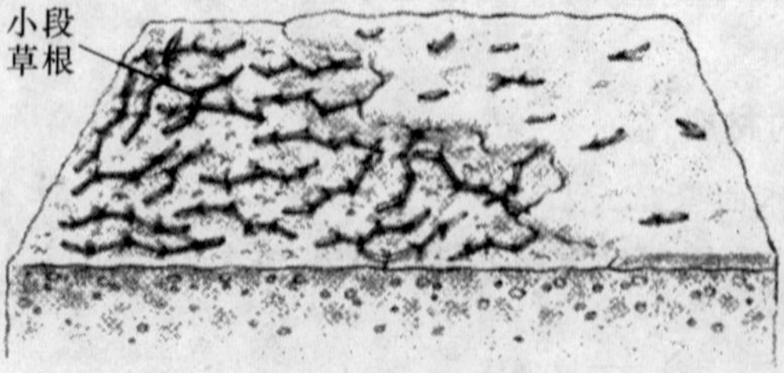

图 2-9 播茎法建坪

(引自《草坪建植与养护彩色图说》,王彩云,20002)

播茎法在南方地区建坪的过程中运用较多,主要适用于具有匍匐茎的草坪草,常用的草坪草有狗牙根、结缕草、翦股颖、地毯草等。匍匐茎上的每一节都有不定根和不定芽,在适宜条件下都能生根发芽,利用这一生物学特性,可以把草坪草的匍匐茎作为播种材料。播茎法具有取材容易、成坪快、成本低的优点,但种茎的贮运较种子贮运麻烦。

草茎长度以带 2～3 个茎节为宜,采集后要及时进行撒播,用量为 0.5 kg/m^2 左右。一般在坪床土壤潮而不湿的情况下,用人工或机械把打碎的匍匐茎均匀地撒到坪床上,然后覆细土 0.5 cm 左右,部分覆盖草茎,或者用圆盘犁轻轻耙过,使匍匐茎部分插入土壤中。轻轻碾压后立即喷水,保持湿润,直至匍匐茎生根。

三、草坪草繁殖新方法

草坪是城市绿化和体育场建设所必需的。传统的“铲”、“贴”繁殖系数低,且时间长。在稻麦两熟制地区,利用农作物的接茬空档繁殖草坪草,只需 30 d 左右的时间,就可以形成草坪毯。这样既不影响粮食生产,又可增加收入。下面简要介绍这一技术。

(一)繁殖草坪草的农作物茬口

1.“杂交水稻—草坪草—小麦”茬口

10 月上旬,杂交水稻收割后,将稻田加工成坪床,播种寒地型草坪草,11 月上中旬形成草坪毯;移坪后种小麦。

2.“水稻秧田—草坪草—晚稻”茬口

秧田拔秧后空茬秧板,可直接作坪床播种暖型草坪草,7 月下旬形成草毯,移坪后栽插晚稻。

3.“油菜—草坪草—单季晚稻”茬口

5月中下旬，油菜收割后，播种暖地型草坪草，6月中下旬形成草毯，移坪后栽插单季晚稻。

(二)培植草坪的材料

1. 草坪草营养体的繁殖

农田草坪草繁殖采用无性繁殖技术。要求选择优良的草坪草品种，其营养体经处理后备用。

2. 隔离层材料

农田生产草坪草，要在坪床上铺设隔离层，以阻止草根下扎，促使根部横向生长，达到盘根的要求，以利于形成草毯。

3. 栽培基质覆盖

草坪草营养体的材料，要质地疏松、保水性强、不夹带杂草种子，按比例拌均匀，并配合微量元素。

(三)播种和田间管理

1. 播种

播种量与草坪成毯的时间关系密切，播种时将草坪草营养体撒播在坪床上，及时覆盖栽培基质。

2. 灌溉

农田繁殖草坪草一般采用引水灌溉，灌水速度不超过栽培基质有效的吸水速度，草坪草生长过程中，要保证坪床湿润。移坪前停止灌水，促根炼苗，以利于移坪卷毯。

3. 施肥

一般以氮素营养为主，采取少量多次的施肥方法。为了防止烧坪，应在露水干后施肥，并及时灌水。在有条件的地方可用喷雾方法施肥。

4. 移坪

草坪地上部的覆盖率达90%时，其下部的白根已连成片，形成网络层，抓住草坪的匍匐茎可使草坪与隔离层分离，这时便可移坪。移坪时从草坪的一端掀起，用卷席的方法卷成草坪毯，及时运往铺坪地点。一般一亩农田净植草坪草面积500 m^2。

复习思考题

1. 选择草种要考虑哪些因素？

2. 选择草种的方法有哪些?

3. 建植草坪前如何进行坪床的制备?

4. 如何使用播种法建植草坪?

5. 植生带法建植草坪的技术要点是哪些?

6. 如何用营养体繁殖法建植草坪?

技能训练

技能训练 2-1 播种法建植草坪

一、训练目的

了解播种法建植草坪的原理和方法,掌握种子播种建坪的程序。

二、训练场所、用具及材料

(1)训练场所:实训基地。

(2)用具及材料:已整好地的待建草坪场地一块、草坪种子若干、五齿耙、铁辊、秧绳、无纺布(草帘或草袋等其他覆盖物)等。

三、训练内容

种子直播(有性繁殖)建植草坪方法。

四、训练步骤方法

(1)精整场地。用五齿耙精整场地,达到平而细。

(2)播种。用秧绳将场地分块,按分块面积和播种量称种撒播。要求每块面积对应的种子经 2~3 次重复播完,力争均匀一致。

(3)盖籽。若表土土块的直径小于 1 cm,播后用五齿耙按一个方向轻轻翻动表土或用竹扫帚轻扫一遍;若表土直径在 1 cm 以上则不要播动土壤。

(4)镇压。用铁辊(重 60~200 kg)镇压一遍。

(5)覆盖。用无纺布或草帘或草袋覆盖。

(6)浇水。第一次要浇足水,以后每天浇水 1～2 次,保持土表呈湿润状至齐苗。

五、考核标准及配分

本项技能满分 100 分,要求达到 60 分以上。

(1)每步操作到位,符合要求。 70 分

(2)实训报告上交及时,内容全面,结果准确。 30 分

技能训练 2-2 铺植法建植草坪

一、训练目的

了解铺植法建植草坪的原理,掌握草皮铺设的方法和程序。

二、训练场所、用具及材料

(1)训练场所:实训基地。

(2)用具及材料:已整好地的待建草坪场地一块、草皮、五齿耙、铁辊、木板等。

三、训练内容

草坪草营养器官(无性繁殖)建植草坪方法。

四、训练步骤方法

(1)精整场地。用五齿耙从场地四周往中心耙搂一遍,达到中间稍高四周低,地面平整,无低洼处。

(2)铺植草皮。若满铺,将草皮按 1 cm 的间距平整铺植于场地上;若采用间铺法,则根据情况采用相应的间距进行铺植草皮。

(3)镇压。用铁辊镇压一遍。

(4)浇水。第一次要浇透水,以后每天浇水 1～2 次,保持土壤呈湿润状 6～7 d。

五、考核标准及配分

本项技能满分 100 分，要求达到 60 分以上。

(1)每步操作到位，符合要求。 70 分

(2)实训报告上交及时，内容全面，结果准确。 30 分

第三章　草坪养护管理技术

知识目标

- 理解草坪养护管理的重要意义。
- 掌握草坪日常养护管理的技术。

技能目标

- 能够明确草坪养护管理作业的内容。
- 会使用草坪常见机具。
- 熟练应用草坪养护管理的方法。

第一节　草坪修剪

草坪的修剪也叫刈剪、剪草，是指定期去掉部分生长的草坪草茎叶。它是维持优质草坪的一项最基本、最重要的作业。

修剪的目的在于使草坪经常保持平整美观，以充分发挥草坪的坪用功能。修剪的作用主要包括三方面：一是产生一个优美的坪面，一般在草坪草能忍受的修剪范围内，草坪草修剪的越短，草坪越显得统一，叶质越好，景观效果越好。二是促进草坪草生长、分枝。适度修剪能促进草坪草的分蘖，有利于匍匐枝的伸长，增大草坪密度，使草坪具有更好的弹性和良好的触感，形成更加致密的草毯。三是控制杂草。一般双子叶杂草的生长点都位于植株顶部，通过修剪，可以减去生长点，从而达到抑制杂草生长的目的。多次修剪也可以防止杂草种子的形成，减少杂草的种源。

但是，过度修剪会造成草坪的退化，所以，合理修剪十分重要。

一、草坪修剪的功能和原则

(一)草坪修剪的功能

草坪修剪虽会去掉部分光合作用的重要器官叶,对草坪来说是个损伤,但草坪草的生长点低,再生能力强,修剪后能很快恢复。草坪修剪的主要功能有以下几方面:

(1)草坪修剪能控制草坪草高度,使草坪经常保持整齐、美观,以满足人们的需要,从而使草坪具有较高的坪用价值和经济价值。

(2)修剪可以维持草坪草在一定高度下生长,促进草坪草新陈代谢和根基分蘖,增加草坪的密度和平整度,使色调鲜绿、植株健壮。

(3)草坪及时修剪,高度适中,可改善草坪密度和通气性,减少病虫害发生,有效抑制生长点较高的混生在草坪中的阔叶杂草,使其不能开花结子,从而退化,失去繁衍后代的机会,而逐渐被消除。

(4)草坪经多次修剪,“草基脚”增多,弹性增强,人踩上草坪后不仅产生弹性感,而且增加了草坪草的耐磨性能。

(5)入冬前合理修剪草坪,可以延长暖季型草坪草的绿色期,增强冷季型草坪草的夏季嫩草的越夏能力。

(二)草坪草耐修剪的原因

草坪草耐修剪的原因是多方面的,主要有以下几个:

(1)草坪草是由牧草驯化而来的,本身具有抗食草动物啃食的特点,修剪去掉部分茎叶,留下的茎叶可继续生长。

(2)修剪可维持草坪草在一定的高度下生长,未被伤害的幼茎、叶可以长大。

(3)修剪可促进根基部分蘖,产生新的茎、叶。

(4)草坪草的根和修剪后的留茬具有贮藏和吸收营养物质的功能,能保证修剪后草坪草再生对养分的需求。但草坪修剪也会引起草坪草根系暂停生长,降低糖类的产生和贮存,为病原微生物入侵创造机会,短时间内增加叶片尖部水分损失,影响根部对水分的吸收等。如修剪不及时,会导致一次性修剪太多的草,使草坪变得稀疏,斑块明显。

(三)草坪修剪的原则

草坪修剪的原则即 1/3 原则,是指每次修剪时,剪掉的部分不能超过草坪草自然高度(未剪前的高度)的 1/3。当草坪草高度大于适宜修剪高度的 1/2 时,应遵照 1/3 原则进行修剪(图 3-1)。不能伤害根颈,否则会因地上茎叶生长与地下根系生长不平衡而影响草坪草的正常生长。

如果一次修剪的量多于 1/3，由于大量的茎叶被剪去，势必引起养分的严重损失。叶面积的大量减少将导致草坪草光合能力急剧下降，仅存的有效糖类被用于新的嫩枝组织，大量的根系因没有足够的养分而死亡，最终导致草坪的衰退。

图 3-1　1/3 原则

频繁的修建使剪除的顶部远不足 1/3 时，也会出现许多问题，诸如根系、茎叶的减少，养分贮量的降低，真菌及病原体的入侵，不必要的管理费用的增加等。

二、草坪的修剪时间和频率

修剪频率是指一定时期内草坪修剪的次数。修剪周期则是指连续两次修剪之间的间隔时间。修剪频率越高，修剪次数越多，修剪周期越短。草坪一般都要求定期修剪。

草坪的修剪时间和频率应由草坪草的生长速度及草坪的用途来决定，而草坪草的生长速度取决于草坪草的种类及品种、草坪草的生育期、草坪的养护管理水平以及环境条件等。

1. 草坪草的生育时期

一般来说，冷季型草坪草有春、秋两个高峰期，因此在两个高峰期应加强修剪，可 1 周 1～2 次，但为了使草坪有足够的营养物质越冬，在晚秋修剪次数应逐渐减少。在夏季冷季型草坪也有休眠现象，也应根据情况减少修剪次数，一般 2 周 1 次即可满足修剪要求。暖季型草坪草由于只有夏季的生长高峰期，因此在夏季应多修剪。一般地，4～10 月期间，每周都要修剪 1 次草坪，其他时候则 2 周 1 次。

2. 草坪草的种类及品种

不同类型和品种的草坪草，其生长速度是不同的，修剪频率也自然不同。生长速度越快，修剪频率越高。在暖季型草坪草中，狗牙根、结缕草等生长速度都比较快。

3. 草坪的养护管理水平

得到大量施肥和灌水的精细养护草坪比一般养护草坪生长速度要快，需经常修剪。如南方高尔夫球场的果岭地带，在生长季需每天修剪，而管理粗放的草坪则可以 1 个月修剪 1～2 次。

4. 草坪用途

草坪的用途不同,草坪的养护管理精细程度也不同,修剪频率自然也不同。管理十分粗放的草坪仅在生长季修剪几次就可以了,或根本不用修剪。

三、草坪修剪的高度

草坪修剪高度是指草坪修剪后留在地面上的草坪草茎叶的高度,也叫"留茬"。草坪的修剪高度常与草坪的类型、用途、草坪草种和品种有关。每一种草坪草都有它特定的耐修剪高度范围,耐修剪高度范围是草坪草能忍耐的最高与最低修剪高度之间的范围。高于耐修剪高度范围,草坪草变得蓬松、柔软、匍匐、草坪质量不良。低于耐修剪高度范围,草坪草植株变化,茎叶密度增加,影响根和地下茎的生长,减少糖类的合成与贮存,植株体内液体增加,抗性降低。不同草坪草耐修剪的高度范围(表 3-1)。

表 3-1 草坪草耐修剪的高度范围 cm

冷季型草坪草	耐修剪高度	暖季型草坪草	耐修剪高度
匍茎翦股颖	0.6～1.9	巴哈雀稗	5.0～7.6
草地早熟禾	3.8～6.5	普通狗牙根	1.9～3.8
粗茎早熟禾	3.8～5.0	杂交狗牙根	1.3～2.5
硬羊茅	2.5～6.5	假俭草	2.5～5.6
紫羊茅	2.5～6.5	钝叶草	3.8～7.6
高羊茅	5.0～7.6	结缕草	2.5～5.0
一年生黑麦草	3.8～5.0	野牛草	6.4～7.6
多年生黑麦草	3.8～5.0		

草坪在每次修剪时,剪掉的部分不要超过草坪茎叶生长自然高度的 1/3,此称为 1/3 原则。若剪掉部分超过茎叶自然高度的 1/3,则地上茎叶生长与地下根系生长不平衡,影响草坪草的正常生长。在多数情况下,暖季型草坪草比冷季型草坪草耐低修剪。如果冷季型草坪草修剪高度低于 2.5 cm 时,会降低根系活力,草坪失绿、变稀。在夏天和入冬前,冷季型草坪草应适当提高修剪高度。在实际操作中,一定不要修剪的过低或留茬过高。修剪过低,会伤害草坪草生长点,使草坪形成斑秃,难以恢复。留茬太高,容易造成通透性受阻,在夏天容易造成真菌病的发生。在树下或遮阴处的草坪,修剪时要提高留茬高度。

无论是暖季型草坪还是冷季型草坪,修剪高度均应比正常修剪高度高 1.5～

2.0 cm,使叶面大,以利光合产物的形成。在草坪进入冬季后,修剪高度要比平常修剪高度低一些,这样可以使草坪草冬季绿期加长,春季返青提早。草坪草春季返青前,要剪掉上部枯黄老叶;尽量降低修剪高度,以利土壤接受阳光,增加地温,促使地下部分蘖、叶早返青,加快生长。

四、草坪修剪的方向

正确的修剪方法是修剪质量的重要保证。草坪修剪要注意以下问题:

(一)修剪方向

剪草机作业时运行的方向和路线,会显著的影响草坪草枝叶的生长方向和土壤受挤压的程度。同一草坪,每次修剪要避免从同一方向、同一路线往返进行,否则,草叶会趋于同一方向定向生长,出现"纹理"现象,而且还会导致草坪草瘦弱,使草坪的均一性下降。同时剪草机轮子在同一地方反复走过,草坪土壤受到不均匀挤压,可能会压实形成土沟,使草坪坪面的平整受影响。改变修剪方式可减弱纹理现象,在剪草机前加刷子,可有利于茎叶的抬高和立起。因此,修剪时应尽可能改变起点、行进方向、行进路线,最好每次修剪时都采用与上次不同的方式进行。

(二)草坪图案的修剪

草坪的图案可根据预定设计,运用间歇修剪技术而形成色泽深浅相间的图形,如彩条形、彩格形、同心圆形等,常见于球类运动场和观赏草坪。具体做法是:

1. 设计图形

根据场地面积和形状、使用目的和剪草机剪幅,设计相宜的图形。

2. 现场放线

用绳索做出标记。球类运动场的彩条或彩格,其条格的宽幅通常为 2~4 m。

3. 间歇修剪

按图形标记,隔行修剪,完成一半的修剪量。间隔数日后,再修剪其余的一半。间隔天数一般为 1~2 d,在能清晰的显示色差的前提下,间隔天数越短越好。

(三)草坪边缘的修剪

草坪边缘的修剪要视情况而采用相应的方法。越出边界的茎叶,可用切边机或平头铲等切割整齐。毗邻路牙或栅栏,可用割灌机或刀、剪整修平整。

五、草坪修剪的质量

草坪修剪的质量是由所使用的修剪机类型和修剪时草坪的状况决定的。修剪机又称剪草机,类型有旋刀式和滚刀式两种(图 3-2、图 3-3、图 3-4)。滚刀式修剪机的修剪质量较好，但价格贵、保养程度要求较高。使用旋刀式修剪机，只要草坪状况良好、刀片锋利，修剪质量也较好，这是目前常用的草坪修剪机型。在实际操作中，草坪坪床不平整或刀片不锋利会严重影响草坪的修剪质量。在北京和我国北方其他地区，草坪草生长比较缓慢，适宜用旋刀式修剪机。南方地区气温高、雨水多，草坪草生长快，夏季生长旺盛，一般每隔 10～15 d 要修剪 1 次，茎、叶较嫩，适宜用滚刀式修剪机。

图 3-2　五联滚刀剪草机（殷跃斌提供）

图 3-3　手扶式滚刀剪草机（殷跃斌提供）

图 3-4 气浮式旋刀剪草机(殷跃斌提供)

凡需要修剪的草坪,特别是对外开放性的草坪,在进行修剪前应进行一次检查,将草坪上的各种杂物,包括石块、土块、树枝、废纸等要全部清除,以利修剪机具顺利运行,否则会碰伤刀具,造成损失。在修剪时,同一块草坪,每次修剪要避免用同一方式进行,并要防止在同一地点、同一方向多次重复修剪,否则易造成草坪退化和发生草叶趋于同一方向的定向生长。对草坪修剪物,一般要清除在草坪之外。如堆放在草坪上,会引起下面草坪草的死亡或发生病害,害虫也容易在此产卵。另外草坪的修剪高度、修剪次数、修剪方向等都会影响修剪质量。

江湖水库、铁路、公路的护坡草坪,在 30°以下的斜坡,可使用剪草机水平运行;超过 30°时,不宜用 60 cm 以上宽幅剪草机,可改用背负式电动割灌机。对观赏花坛草坪,特别是匍匐类草种草坪,可用月牙状铲或手提式电动切边机,在规定的花坛花纹边缘或草坪边缘向外斜切,斜坡一般为 3 cm 左右,切到斜坡的草坪草根部为止,凡是斜坡之外的乱草一律铲除,最好连根除掉。

六、草屑的处理

剪草机剪下的草坪组织总体称为草屑。对草屑的处理,目前还有争论。有人认为,应将草屑带出草坪,也有人反对这种做法。

(一)将草屑留在草坪中

部分草坪管理者认为,在普通草坪上,只要草屑不是团块状地残留在草坪表面,就不会有什么问题。因为草屑很容易分解,不会导致枯草层的形成。有人对草屑留在草坪中是否会引起草坪病害做了研究,结果表明,只在过量施用氮肥的草坪上加重了早熟禾夏斑病的发生,在低度或中度氮肥水平上都没有差异。

草屑含有丰富的营养元素,是重要的氮源之一。草屑的含氮量可占草坪需氮量的1/3,归还这些养分给土壤,可减少化肥施用量,并使土壤肥力逐渐提高。如果长期修剪都带走草屑,最终会引起土壤养分平衡失调,同时还需要施用化肥来补充带走的养分。

(二)将草屑移出草坪

也有不少草坪管理者强调草屑应带出草坪。他们认为,散落在草坪表面的草屑,不仅会影响草坪景观和使用功能,而且草屑的加入还会加快草坪枯草层的发育,其中成块草屑的覆盖还能伤害草坪。尤其是感病植株和带杂草籽实的草屑,更是传播病害、草害的媒体。所以,综合考虑草屑应收集在集草袋中运出草坪并集中处理。草屑一般可做堆肥,再施回草坪中。

所以,草屑的去留应视具体情况而定。如果草屑短、少,最好不要清理出去;如果草屑较长、多,则运出草坪为好。高尔夫球场、运动场等草坪的草屑,由于运动的需要,则必须清除出去。

第二节　草坪灌水

草坪一旦建成后,随之而来的就是日常的养护管理工作。俗话说"三分种,七分管",想要保证草坪的可持续利用,使之经常保持良好的景观效果,除了投入一定的人力、物力、财力之外,科学合理的养护管理是非常重要,这包含技术和管理两个方面。

草坪草作为一种植物,必须有一定的光照、水分和营养物质才能正常生长。其中,水分是个非常主要的因素。如果水分供应严重不足,轻者草坪会萎蔫、干枯,严重者会死亡。如果水过多,就会导致土壤通气状况变差,使植物根系受淹而死亡。因此,草坪给排水也是极其重要的。

据测定,草坪组织是由80%~95%的水分组成,如果含水量下降就会引起草坪草萎谢，含水量下降至60%时，草坪草就会出现死亡。草坪草所需的水分主要由大气降水和土壤水供给。因此，在降水量少的地区和干旱季节，为满足草坪草生长发育对水分的需要，应适时，适量进行浇水。但水分过多，也会引起草坪草生长不良，草坪积水，土壤通透性差，草坪草根系不能在这种土壤上存活，会因土壤缺氧窒息死亡。因此，要及时进行排水。

一、浇水在草坪养护管理中的作用

(1)能弥补大气降水在数量上的不足和时间空间分布上的不均匀，及时解除草坪因缺水出现的旱象，促进草坪草能正常生长发育。一般来说，浇水能提高茎叶的韧度，使草的茎叶经得起人们践踏。而茎叶缺水干燥，则容易断裂破碎。

(2)在草坪追肥施药后及时补水，一方面可以促进养分的分解和草坪草对养分的吸收，另一方面可以冲洗草坪草叶面上附着的化肥、农药及尘土，减少化肥及农药的危害，增加草坪的观赏价值。

(3)在北方冬季干旱少雨雪、春季缺少雨水的地区，入冬前浇1次冻水，能使草坪草根吸收充足的水分、养分，增强抗旱越冬能力，有利于安全越冬。南方草坪进行春季浇水，能促进草坪草早返春。

(4)在我国南方地区，近年来种植匍匐茎翦股颖、草地早熟禾和多年生黑麦草等冷季型常绿草种逐渐增多，这类四季都不枯黄的常绿草种，最突出的特点是怕天气炎热，越夏困难，采取傍晚浇水降温的措施可使嫩草在炎热高温下安全越夏。

(5)对运动场草坪在白天被踩后，傍晚及时浇水，数小时后可使新损坏的茎叶得到复苏，并对避免遭受次日阳光暴晒而感干枯，对草坪草的复苏效果十分明显。

二、草坪浇水的质量要求

草坪浇水的质量要求主要包括浇水强度、喷灌均匀度、喷灌雾化度等方面。

(一)草坪浇水(喷灌)强度

草坪浇水(喷灌)强度是指单位时间内喷洒在草坪地面上的水深或喷洒在地面上后单位面积上的水量。一般要求水落在地面上后能立即渗入土壤而不出现地面径流和积水。不同质地的土壤允许的喷灌强度分别是每小时沙土20 mm、壤土15 mm、沙壤土12 mm、壤土10 mm、黏土8 mm。

(二)喷灌均匀度

喷灌草坪生长的好坏，主要取决于喷灌的均匀度。喷头射程之内，草坪草生长整齐美观；经常浇水少或浇不到水的地方，草坪草会出现黄褐色，有的甚至枯萎、死亡,影响草坪的整体外观。影响均匀度的因素除设计方面的原因外,还与喷头旋转的均匀性、工作压力的稳定性、地面坡度、风速风向有关。为提高喷灌均匀度,除认真搞好设计、平整地面外,喷灌最好选择在无风的清晨或傍晚进行,3 级以上时要停止喷灌。

(三)喷灌雾化度

喷灌雾化度是指喷射水舌在空中雾化粉碎的程度。在草坪养护管理中,要求喷灌雾化度(工作水头与喷嘴直径之比值)一般为 2 000～3 000。在建坪初期,如喷洒水滴太大,易损伤幼苗,所以在草坪草幼苗期喷灌时最好加盖作物秸秆或细沙土等。

三、草坪浇水的次数

草坪草对水分的消耗主要表现在地表蒸发、植物叶面蒸腾和向地下渗透等方面。据测定,草坪每生产 1 g 干物质消耗水分 500～700 g(即耗水系数)。草坪草对水分的消耗取决于太阳辐射的强弱,当盛夏太阳辐射最强时,草坪蒸发、蒸腾作用最强,水分损失最大、最快。草坪草根系较深的草坪,需水量较少;根系较浅的草坪,需水量较多。草坪的耗水量还受草坪草草种、土壤类型、养护水平、降水频率及数量、干旱、气温等因素影响。因此,在确定草坪浇水次数时,对上述因素要认真加以分析研究,确定合理的浇水次数。浇水次数过多,草坪发病率高,耐践踏性差,生长不健壮;浇水次数过少,草坪会因缺水限制正常生长,影响草坪质量。当土壤水分含量降到草坪草允许的最低限度时,要进行浇水;当浇到草坪草允许的土壤水分最高含量时,要停止浇水。在正常情况下,无雨季节,每周可浇 1～2 次水,否则难以解除旱情。在我国北方地区,对已建成的草坪,通常在春季草坪草萌芽前、秋季草坪草即将停止生长时,各进行 1 次浇水,即“开春水”、“封冻水”,这两次浇水对北方草坪来说十分重要。

四、草坪浇水的时间和浇水量

草坪的浇水时间一般没有限制,在一天中大多数时间都可进行浇水,以在早晨和傍晚浇水最好。有些时候浇水时间会受到限制,如在城市用水紧张时,草坪浇水应与生活、生产用水错开。忌在夏季中午暴晒时浇水,此时浇水易引起草坪草灼伤、蒸发,而且因蒸腾强烈,会降低水的利用率。在特殊情况下,也可在夜间浇水,如高尔夫球场,特别是安装了自动灌溉系统的高尔夫球场常在天黑后浇水,此时浇水,没有太阳辐射,水的蒸发、蒸腾损失少,水分利用率高,可以充分满足草坪草对水分的需要,但在浇水后要立即施用防治真菌的药物以减少发病率,同时,还能在场地使用之前有充足的时间排去土壤中多余的水分，减轻土壤板结，为运动员提供一个比较坚实的场地。在其他体育运动草坪上，应在比赛或其他活动前1～2 d进行浇水，以免踩坏场地及影响比赛成绩。

草坪浇水要避免只浇表土，要一次浇足、浇透。单位时间的浇水量不应超过土壤的渗透能力，总浇水量不能超过土壤的持水量。当单位时间的浇水量超过土壤渗透能力时，则会产生积水或径流，看上去好像浇过了，实际还没有浇足、浇透。当总浇水量超过土壤的持水量时，会造成水分或养分深层渗漏流失。一般说来，草坪浇水至少应使土壤湿透到土层10～15 cm。如草坪过于干旱，土层湿润应增加到8～15 cm，否则就很难解除旱象。

在确定草坪浇水量时，还要考虑土壤质地。质地粗的沙质土壤粒间空隙大，总空隙度小，透水性强，保水性差，浇水后水分渗透快，水分损失多，在草坪生长季节需水总量多，因此，在浇水时应减少每次的浇水量，增加浇水次数，尽量浇得快一些，以减少水分损失。质地细的壤土或粉沙土，土壤粒间空隙小，总空隙度大，透水性差，保水力较强，每次浇水量可大一些，浇水次数也可少一些。黏质的土壤，同样可以每次浇水量可大一些，浇水次数也可少一些。

五、草坪的叶面喷水

在某些情况下，即使土壤水分充足，在中午特别是在修剪低矮的草坪上也会出现萎蔫现象，这可能与草坪草的根系分布浅、枯草层太厚及病害有关，或与土壤积水、板结造成的通气不良有关。当草坪草的蒸发、蒸腾超过根系吸收能力（速度）时，植物体内水分产生亏缺，因而发生萎蔫。

叶面喷水是草坪在建植养护过程中的重要环节。草坪叶面喷水后，可以降低草坪地面和草坪植物组织的温度，减少蒸发，补充草坪植物体内水分的亏缺。同时还可以从叶片上洗掉有害物质。对新建植的草坪包括草皮、种子等喷水，可以避免脱水，保持湿润，促进根系下扎。对有病虫害的草坪喷水，可促进新根系的生长，增强其吸收能力，迅速恢复其活力。

对出现萎蔫的草坪喷水，一般在中午刚刚出现萎蔫时进行，喷射1次即可，在萎蔫严重时，可喷2次或2次以上水。早上喷水可去掉修剪低矮草坪的露水或叶尖吐水，以减少发病率。新建植草坪在1～3周内，1 d需喷1次至数次水，以后随着草坪草的生长，浇水次数可以减少，但浇水量可以加大，直到成草坪为止。

六、草坪的排水

不同的草坪草，其耐淹性有所不同。在冷季型草坪草中，匍茎翦股颖的耐淹性是最强的，其次是高羊茅和细弱翦股颖，草地早熟禾的耐淹性属中等，而多年生黑麦草和细叶羊茅类草坪草的耐淹性则较差。在暖季型草坪草中，狗牙根是最耐淹的，其次是钝叶草和地毯草，结缕草和假俭草的耐淹性较差。因此，在建植草坪选择草种时，应充分考虑场地的排水状况。如果场地中没有设置排水系统，日后草坪中可能会经常性出现积水时，则应选择耐淹性较强的草坪草种。当然选择草坪草种还要根据建坪的要求和用途等考虑很多其他重要因素，场地的排水状况只是其中之一。

事实上，草坪绿地良好的排水系统对草坪及坪床土壤的作用是多方面的，主要表现在：①改善土壤通气性；②充分供给草坪草养分；③有利于草坪草根系向深层扩展，使草坪草深层根系能获得更多的水分。

对于运动场而言，排水系统是运动场草坪最主要的基础工程，它对保证草坪的质量、草坪的耐久性、减少草坪的养护成本以及保证比赛的正常进行等均具有重要作用。

当草坪土壤水分过多、形成积水时，土壤通气不良，影响草坪草根系吸收和正常代谢，严重时会导致草坪草死亡，为此，要及时进行草坪排水。草坪排水可采用坪床的坡度和设置排水管道以及土壤改良的方法进行。一般小面积的公共绿地草坪采用0.2%左右的坡度即可达到排水目的。面积较大的草坪如足球场草坪，可用设置排水管道的办法进行排水。含沙层土壤或加沙改良土壤，其通透性好，有利于排水。

草坪的排水常分为地表排水和地下排水两种类型。地表排水可将草坪草根部附近多余的水分迅速排走，地下排水主要是排除土壤深层过多的水分。

(一)地表排水

一般的公共绿地采用地表排水即可达到排水的目的。具体有以下措施。

1. 利用地形排水

坪床准备时，设计2%～5%的坡度，可有效排除地面积水。在草坪养护管理中，也可按此要求改造地形。

2. 改良土壤质地

草坪土壤一般以沙壤土为好，因为沙壤土既具有良好的排水性，又具有较强的保水性。在草坪管理实践中，常通过施沙、施有机肥等措施来增加土壤的通透性，以利于草坪排水。

3. 中耕松土

必要时，进行打孔、垂直修剪、划破草皮、松耙等作业，可保持草坪土壤的疏松，有利于草坪排水。

(二)地下排水

运动场草坪要求设置地下排水系统,这是一种地下管道与土壤相结合的排水方式。地下水可以经过土壤、石头到暗管,最终由暗管流到主管,再排出场外。排水管一般设置在地下 40～90 cm 处。

草坪排水管理的主要任务是定期检查排水系统。通常,在每年雨季到来之前,应认真检查疏通一次,彻底清除明沟盖板排水孔上的阻塞物和排水沟沟底的淤泥,确保排水系统畅通。

第三节 草坪施肥

一、草坪肥料

在草坪建植与养护管理中,凡是施入土壤或是喷洒在草坪草上,直接或间接地供给草坪草一种或多种草坪草生长所必需的养分,使其生长繁茂、色泽鲜绿正常,并能改善草坪质量和持久性、土壤理化性状、提高土壤肥力的各种物质,称为草坪肥料。草坪肥料的种类很多,按肥料的种类和性质分为有机肥料和无机肥料。

(一)草坪常用无机肥料

无机肥料使用化学方法合成或开采矿石经加工精制而成的肥料,又称为化学肥料,按所含营养成分,可分为以下几类:

1. 氮肥

氮肥就是以铵态氮和硝态氮等形成草坪植株体,提供植物生长需要的氮素养分的肥料。它是草坪养护管理中用量最大的肥料,按其释放氮的速度快慢分为速效氮肥和缓效氮肥。速效氮肥主要包括无机的铵态氮肥(硫酸铵、氯化铵等)、硝态氮肥(硝酸铵)和有机的酰铵态氮肥(尿素)等,易溶于水,易被草坪吸收,可叶面喷施,肥效快,价格低。缓效氮肥包括天然有机物和化学合成的缓释肥料(尿甲醛、亚异丁基二脲、亚丁烯基二脲、包硫尿素),氮素释放速度慢,不能很快使草坪变绿,水溶性低,氮素损失少,肥效持续期长,成本较高。所以,缓释氮肥一般用作基肥,配合施以其他速效氮肥,效果更佳。

2. 磷肥

以正磷酸根的形式进入草坪植物体,提供植物生长需要的磷素养分的肥料。

包括过磷酸钙、重过磷酸钙等。它可促使草坪草根须发达，增强抗寒、抗旱能力；促进提早成熟，穗粒增多、子粒饱满。在缺磷的土壤上，常作为草坪草生长的限制因子。同时由于磷肥施入土壤后有效磷易被固定且活动性小而难以被植物吸收，因而在施用磷肥时，应作基肥施用，最好是与有机肥混合堆沤一段时间再施用。

3. 钾肥

以钾离子的形式进入草坪植株体，提供植物生长需要的钾素养分的肥料。包括氯钾肥、硫酸钾、草木灰等。钾肥促使作物生长健壮、茎秆粗硬，增强对病虫害和倒伏的抵抗能力；促进糖分和淀粉的生成。由于草坪草下部茎叶中的钾元素能转移到顶部细嫩部分再利用，因而钾肥应该提前在苗期或进入生殖生长初期追施，或一次性作为基肥施用。

4. 复合肥料

指同时含有两种或两种以上氮、磷、钾主要营养元素的化学肥料。复合肥料按其制造方法分为化成复合肥料、混成复合肥料和配成复合肥料。草坪复合肥料是根据草坪草的种类、生长状况、气候条件和草坪用途等不同情况，专门设计的全价肥料。理想的草坪复合肥不但能合理地调整氮、磷、钾等肥料的比例，还含有适量的水溶性氮和非水溶性氮，快慢结合，合理控制氮素释放的速度和作用，其肥料的有效成分一般用 N-P_2O_5-K_2O 的含量百分数表示。目前国内外草坪上施用的复合肥料有 10-10-10、20-10-5 等几种。

5. 微量元素肥料

微量元素肥料主要是一些含硼、锌、钼、锰、铁、铜等营养元素的无机盐类和氧化物或螯合物。

多数情况下，微量元素肥料只要未表现出缺素症状，就不必施用，土壤中的含量和施用其他肥料常带有微量元素。微量元素肥料常用作叶面追肥，可用于某一元素缺素症，施用时要严格控制施用浓度，以免造成肥害。

草坪必须的营养元素以多种形式存在于肥料之中，管理中常用的肥料及特性见表 3-2。

(二)草坪常用有机肥

有机肥料是利用有机物质，如天然柴草、动植物残体、人粪尿、牲畜粪尿、河泥、垃圾等作原料，经人工堆积、沤制等制成的肥料。根据其来源、特性与积制方法分为粪尿肥类、堆沤肥类、绿肥类、饼肥类、泥炭及腐殖酸类肥料和泥土肥类等。其特点是含有大量的有机质和营养元素，养分全面，肥效缓慢，其来源广泛，价格低廉，制造简便，种类多，改土培肥效果好。

表 3-2 草坪常用无机肥料

种类	肥料名称	主要成分	有效成分含量/%	性质	施用方法
氮肥	碳酸氢铵	NH_4HCO_3	含 N:16.8～17.5	白色或灰白色,细粒结晶或颗粒状,易溶于水,在水中呈碱性反应,pH8.2～8.4。有强烈的刺激性臭味,且易潮解结块,分解挥发,不含对作物和土壤有害的副成分	适用各种土壤和多种草坪植物,可作基肥和追肥,但要深施,不宜作草坪建植肥。合理施用原则:“不离土不离水,先肥土后肥苗”
	硫酸铵	$(CH_4)_2SO_4$	含 N:20～21	纯品为白色菱形结晶颗粒,副产品带微黄色或灰色。吸湿性小,不宜结块,易溶于水,生理酸性速效氮肥	适用各种草坪植物,在草坪建植时,硫酸铵可作基肥、种肥和追肥。不适于在碱性土壤上施用。合理施用原则:“深施覆土”
	硝酸铵	NH_4NO_3	含 N:33～35	白色或淡黄色结晶细粒或球形颗粒,易溶于水,生理中性肥料,吸湿性强,易结块,无副成分,能助燃和爆炸	适用各种土壤和多种草坪植物,硝酸铵宜作追肥,不宜作基肥,更不宜在多雨地区沙性土壤中的草坪绿地或多雨季节作基肥,也不适宜作种肥
	氯化铵	NH_4Cl	含 N:24～26	白色或微黄色结晶,易吸湿结块,水溶液呈酸性,生理酸性肥	宜作基肥和追肥,不宜作种肥。作基肥时,应及早在坪床整理时施用,施后及时灌水。作追肥时,应深施覆土。不宜作草坪建植肥,尤其在盐碱土及干旱地区应禁用或少用,以免加重盐害。也应配合施用石灰和有机肥料。对禾本科草坪植物效果较好

续表 3-2

种类	肥料名称	主要成分	有效成分含量/%	性质	施用方法
氮肥	尿素	$CO(NH_2)_2$	含 N:45～46	白色或微黄色结晶，贮藏性能好，易溶于水，生理中性肥料，吸湿性强，长期使用多土壤无不良影响	适用于各类土壤或作物，可作基肥、追肥及叶面喷施用。作基肥时应适当提前。尿素施后不宜立即浇水，也不要在大雨前施用。尿素还要忌作种肥。合理施用原则："适量、适时、深施覆土"
磷肥	过磷酸钙	$Ca(H_2PO_4)_2 \cdot H_2O \cdot CaSO_4$	含 P_2O_5:14～18	灰白色或深灰色粉状物，吸湿性和腐蚀性强，稍有酸味。所含磷酸大部分易溶于水，水溶液呈酸性反应。含有40%左右的硫酸钙	适用于各类土壤和草坪植物，可作基肥、追肥和草坪建植肥，也可作根外追肥。合理施用原则："集中、分层与有机肥混合施用"
	重过磷酸钙	$Ca(H_2PO_4)_2 \cdot H_2O$	含 P_2O_5:40～52	灰白色粉状或颗粒，吸湿性和腐蚀性强，易潮解、结块。无副成分，易溶于水，呈酸性反应，是一种高浓度的水溶性肥料	适用于各类土壤和各种草坪植物，可作基肥、追肥和草坪建植肥
钾肥	硫酸钾	K_2SO_4	含 K_2O:48～52	白色或淡黄色结晶，物理性状好，吸湿性小，易溶于水，是化学中性、生理酸性肥料	适用于各种草坪植物，尤其是忌氯喜硫草坪植物，硫酸钾可作基肥和追肥，也可作种肥和根外追肥
	氯化钾	KCl	含 K_2O:50～60	白色或粉红色结晶。易溶于水，植物易吸收利用，吸湿性小，为化学中性、生理酸性肥料	适宜作基肥和追肥，不宜作种肥和根外追肥。氯化钾除盐碱土外，一般草坪土壤均可施用。不宜在忌氯草坪植物上施用

续表 3-2

种类	肥料名称	主要成分	有效成分含量/%	性质	施用方法
复合肥料	磷酸一铵	$NH_4H_2PO_4$	含 N:11～13; 含 P_2O_5:51～53	白色颗粒,易溶于水,为化学酸性肥料	适用于各种草坪植物和土壤。适宜作基肥、追肥和种肥
	磷酸二铵	$(NH_4)_2HPO_4$	含 N:16～18; 含 P_2O_5:46～48	白色结晶颗粒,易溶于水,为化学碱性肥料	适用于各种草坪植物和土壤。适宜作基肥、追肥和种肥
	硝酸钾		含 N:13.5; 含 K_2O:45～46	白色结晶,吸湿性小,不易结块,易溶于水,为化学中性,生理中性肥料。具有极强氧化性质,在高温下与易燃物接触能引起爆炸,属易燃易爆品,贮运时应注意防火防爆	宜作草坪追肥、根外追肥和浸种肥,不宜作基肥。多用在高尔夫球场、特殊运动场草坪
微量元素肥料	硼砂	$Na_2B_4O_7 \cdot 10H_2O$	含 B:11.3	白色结晶,易溶于水,容易被草坪草吸收,常作硼肥	适用于各种草坪植物和土壤。适宜作基肥、追肥和种肥。基肥施用量:7.5～11.25 kg/hm^2。根外追肥:0.1%～0.2%
	硫酸锌	$ZnSO_4 \cdot 7H_2O$	含 Zn:22.7	白色或淡红色结晶,易溶于水,容易被草坪草吸收,常用锌肥	适用于各种草坪植物和土壤。适宜作基肥、追肥和种肥。基肥施用量:15～30 kg/hm^2。根外追肥:0.05%～0.1%
	钼酸铵	$(NH_4)2MoO_4$	含 Mo:49	青白色结晶,易溶于水,容易被草坪草吸收,常用钼肥	适用于各种草坪植物和土壤。适宜作基肥、追肥和种肥。基肥施用量:3～30 kg/hm^2。根外追肥:0.1%～0.2%

续表 3-2

种类	肥料名称	主要成分	有效成分含量/%	性质	施用方法
微量元素肥料	硫酸锰	$MnSO_4 \cdot 3H_2O$	—	淡红色结晶，易溶于水，容易被草坪草吸收，常用锰肥	适用于各种草坪植物和土壤。适宜作基肥、追肥和种肥。基肥施用量：15～40 kg/hm²。根外追肥：0.1%～0.2%
	硫酸亚铁	$FeSO_4 \cdot 7H_2O$	—	淡绿色结晶，易溶于水，容易被草坪草吸收，常用铁肥	适用于各种草坪植物和土壤。适宜作基肥、追肥和种肥。基肥施用量：30～70 kg/hm²。根外追肥：0.3%～0.5%
	五水硫酸铜	$CuSO_4 \cdot 5H_2O$	—	蓝色结晶，易溶于水，容易被草坪草吸收，常用铜肥	适用于各种草坪植物和土壤。适宜作基肥、追肥和种肥。基肥施用量：15～250 kg/hm²。根外追肥：0.02%～0.03%

1. 粪尿肥料

包括人粪尿、家畜粪尿、厩肥、海鸟粪以及蚕沙等。

人粪尿是一种养分含量高，氮素、磷素较多，C/N 比值小，腐熟快，易分解，肥效快的有机肥料。但它易于流失和挥发，而且还含有多种病菌和寄生虫卵，易于传播疾病，如果利用不当，对土壤和作物都可能产生不良影响。为此，合理贮存人粪尿和对人粪尿进行适当的无害化处理是合理利用人粪尿的关键。厩肥一般含氮、磷、钾分别为 0.5%、0.2%、0.6%，含有一定数量的有机质，对培肥土壤具有独特的功效。但新厩肥含有不少杂草籽、害虫卵和各种病原菌，必须充分腐熟后方能使用。粪尿肥和厩肥一般用作基肥，有利于改良土壤、培肥地力。

2. 堆沤肥类

包括堆肥、沤肥、秸秆直接还田以及沼气池肥等。

堆肥是利用秸秆、青草、绿肥、泥炭、树叶、垃圾以及其他废弃有机物为主要原料，加入粪尿、泥土，在适当通气情况下发酵而成的。沤肥是利用秸秆、青草、绿肥等为主要原料，掺入河泥、人畜粪尿等在嫌气条件下发酵而成的。堆肥比沤肥发酵腐熟快，施用效果，包括对土壤理化性状的改善，也比沤肥好。堆肥和沤肥一般多用作基肥，施用时应耕翻入土，同时配合适量的速效肥料。

3. 绿肥类

包括栽培绿肥和野生绿肥。绿肥植物产量高、肥效好，能促进土壤有机质的更新，培肥改良土壤，净化水质。绿肥含养分全面，容易分解，容易栽培。施用时一般采用直接翻耕，要压严、压实，并及时灌水，使绿肥和土粒紧密接触，以利于分解。

4. 饼肥类

饼肥中含有机质和氮、磷、钾及各种微量元素。在有些饼肥中含有一些有毒的副成分，如茶子饼中的皂素。饼肥可作基肥、追肥。饼肥作追肥时必须经发酵后方可施用。

二、草坪施肥理论及方法

(一)草坪施肥理论

1. 养分归还学说

植物仅从土壤中摄取必需的矿质养分，每次收获必然要从土壤中带走某些养分，使这些养分减少，要恢复地力就必须归还从土壤中摄取的全部养分，不然就难以获得像以往那样多的产量。

2. 最小养分律

植物为了生长发育需要吸收各种养分，但决定作物产量的却是草坪土壤中相对含量最小的有效养分。无视这个限制因素的存在,即使继续增加其他营养成分也难以提高作物产量。

3. 报酬递减律

从一定的土壤所获得的报酬随着向该土地投入的劳动力和资本数量的增加而有所增加,但随着投入的单位劳力和资本的增加,报酬的增加量却在逐渐减少。

(二)草坪施肥方法

1. 施肥时间与施肥次数

施肥时间和次数的确定,受草坪植物的特性、床土类型、土壤理化性状、气候条件、草坪利用目的等诸多因素的影响。其中气候条件对施肥时间的影响最大,当温度和水分条件有利于草坪植物生长时,其生长速度快、消耗养分多,应适时施肥。当环境不适或发生病虫害时,则不宜施肥。施肥的最佳时间应该是温度和湿度利于草坪草生长的季节。全年追肥一次的,暖季型草坪草以春末开始返青时为好,冷季型草坪草以夏末为宜。全年追肥两次的,暖季型草坪草分别在夏末和仲夏施用,以春末为主;冷季型草坪草分别以仲夏和夏末施用,以夏末为主。

通常在夏季给冷季型草坪草施肥,会降低其对热、旱、病的抗性;而暖季型草坪草则在夏季需肥量较高,最重要的施肥时间是春末。此外,还可以依据草坪草的外部的形状及缺素症状来安排施肥时间与施肥次数。

2. 施肥量

草坪需要多少肥料取决于多种因素,包括草坪草种类的要求、草坪质量、草坪的用途、气候条件、自然肥力、生长季节的长短和使用强度等。草坪管理工作者应根据土壤的养分测定结果和草坪草营养状况以及施肥经验综合制订。在贫瘠土壤上生长的草坪草需要的肥料较多,应增加施肥量。草坪草生长季节越长,使用频率较高,越应多施肥以保证草坪草的健壮生长。

3. 施肥方法

草坪施肥的方法包括基肥、种肥和追肥。草坪施肥应以基肥为主,除沙质土壤外,应以微量元素在内的养分追肥为辅。通常粗制土壤可溶性氮易淋失,因而施肥次数应较多,应以长效氮肥为主。根据肥料的剂型和草坪植物的需求情况,通常可采取撒施、穴施和喷施三种方法。干燥的颗粒或粉末状肥料可采用撒施或穴施(图3-5),流体肥料或水溶性强的粉质肥料可喷施。

4. 施肥作业注意事项

(1)看肥料性质施肥。不同种类的肥料混合施用时,要注意因混合而引起的养分的损失或肥效降低。如铵态氮肥不可与碱性肥料混合使用,过磷酸钙不可与碳酸氢铵混合使用,肥料与农药混合施用时,要注意因混合而引起肥效和药效的降低。

图 3-5 草坪施肥

(2)看土施肥。肥土少施、轻施,瘦土多施、重施;沙土少施、轻施,黏土多施、重施。

(3)看苗施肥。同一场所,若草坪草生长有差异时,生长不良的部分施肥量可以相应大一些。

(4)看天气施肥。一般以晴好的天气为佳,土壤不能太潮湿,这样有利于土壤与肥料相伴和均匀,在施肥过程中尽可能地减少叶面被土壤和肥料污染。

(5)看修剪施肥。施肥前一般先修剪草坪,使肥料易于到达地面,反之则会使肥料与修剪下的草屑被清除。

(6)看施肥量施肥。施肥量要适当,若过多,不仅会助长杂草生长,也使草坪草生长过快,容易滋生病害。同时,没被吸收的肥料流入河川,还会引起湖水的营养富集化等环境问题。

第四节 草坪的辅助管理措施

一般情况下,如草坪品种选择得当,通过施肥、灌溉、修剪等常规养护管理措施,即可获得高质量的草坪。如果草坪中出现了过厚的枯草层、土壤板结、纹理等现象,则还需进行碾压、表施土壤、打孔、垂直修剪、划破草皮、梳草等辅助养护管理作业。

一、碾压

碾压是用压辊在草坪上边滚边压。适度碾压对草坪是有利的，尤其在发生冻害的地区，要获得一个平整的草坪，在春季碾压是十分必要的。碾压可以改善草坪表面的平整度，但也会带来土壤紧实等问题，所以要根据不同情况慎重考虑，具体情况具体对待。

(一)草坪碾压的作用

草坪碾压的作用主要表现在以下两方面：

1. 促进草坪草的生长发育

(1)播种后碾压，能起到平整坪床、改善种子与土壤接触的作用，提高种子萌发的整齐度。

(2)铺植后碾压，使草坪根部与坪床紧密结合，易于吸收水分，产生新根，以利草坪的定植。

(3)起草皮前碾压，可获得厚度一致的草皮，能降低草皮重量，节约运输费用。

(4)适度的碾压，可以有效地促进分类和匍匐茎伸长，抑制垂直生长，使节间缩短，使草坪变的致密、平整。

(5)生长季碾压，能使叶丛紧密而平整。

2. 修饰地面，改善草坪景观

(1)草坪土壤表层因冬、春季节的冰冻所造成的土面不平以及因蚯蚓、蚂蚁等动物的活动而出现土堆的情况得到有效改善。

(2)可增加运动场草坪场地硬度，使场地平坦，提高草坪的使用价值。

(3)不同走向的碾压还可形成草坪花纹，提高草坪的景观效果。

(二)草坪碾压的方法

1. 碾压机的选择

碾压可用人力推重碾或机械牵引。机动碾轮为80～500 kg，手推轮重为60～200 kg。压辊有石辊、水泥辊、空心铁辊等材质，空心铁辊可充水，通过调节水量来调整重量。碾压的重量依碾压的次数和目的而定，如为了修整床面则宜少次重压(200 kg)，播种后使种子与土壤紧密接触则宜轻压(50～60 kg)，应避免强度过大造成土壤板结，或强度不够达不到预期效果。

2. 碾压时间

草坪宜在生长季进行碾压，冷季型草坪草应在春、秋季草坪生长旺盛的季节进行，而暖季型草坪草则宜在夏季进行。其他的碾压时间通常要视具体情况而定，如坪床准备时要磙压，播种后要磙压，起草皮前和草皮铺植后要磙压，运动场草坪赛前赛后要磙压，有土壤冻层的地区春季解冻后要磙压。

3. 磙压注意事项

(1)草坪弱小时不宜磙压。

(2)在潮湿的土壤上尽量避免高强度的磙压，以免土壤板结，影响草坪草生长。

(3)在过于干燥的土壤上，要避免重压，防止草坪地上部分受伤。

(4)应结合打孔、疏松、施肥、覆沙等管理措施进行。

二、表施土壤

草坪表施土壤是将事先选择或准备好的沙、土壤和有机质的混合物均匀施入草坪的过程。目的是使草坪表面平整，提高草坪的耐践踏力，促进枯草层分解，有利于草坪更新。

(一)表施土壤的作用

1. 平整坪床表面

对于凹凸不平的坪床面，表施土壤可起到补低拉平、平整坪床表面的作用。此外，表施土壤还能改善草坪表层土壤的物理性状。

2. 控制枯草层

沙、有机质、土壤混入枯草层以后，能改善微生物的生存条件，加强微生物的活动，从而加速枯草层的分解。

3. 促进草坪草的再生

表施土壤能促进草坪草的分枝、分蘖，使受伤草坪能尽快恢复。运动场草坪赛后进行表施土壤作业常常能达到良好的效果，许多公园对过度践踏的草坪也采用这种方法来使草坪尽快恢复。

4. 延长草坪绿期

在南方一些城市，每年秋季采用表施土壤的方法成功地延长了草坪的绿期。在北方，表施土壤能保护细弱草坪越冬，但这种方法费用较高。

5. 保护草坪

一些公园为了保护草坪，常常在游人高峰期前进行表施土壤作业，通常是施沙，以提高草坪的耐践踏能力。但长期无休止的施沙会出现沙层，影响草坪草生长。

(二)表施土壤的材料

表施土壤的材料要与原有的草坪土壤相似，是沙、土壤、有机质等混合物，有时也只用沙或有机质。一般要符合以下要求：

(1)与原有的草坪土壤无多大差异，否则会造成分层；

(2)有机质必须充分腐熟，所有材料不带杂草种子、病菌、害虫等有害物质；

(3)土壤必须过筛（直径 6 mm），含水较少。

(三)表施土壤的方法

1. 表施土壤的机械

小面积的表施土壤可用人力进行，用独轮车推送，铁铲撒开，再用扫把扫平。大面积的表施土壤应用表土撒播机（撒土机）进行。

2. 表施土壤的时间

表施土壤的时间一般在草坪草萌芽期或生长期进行最好。暖季型草坪草通常在春末夏初和秋季，冷季型草坪草通常在春季和秋季。

3. 表施土壤的数量和次数

表施土壤的数量和次数应根据草坪使用的目的和草坪草生育特点而异。从一次都不需要到每 3～4 周 1 次。一般草坪每年 1 次。施用量通常不超过 0.5 cm 厚为宜，有时为了控制枯草层，施用量也达到 1.5 cm 厚。

4. 同其他管理措施一样

少量、多次进行表施比偶尔进行重施效果要好得多。庭院、公园等一般草坪可重施，但次数少；而高尔夫果岭则应少量多次表施。

5. 表施土壤要配合其他作业进行

如表施土壤必须在修剪或施肥后进行，之后必须拖平。又如为了避免表施土壤带来的草坪土壤成层问题，最好在表施土壤前进行垂直修剪作业。

三、打孔

打孔是指用打孔机械在草坪上打上许多孔洞的一种中耕方式。草坪在使用一段时间后，由于镇压、浇水和践踏等使坪床坚实、硬化。在这种情况下会使坪床排水不良，草坪草根部严重缺氧，草坪草生活力低下，此时就可以考虑为草坪进行打孔操作了。

(一)打孔的作用

打孔的主要作用是消除土壤板结，改善土壤物理性状，增强土壤的通气性、吸水性和透水性，有利于草坪草根系对水分、养分的吸收，促进草坪草的生长发育。

1. 改善土壤通气性

一般，2.5～5.0 cm 土层的土壤是最紧实的，打孔能改善土壤通气性，有利于土壤气体交换以及有毒气体的释放。

2. 改善土壤的渗透性、供水性和蓄水性

打孔能改善土壤的吸水性和保水性，提高表层紧实或枯草层过厚土壤的渗透能力，加速长期潮湿土壤的干燥。

3. 改善土壤的供肥性和保肥性

打孔能改善草坪对施肥的反应，提高土壤阳离子的交换能力，并改善土壤对养分的保持能力和供给能力。

4. 促进草坪草的生长发育

打孔能促进根系的生长发育以及对土壤养分的吸收，促进根系向更深处生长，使草坪草抗旱性增强；促进洞顶上枝条的分枝与生长，使草坪更葱郁；打孔还能加速枯草层和有机残体的分解，促进草坪草的生长发育。

5. 打孔的不利影响

主要是草坪外观暂时受到影响，打孔毕竟会破坏草坪表面的完整性。由于露出了草坪土壤层，因而会造成草坪草的脱水。同时，还会带来杂草以及地下害虫问题。当条件适合杂草种子发芽时，往往会产生大量的杂草等。

(二)打孔的方法

1. 打孔机械

草坪打孔机有手工打孔机和动力打孔机两种基本类型。

(1)手工打孔机　手工打孔机是在一个金属框架上，上端装有两个手柄，下端装有 4～5 个打孔锥(有空心和实心两种)。作业时尽量使打孔机保持垂直，用脚踏压金属框，使打孔锥刺入草坪，然后将打孔锥原方向拉出。这种打孔机主要用于小面积草坪以及一般动力打孔机作业不到的地方，如树根附近、花坛周围、草坪边缘及运动场球门杆周围。

(2)动力打孔机　动力打孔机有小型手扶自走式打孔机和大型拖拉机牵引的打孔机组(图 3-6)。小型手扶打孔机适用于各种草坪的打孔作业，大型动力打孔机适用于大面积草坪的打孔作业。

动力打孔机具也可分为以下两种类型：一种是旋转式，具有开放式空心尖齿，优点是工作效率快，但耕作深度较浅，对草坪表面的破坏性较大，常用于使用频度高的草坪，如运动场和操场等；另一种是垂直运动式打孔机，具有空心尖齿，由于兼具水平运动和垂直运动，工作速度较慢，但耕作深度较深，常用于果岭等低修剪的草坪。

此外，打孔机的尖齿也分为两种类型：一种是实心锥，通过锥挤刺土壤造成小孔；另一种是空心锥，从土壤中挖出土心，对草坪表面的破坏性小，中耕深度达 8 cm。

图 3-6　打孔机(殷跃斌提供)

2. 打孔时间

打孔的最佳时间是草坪生长旺季、恢复力强而且没有逆境胁迫时。冷季型草坪最适宜的打孔时间是夏末秋初,暖季型草坪最好在春末夏初进行。

3. 打孔注意事项

(1)注意作业时间。打孔容易造成草坪脱水,故夏季一般避免打孔。干热天气打孔后必须立即灌溉。

(2)土壤太干或太湿时,不应进行打孔作业。

(3)打孔应配合施沙、施药等其他作业进行。

另外,打孔产生很多土条,移走土条会带来很多问题,所以在大面积草坪上,人们常采用拖耙或垂直修剪等措施把土条原地破碎,这样,一部分土壤回到洞内,其余的土壤留在枯草层内,加速枯草层分解,促进草坪草生长发育。

四、垂直修剪

垂直修剪是指借助安装在高速旋转的水平轴上的垂直刀片来进行切割或划破草坪的一种培育措施。垂直修剪机也叫梳草机或除枯草层机,顾名思义,它是以清除草皮表面积累的枯枝层或改进草皮通透性为主要目的。

(一)垂直修剪的意义

1. 提高草坪的平齐性

当刀片安装在上位时,可切掉匍匐枝或匍匐枝上的叶,从而提高草坪的平齐性。

2. 加速枯草层分解

当刀片安装在中位时,可破碎打孔留下的土条,使土壤重新混合有助于枯草层的分解。

3. 清除草坪枯草层

当刀片安装在下位时,能有效的清除枯草层,使空气、水分、养分、农药能进入土壤,有利于草坪草根系的吸收,有效的防治病虫害,促进草坪草的生长发育。

4. 改善土壤通透性

刀片深度可以调节,使刀片刺入枯草层以下,以达到划破草皮,提高紧实土壤的通气透水性能。

(二)垂直修剪的方法

1. 垂直修剪的机械

垂直修剪机的种类很多,按照垂直修剪机刀片的大小和多少,可分为手推式和自走式两种。工作宽度 35～50 cm,工作深度 0～7.6 cm,可由装在机器前面或后面的调节滚筒或轮子来控制。刀片的安装位置一般有上、中、下三种位置,能达到不同的垂直修剪效果。

2. 垂直修剪的时间

最适合垂直修剪的时间是草坪生长旺盛、恢复力强的季节。夏末是对冷季型草坪草进行垂直修剪的理想时期,因为此后的一个时期适宜于冷季型草坪草生长,大量枝条和根系的生长可使冷季型草坪草快速恢复。同样道理,早春草坪草返青前也是垂直修剪的适宜时期。暖季型草坪草适宜垂直修剪的时期在春末、夏初。春季草坪草快速生长期和夏季不应进行垂直修剪,否则会使草坪变弱并且得不到足够的恢复。

3. 垂直修剪注意事项

(1)垂直修剪清除枯草层会拔出大量活的植株,所以对浅根性的草坪草可能是有害的,操作前,一定要进行必要的实验,以确定适宜的垂直修剪时间、深度、方法等。

(2)垂直修剪后,碎屑积聚,应立即清除,以免避光的影响,特别是在炎热的天气条件下。

(3)垂直修剪应在土壤和枯草层干燥时进行,这样可使草坪受到的伤害最小,也便于垂直修剪后的管理。

(4)垂直修剪一定要配合其他养护管理措施进行。如深层垂直修剪常随草坪更新一起进行,几次垂直修剪后,为覆播创造了良好的种床。

五、划破草皮

与打孔相似,划破草皮可改善土壤通透条件,特别是在土壤板结严重的地方。但划破草皮不带出土条,对草坪破坏较小。如果在盛夏或其他胁迫期间打孔,很可能产生草坪草脱水现象,会损伤或破坏草坪,此时可用划破草皮代替打孔。

划破草皮是由一种安装在重型圆筒上的圆盘或V形刀片完成的深而垂直的切割作业。穿透深度由滚筒重量决定,深度一般为7~10 cm。在潮湿的土壤上,划破草皮的效果比打孔要好,通常在生长季进行,因对草坪破坏小,所以,有必要的话,可以1周进行1次。

六、梳草

梳草是用梳草机清除草坪枯草层的一项作业(图3-7)。枯草层是由枯死的根茎叶组成的致密层,堆积在土壤和青草之间,日积月累,阻碍草坪草对水分和养分的吸收。梳草机的活动刀片、固定刀片及弹性刀头能有效的清除枯草层,使空气、水分、养分、农药能进入土壤,有利于草坪草根系的吸收,有效的防治病虫害,促进草坪草的生长发育。

图3-7 草坪疏草机(殷跃斌提供)

切根梳草机的工作宽度一般为46～50 cm，工作深度0～2.8 cm。与垂直修剪一样，最适合梳草的时间是草坪草生长旺盛，环境胁迫小，恢复力强的季节。冷季型草坪最适合的梳草时间是夏末、秋初，暖季型草坪最好在春末、夏初进行。

七、草坪着色剂

草坪着色剂是一种特殊的化学物质，采用天然原料制成，对人、野生动物、植被和环境都无害。其中，绿色染色剂的商品名称一般称为草坪增色剂；专门用于草坪标线标图的染色剂称为标线剂。

1. 草坪增色剂的用途

草坪增色剂主要用于冬季休眠的暖季型草坪的染色，也可以用于冬季越冬的冷季型草坪，使草坪保持自然绿色。根据增色剂的特性、施用量和次数的不同，可使草坪呈现出蓝绿色到鲜绿色的色彩变化，草坪处理前的色泽也会影响施用后的草坪颜色。在实际使用中，草坪增色剂可以用来掩饰新换草坪块与原有草坪的颜色差别，可以修复草坪受病害后产生的斑秃，装扮枯黄草坪，甚至裸露出来的沙石、泥土都能够被染上绿颜色。在高尔夫球场和其他运动场比赛前常使用增色剂进行装饰。

草坪喷施增色剂后能产生良好的景观效果，但喷增色剂终究不能代替良好的管理，一个退化了的草坪，除了在叶色上与管理良好的草坪相同外，在草坪的盖度、整齐度及使用效果上有着天壤之别。增色剂的效果只是暂时的，而良好的管理则是需要持之以恒的。例如，在冷暖过渡地带，在冬季休眠的暖季型草坪草上可采用覆播冷季型草坪草方法达到周年常绿，但需要较高的养护成本和技术要求。

2. 草坪增色剂的用法

(1)染色机械喷雾机。

(2)染色时间根据染色用途而定。秋末冬初或比赛前，选择在晴(阴)天进行，临下雨前使用会影响效果。一旦喷洒到不该喷洒的地方，立即用水冲洗，否则干了以后就不容易清洗。

(3)染色方法在草坪干燥、温度6℃以上喷洒效果最好。干燥后多数增色剂能保持70～100 d。喷洒时应倒退行进，避免因践踏而形成足印。喷雾机要求压力足而且喷雾细，以达到均匀一致。如果以前没有施用过，最好先做小面积试验。

3. 草坪标线剂

指专门用于草坪的标线标图剂，有红、白、金黄、蓝等很多颜色。目前我国体育场的标线工作多用石灰粉来标线，但石灰粉会影响环境酸碱度，不利于草坪生长和养护，而且颜色单一，操作不便。草坪专用标线标图剂不但能画线，而且还能绘制色泽鲜艳的图案。使用前应先将草坪修剪好,并且要保证草坪在干燥的状态下再进行标线或绘图。此类标线剂不含有害物质,使用后可配合草坪修剪去除。

八、草坪复壮

(一)草坪退化的原因

草坪在经过几年的使用后,会因各种原因而退化,如杂草的入侵、病害的侵染、管理措施不当以及高强度的践踏使用等,另外,草坪草本身也是有一定的使用年限的。草坪在出现退化现象后,要及时进行修复。

1. 养护管理不善

不科学的养护管理使草坪土壤性状变差,枯草层过厚,杂草和病虫害严重,导致草坪草生长减弱,草坪自然更新能力差,未老先衰。灌水过多、修剪过低,冻害、干旱危害;土壤物理性状差,透气性差等。

2. 草种选择不当

草种选择不当,不能完全适应当地的气候、土壤条件,或不能满足草坪的坪用要求,出现生长发育不良。如运动场草坪选用了耐践踏力不强的草种,使用过程中必然出现草坪衰退现象。或者原来建植草坪草种子中含有大量杂草种子,或者铺设的草皮中含有许多恶性杂草,由于养分长期不足,导致草坪的退化。

3. 草坪已到衰退期

建坪几年后,草坪已到正常的衰退期。

4. 过度使用

例如过度践踏导致的草坪衰退。公园、住宅区、学校等开放性的草坪以及运动场草坪都容易出现这种情况。例如足球场的球门区草坪,由于过度践踏,会发生斑秃。

(二)草坪更新修复要点

退化草坪的修复是一种局部的、强度较小的改造和定植草坪。在进行修复之前,首先要弄清草坪退化的原因,以便对症下药,提出有力的改良措施及正确的养护方法。

修复措施主要有两种:一是补播,二是铺设草皮。当草坪使用不紧迫时可采用补播的方法,但如果要立即投入使用的草坪则需铺设草皮。

1. 养护修复法

对于养护管理不善造成的草坪退化可对症下药,清除致衰原因,加强全面的超常养护管理。例如由于土壤板结造成的草坪退化,可以通过打孔、垂直修剪等措施加以消除。由于枯草层过厚引起的草坪生长不良，可以进行垂直修剪、梳草、表施土壤等作业加以改善。由于杂草丛生而影响到草坪草生长发育时，可人工拔除杂草或施用除草剂消灭杂草。由病虫害引起的草坪退化，也可施用杀虫剂、杀菌剂来防治。不管是哪种情况，都要多种养护管理措施配合使用，进行全面的超常养护管理，才能达到草坪复壮的目的。

2. 补种修复法

补种修复法有两种方法。当时间不紧迫时，可以采取补播种子的办法；如果时间紧，要立即见到效果，可采取重铺草皮方法快速恢复草坪。

补播：补播的具体做法是：先清除枯死植株和枯草层，露出土壤，再将表土稍加松动，施入少量肥料，然后撒播与原有草坪草一致的种子，使种子均匀进入土壤，之后进行表施土壤、灌溉等作业。撒下的种子萌发成新植株后，即形成新老植株并存和交替相继的格局，达到延长草坪使用期限的目的。播种前可以采取浸种、催芽、拌肥、消毒等播前处理措施。

补铺：补铺的具体做法是：先标出需要补铺的草坪，铲除原有损坏的草皮。然后翻土、施肥、平整、磙压（紧实坪床）、铺草皮，新铺设的草皮应与原有草坪草一致，草皮应高出坪面 2～5 cm。用堆肥和沙填补满草皮间隙，轻轻磙压，灌溉，使草皮根系与土壤接触良好，之后加强水肥管理，几周后可恢复原有草坪景观。

3. 草坪的交播

在亚热带，秋季在暖季型草坪上播种冷季型草坪草的种子，以在暖季型草坪草的休眠期（冬季）获得一个良好外观的草坪。在生产中，把这一措施称为“交播”。交播是快速改良草坪和延长草坪绿色期的行之有效的技术措施。通常是在假俭草、狗牙根等草坪上播种粗茎早熟禾、多年生黑麦草等出苗迅速、耐热性较差的冷季型草坪草。次年夏季，交播的冷季型草坪草因耐热性差、生长不良而逐渐从草坪中消失，原有的暖季型草坪草则因气候条件适宜而进入生长旺盛期。

4. 放火烧草

大多数草坪草在冬季都会枯黄休眠。放火烧草，不但能烧尽草坪地上部枯枝落叶，使草坪草返青更早，抑制枯草层的发育和调节有机质的积累和矿质养分的释放，而且能烧死越冬的病原菌、害虫及杂草幼苗，还可使其返青生长后显得更为整齐。

放火烧草最好在草坪完全枯黄后越冬芽萌动前，即草坪返青前 10～15 d。选择雨后晒 1～2 d 太阳的无风或微风天气进行。这样，草坪近地较潮湿，不至于伤及地表越冬芽，放火烧后再浇 1 次水，可保留灰层并增加土温防冻。若条件允许最好接着培土。

放火烧草作业适合于越冬芽藏于土内的草坪草。而结缕草属草坪草越冬时，因其越冬芽位于地上部，如果放火烧草，在烧尽地上部分的同时会伤及地上越冬芽，将明显影响返青和返青后生长的整齐度，故一般不宜放火烧草。

第五节　特殊草坪的养护管理

一、荫蔽环境草坪的养护

建筑物过密、树种和树型选择不当，植树过密等造成了大量荫蔽地，园林绿化中层次搭配日趋丰盛，产生了大量的荫蔽地，而光照又是植物生长不可缺少的环境条件。因此，在荫蔽条件下，草坪的建植和管理已经成为一个很普遍的难点问题。

(一)养护措施

1. 遮荫树木的处理

即使是最耐阴的植物，每天也需要至少 2 h 的直射光照才能生长良好。在遮阳条件下，要想获得令人满意的草坪质量，离不开及时处理修剪遮阴树木。我们应砍去较低的树枝，削薄树冠层。及时扫除落叶。另外，浅土层的树根会与草坪植物竞争水肥，还应对遮阳树木的浅根进行断根处理，也可以将 10 cm 以内土层中的树木根系铲除。在完全荫蔽的地方，最好引种其他类型的植物，如常春藤、吉祥草以及其他耐阴地被植物。

2. 修剪草坪

光照减弱往往引起草坪植物叶片长度和株高增加，茎变细，植株直立生长习性加强。增加刈剪高度，可保留更多的叶片以尽可能保证其正常的光合作用。一般荫蔽下，刈剪高度宜为 5.1 cm，刈剪频率为每周 1 次，也可以 5.8 cm 的高度，每 2 周修剪 1 次。苇状羊茅刈剪高度为 3 cm，苏比纳早熟禾(*Poa supine*)为 1 cm，钝叶草为 7.6 cm 时，在荫蔽条件下最适合。

3. 适当浇水

荫蔽条件下草坪的需水量较一般情况下少，因而浇水不能太频繁，但每次都要浇透，以促使草坪植物的根系向深处生长并为树木提供足够的水分。

4. 减少施氮量

荫蔽的条件下，草坪的施氮量应比全日照下少，以减少对光合产物的消耗。如果氮肥供应过多草坪植物会更加嫩弱多汁，抗性下降，更易感病。施氮量可控制为全日照的 1/2。同时，草坪中的树木施肥应单独打孔进行，并且要多施。

5. 补播

荫蔽条件下，草坪自然会更稀疏，适时补播对维持好的草坪质量是必要的。在北方常绿树下适于初春补播，在凉爽地区落叶树下，应在夏末秋初进行；在温暖地区，则在春季暖季型草坪草刚开始时进行，在温暖地区以草地早熟禾和紫羊茅为优势种，温暖地区可选用地毯草、结缕草等草种。

6. 病害防治

在荫蔽条件下由于相对湿度较高，某些病害比较容易发生蔓延，如镰孢霉菌类(fusarium)，半知菌类(deuteromycetes)，腐霉菌类(phythium)，丝核菌类(rhizoctonia)和核盘菌类(sclerotinia)病害。因此，更应注意使用杀菌剂以防治病害发生。当土壤湿度过大时，草坪草易吐水形成露珠，露珠蒸发后其所含的有机溶解物残留在叶表易发生真菌病害。因此，早晨用杆子或笤帚将露水轻轻打落或用水喷淋可防止病害发生。另外，及时处理遮阴树木、合理排灌等措施以促进空气流通，降低微环境的空气湿度，即可减少病害的发生。

7. 适当使用生长调节剂

在荫蔽条件下，草坪草常由于地上部分生长过度而发生碳水化合物供应不足，引起草坪草植株减少，草坪盖度下降，影响草坪景观。选用适当植物生长调节剂可以有效地减缓草坪草生长速度，矮化草坪草植株的地上部分，从而增强其耐阴性，用量以有效成分每月 48 g/hm^2 或每 2 个月 1 次 96 g/hm^2 为宜。

(二)荫蔽环境下退化草坪的恢复与更新

在树下荫蔽区的草坪，常由于小环境的影响和管理不良而退化，甚至出现裸露区。对此应适时进行草坪的局部恢复与更新。首先，要查出导致草坪退化的不合理因素，地表排水条件、土壤 pH 值、地下排水情况等是否能满足需要。若原草种耐阴性优良且草坪退化不严重，可通过补播恢复其较好的质量。若原草种不耐阴且草坪退化严重，则可依据在荫蔽环境下建植草坪的方法，适时重建草坪。在更新草坪时，应先适当疏松土壤，混施一定量的石灰和肥料作基肥，并且在地表铺上一薄层过筛的细土。然后，再按普通方法播种或植入草皮。

在荫蔽环境下的草坪严重退化而又难以恢复和更新的地方，也可采用改种耐阴的非禾草植物的方法建成草本地被。

二、干旱环境草坪的养护

我国干旱及半干旱地区的总面积为 455 万 km^2，占国土面积约 47%，在这类地区建植草坪绿地都会因干旱胁迫而使其生长困难。解决问题的途径，一是改善环境条件以适应草坪草生长，二是选择和培育适应干旱环境的草种和品种，并采取相适宜的养护管理措施。目前，在干旱地区建设草坪绿地两者皆有。

(一)干旱环境下草坪的建植

干旱环境胁迫的草坪草的存活和生长有两个方面：一是土壤干旱，即土壤有效水含量极低，草坪草难以吸水；二是大气干燥，草坪草的蒸腾耗水量增大，容易缺水受伤害。干旱造成植物缺水超过了根系吸水，破坏了体内的水分平衡。随之细胞内的水势降低和膨压降低，进而叶片萎蔫。此时，叶片关闭气孔以节制水分散失，并为造成原生质严重脱水，所以适度萎蔫对植物是有利的。若复水这种暂时性萎蔫的植物仍可存活并继续生长。而永久性萎蔫对植物的损害则是不可以逆转的，甚至造成草坪草植株的死亡。

1. 坪床准备与灌溉系统建立

在干旱地区和半干旱地区建植草坪，需对坪床土壤进行预处理。首先，将坪床细致整平，捡石块、杂物等。在直接将坪床中的土壤整细耙平，使松土的厚度为35～40 cm，清除杂草，为草坪草生长创造适宜的土壤环境。

在干旱地区和半干旱地区，由于水资源非常有限，而且时空分布极不均匀，提高水的有效利用率有十分重要的意义。在这些地区，节水灌溉就成为首要的关键的草坪养护管理措施。所以，在坪床准备的同时应建立合理有效的灌溉系统。灌溉系统可采取地下渗灌、喷灌和漫灌等方式。灌溉系统的建立需经现场勘查后，提出合理的规划设计(充分考虑节水、经济、操作便利和使用寿命等性能)。

2. 喷灌系统的分类与组成

按固定方式分，喷灌系统可分为固定式喷灌系统和半固定式喷灌系统。喷灌系统一般由管网、喷头、水泵、动力设施及水源组成。水源应保证能提供喷灌的用水量、流量及水质。使用水泵将灌溉水吸提加压，以满足喷灌必要的水压。水泵一般以电力作为动力设施，也可使用柴油机或汽油机带动。喷灌管网一般包括干管和支管两级及相应的连接、控制部分，如弯头、接头、三通、闸门等。喷头是喷灌系统的专用部件，一般用竖管支撑与支管连接。

3. 管网的设计与铺设

喷灌管道应采用给水塑料管，该类管道内壁光滑、水头损失小、不易腐蚀生锈、安装方便，埋在冻土层下，以免在气候寒冷季节冻裂。安装好后，还应检测管道的抗压强度和密封性。管道末端及最低点应设排水阀。喷头布置根据草坪的形状，喷头可采用菱形或者矩形布置。喷头优化布置的目的是通过喷头的交叉组合，获得较高的喷灌均匀度。

另外，由于这些地区，土壤贫瘠，还应增施基肥，才能保证草坪草生长的需要。种植前，将复合肥、尿素按 10～15 g/m²，腐熟羊粪或牛粪 3 500～5 000 g/m² 混合，均匀撒在坪床上，再翻耕于土壤中 15～20 cm 深。

4. 草种选择

适宜的草种是影响草坪建植成败的重要因素之一，草种选择要以自然条件、草种的生物学特性和生态学特性为依据。在我国北方的干旱地区，暖季型草坪草冬季无法越冬，适宜选择抗旱性较好的冷季型草坪草种和品种。在常见冷季型草坪草中，细羊茅和苇状羊茅的抗旱性较优。同时，混播一定量的草地早熟禾和多年生黑麦草可以改善草坪质量。因为暖季型草坪草的抗旱性普遍优于冷季型草坪草，在我国南方的干旱地区，最好选用暖季型草坪草来建坪。暖季型草坪草中的抗旱性最好的是狗牙根和杂交狗牙根。

目前，理想的抗旱性草坪草种及品种还很缺乏。在干旱地区建植草坪培育抗旱性优良的草坪草种或品种是一项亟待解决的关键问题。北京大学生物技术系林忠平教授领导的实验室，经过 5 年的科研攻关，培育成功具有耐寒、耐旱、节水等特性的转基因草坪草株系品种。据林忠平教授介绍，这种转基因草坪草与普通草坪草相比，可节约一半的浇灌水；如果大面积种植的话，考虑杂草等其他因素的影响，可节约浇灌水 20%～30%。

5. 草坪建植

(1)播种　在夏末秋初是雨季的干旱地区，秋播建坪可相对减轻灌溉压力，比春播更有利。种植时间可选择在 9 月上旬。播种量同一般情况。播种后，用细刺耙仔细耙过，最后用滚动镇压器镇压，使草种子与土壤紧密结合，以利于种子吸水、发芽出苗。同时，增加有机质和其他改良土壤的物质，以提高土壤的持水能力。

(2)覆沙　覆沙是干旱地区草坪建植成功的一个有力保障。选用细沙(粒径为<0.1 mm)覆盖 0.2～0.5 cm，轻耙后镇压，即可取得较好的建坪效果。与采用其他材料覆盖相比，它既能有效的保持土壤水分，又能减少投入，而且不会影响环境卫生。

(3)浇水　播种后及时浇水，使坪床始终保持湿润。在草坪草分蘖前，即播种后 1 个月左右，每 3 d 浇 1 次水，以防幼苗受干旱的危害。每次浇水以保持土壤土层 10 cm 湿润为准。

(4)保水剂的使用　保水剂是一种高效吸水性树脂，施入土壤后能吸收和保持自身重量的几百倍甚至几千倍的离子水生成凝胶，水分不易离析。保水剂在土壤中不仅能减少土壤水分蒸发，而且可以缓慢的释放保存的水分供植物利用。因此，在干旱地区建植草坪，施用保湿剂不仅可较好的保持土壤墒情，促进草坪草早出苗,提高其出苗率。而且可减少灌溉用水量,提高水的利用效率。使用保水剂可采取丸衣化种子或直接施入土壤两种方法,用量一般为播种量的3%。

(二)干旱环境下草坪的养护

1. 灌溉

干旱地区草坪的日常养护管理中,灌溉是一项重要保障措施。合理的灌溉制度的确定,应参照草坪的最小需水量,监测草坪土壤、大气或草坪草水分状态,适时灌溉。一般每周需灌溉1～2次(无雨季节)。一般可依据草叶的颜色判断,若草叶颜色发灰即需浇水。每次浇水以保证土壤土层15 cm湿润为准。北方冬季干旱少雪,春季缺少降水,入冬前适时浇灌封冻水,能使草坪草根部吸收充足水分,增强抗寒越冬能力;早春返青前适时浇灌返青水,可促使草坪提前返青。在夏季高温天气下,对于一些怕热的冷季型草坪,采取傍晚前浇水的降温措施,可使嫩草在高温下安全度夏。

2. 修剪

草坪只有通过合理的修剪,才能保持一定的高度和整齐度,才有较高的观赏性。对于新建草坪,出苗35～40 d可进行第一次修剪,在初霜前15～20 d进行最后一次修剪,并保持较高的留茬高度,有利于积累充足养分,安全越冬。虽然留茬增高,会增加叶面积而使蒸腾作用增强,但根系较深的优点弥补了叶面积增大的缺点,并且较大的叶片遮蔽土壤表面,减少土壤蒸发,并保护根茎不受高温伤害。另外,应减少剪草次数,并保持剪草机刀片锋利,这样可使剪割后伤口处水分的损失显著减少。

3. 施肥

合理的施肥,可以促使草坪品质提高,返青提前,绿期延长。在干旱地区应少施氮肥,因高比率的氮肥,使草生长快,需水较多,更易萎蔫。在冬季应使用富含钾的肥料,能增加草的耐寒性。在新建草坪第一次修剪后,可施少量氮肥(如尿素5～8 g/m^2);在草坪正常生长季节,除夏季高温期,应保持少施勤施的原则;秋季可适当增加施肥量,促进养分积累,为越冬准备。另外还应注意的是,每次施肥后要立刻浇水,以防使用不当对草坪造成损伤。

4. 其他措施

如果枯草层太厚,会使草坪草根系变浅并延缓渗水速率,降低草坪的水分利用率,可选用垂直的切割机进行切割,也可用心土打孔器或薄铲给土壤通气,以提高水分的渗透性,改善根系生长。另外,防治杂草应少用除莠剂,尽量采取人工除草的方法,因为有些除莠剂对草坪草的根会产生一定伤害;适当施用湿润剂,可增加草坪土壤湿度,促进根系吸收水分。但应注意湿润剂施用过量或热胁迫期间施用会伤害草坪草。为确保安全施用湿润剂,应在施前进行小面积实验。

(三)干旱环境下退化草坪的恢复与更新

在干旱地区的草坪生产实践中,退化草坪的复壮与更新也是一项常用专业技术。如遭遇暂时的干旱,沙土上建植的草坪更容易受到伤害,对此,通过持续施入黏重的表土,结合大量施肥,适时浇水,可恢复受干旱伤害的草坪。而在常年干旱的地区,如果能保持一定的灌溉用水,黏重土壤通过打孔(取走直径 1.2～1.8 cm、深 15 cm 的土心),可增强灌溉水的渗透力,改善土壤的透气性,使草坪草根系向土层深处生长,之后再结合施肥,并撒入适当沙土,可使退化的草坪逐渐恢复。

三、盐碱区域草坪的管理

盐碱土(或称盐渍土)包括盐土(盐土中含有 NaCl、$NaSO_2$、$CaCO_2$ 等)与碱土(碱土中含有 Na_2CO_2、$NaHCO_3$)以及各类盐化、碱化的土壤,其特点是土壤中含有大量的易溶性盐分。我国现有盐碱化土壤 3 333.3 多万 hm^2,约占全国可耕地面积的 1/4,广泛分布在长江以北的辽阔内陆地区,以及辽东半岛、渤海湾和苏北滨海狭长地带,浙江、福建、广东等省沿海、台湾省和南海诸岛的沿岸也有零星分布。

(一)盐碱区域草坪的建植

在盐碱区域,土壤盐分过多对植物造成盐害。它表现为渗透胁迫、离子毒害作用、营养缺乏胁迫和生理代谢紊乱。最基本的是渗透胁迫和离子毒害。盐胁迫的渗透胁迫效应表现为植物新叶的生长速率减慢;盐胁迫离子毒害效应表现为对植物细胞膜系统的破坏,危害植物正常生理活动,盐胁迫的其他效应还包括高 pH 值(土壤溶液中 OH^- 含量高),缺磷、铁,都将直接对根的生理活动产生一定影响。实践证明,在盐碱地上搞草坪绿化,必须注重盐碱地上的一些特殊栽培技术,才能获得成功。

1. 坪床土壤改良

在盐碱地建植草坪,无论是种子直播,还是营养体繁殖,都必须先进行适度的土壤改良。坪床土改良可采取以改善原土为主或换土为主的方法。

(1)改良原有盐碱土　在干旱区盐碱地,可通过淡水漫灌的方式冲洗降低土壤含盐量。即通过灌水将土壤中各种状态的盐分转化为自由溶液中的盐分,并从土壤中排除。一般应采用向下的冲洗方式。在湿润区盐碱地,也可用淡水冲洗的方法改良土壤。如果表层土壤含盐量过高,且透水性较弱,可采用地表明水冲洗排盐,但必须先建好排水设施。排水设施的任务是保证整个地段冲洗水有足够的下渗速度,并使下渗的总水量达到冲洗定额,以保证土壤脱盐和地下水淡化。

（2）利用覆盖物改良盐碱地　“盐随水来，盐随水去”是水盐运动的特点，只要能控制土壤水分蒸发就可以减轻盐分在地表积聚，达到改良的目的。在干旱地区，地面蒸发量大，盐分地表积聚强，利用覆盖的方法则可明显减少土壤水分蒸发，抑制盐分在地表积聚，阻止水分与大气间接交流，对地表水分上行起到阻隔作用，同时还增加光的反射率和热量传递，降低地表温度，从而降低蒸发耗水。覆沙既是草坪建植常用的播种方法，而且在干旱盐碱地区还是一项经济有效的改良盐碱土的方法。

（3）施加改良剂改良盐碱地　国内有许多人将磷石膏、糠醛渣、沼气肥等施加到碱土上，改变了土壤结构，而且增加了土壤肥力，改良了土壤。在王国琼和川上敞（日）等人编著的“草炭绿化荒漠的实践与机理”一书中介绍了草炭可积累土壤有机质，降低土壤 pH 值，调节土壤供给能力，提高养分有效率。还有许多人使用化学试剂来改良盐碱土，也取得了一定的进展。前苏联亚美尼亚的许多国有农场，广泛采用绿矾（七水硫酸亚铁）改良苏打盐化碱土和苏打盐土，罗斯托夫利用当地的矿产石改良碱土；匈牙利利用褐煤矿副产品（含硫酸铁，少量硫磺、石膏及35%的有机质）和糖厂副产物来改良碱土，效果较好；巴基斯坦国家农业研究中心用1%的盐酸，在自由淋洗条件下改善石灰质的钠化盐渍土壤，降低土壤电解率、pH 值和氯化钠含量。总之，适时适量的施用改良剂可较好的改良盐碱土。

目前，在草坪生产实践中，施用磷石膏改良盐碱土比较多见，不仅效果理想，而且成本费用较低（600 元/hm^2）。磷石膏因酸度大，还能提高土壤养分元素，特别是微量元素的有效性，能很好地改善碱化土壤的物理性状。磷石膏单位面积的施用量是依据能够代换耕作层（0～20 cm 土层）中代换性钠的需要量确定，一般每公顷耕地施用 1～12 t。施用时先将施用量的 2/3 均匀撒施地表，然后耕翻 20 cm 深，再将余下的 1/3 撒施在耕后的土表上，用圆盘耙耙 2 次，使磷石膏与土壤充分混均。另外，施磷石膏后要结合草坪生长期内喷灌。

（4）客土技术　在地下水位较高的湿润地区，春季和雨季返盐严重，影响了地上植物的生长，因此在铺客土之前还应进行地下淋层处理。图解如下：回填种植用的客土→然后浇透水→充分沉降后整平（高差在±2 cm 范围内）→土壤沉降、粗整后加腐熟的牛粪（草坪：1～1.5 kg/m^2）→再细整地平。

（5）施用有机肥　采用冲洗的方法改良盐碱土，必然会带走大量的土壤养分，因此，需要施一定的有机肥以增加土壤肥力。客土也应施用有机肥作为底肥，提高土壤肥力，为草坪草的生长提供必要的营养需求。同时，施用有机肥还可以改善土壤结构，增加土壤持水性，减少地表蒸发量，改变土壤化学性状。也就是说，有机肥还可以达到改良盐碱土的目的。

(6)打药除杂草　灌过水的土壤，一个星期后杂草陆续出土后，便可施用农药灭除杂草。常用的除草剂主要是草甘膦，药量视浓度而定，一般10%浓度的草甘膦，每667 m^2 1.5～2 kg(兑水和加活性剂，即洗衣粉，见草甘膦使用说明)。恶性杂草应加大剂量，打药是将药液雾状喷在杂草的茎、叶上，因为草甘膦施于土壤是无效的。为避免人中药害，还应注意背风向进行操作。

2. 草种选择

在我国温带草原地区和荒漠地区，野牛草抗逆性强，尤以耐干旱和耐盐碱性最强，是这类盐碱地区一种较好的草坪建植材料。而獐毛(*Aeluropus sinensis*)与野牛草相比，还有耐寒性强的优点。在北方的滨海盐碱地，草地早熟禾、苇状羊茅、多年生黑麦草、紫羊茅中的一些品种比较适合，在盐碱地中生长良好，且常以几个种或某一个种的几个品种混播来建植草坪，取得了较好的效果。主要混播组合方式有：

(1)草地早熟禾的多元混播　这是一个种内不同品种的混播组合，其优点是集中了多个品种的优良性状，加大了草坪的适应性和抗逆性，有效地保证草地的景观效果。这种混播是抵抗外界不稳定气候环境和病虫害多发的草坪的重要栽培措施。

(2)草地早熟禾、苇状羊茅、多年生黑麦草的多元混播　该组合综合了不同属、种和品种的遗传背景，具有更强的对外界的适应性，具有粗细互补、抗性互补、成坪速度互补的优点。缺点是该组合建植的草坪均一性，兼容性较差。

(3)苇状羊茅和多年生黑麦草各半的混播　该组合两个草种的差异较大，适应性、互补性及草坪质量互补性强。

(4)草地早熟禾和紫羊茅的多元混播　紫羊茅叶片纤细耐阴性强且绿期长，和草地早熟禾混播后可增加草地的细度和耐阴性，适宜在排水良好的荫蔽处建植草坪绿地。

在南方的滨海盐碱地，则最好用耐盐碱能力较强的暖季型草坪草。结缕草是一种喜海滨盐碱地、干旱砂(沙)质土的优良草坪草。而大穗结缕草(*Zoysia macrostachya*)耐盐碱性比结缕草还强，在海滨盐碱地很值得推广应用。偏穗钝叶草(*Stenotaphrum secundatum*)也是一种耐盐碱性强的暖季型草坪草。

另外，开发利用盐碱地上野生草本植物作为绿化这类地区的草坪建植材料也是切实可行的。在新疆干旱沙漠区，本地野生狗牙根耐严寒、干旱和盐碱性强，具有很高的利用价值。另一种盐碱地上野生草本植物——碱茅(*Puccineuia distans*)也具有较强的耐盐碱能力，在园林中就常用它作为潮湿处和盐碱地的保土植物。

3. 播种

(1)改进播种方法 播种前最好提前试播,粗测草种发芽率,以确定播种量。一般来说,都需要增大播种量。多年生黑麦草、苇状羊茅、草地早熟禾播种量增加至 30 g/m^2;结缕草(非无性繁殖,建生产性草毡)增加至 15 g/m^2。播种时多采用人工播种,播后用孔径 0.2 cm 的细筛人工筛土覆盖草种子,以草种子若隐若现为宜。

(2)调整播种期 冷季型草坪春播在 4～5 月上旬为宜(过晚生长期内正值高温,降低抗逆性),秋播以 8 月中下旬至 9 月上旬为宜,秋播可减少杂草的危害;暖季型草坪虽在 5 月份可以播种,但建议在 6～7 月份播种为最好。

(3)调整播种方法 冷季型草坪用 2 次播种法,对混播(如苇状羊茅＋草地早熟禾等)的冷季型草坪采用多次播种法,确保出苗均匀,覆盖度好;暖季型草坪草则可采取铺植草毯的方法建坪。

(二)盐碱区域草坪的管理

1. 建坪期的养护管理

当新建植的草坪草苗长到 10 cm 左右时,开始修剪,每次修剪均按草坪自身高度的 1/3 进行剪取,这样可减少对草坪生理机能的损害。坪苗生长一段时间后如发现苗黄,可追施尿素、磷酸二铵等复合肥,施肥量为 450～600 kg/hm^2。成坪前这段时间是保苗、成苗的关键时期,还应注意的技术要点有:①适时灌水,防止返碱和表层土壤活化;②及时清除杂草;③及时防治病虫害。

2. 成坪后的养护管理

(1)浇水 春季随着气温的逐渐回升,土壤水分的蒸发量也日趋增大,土壤返盐碱较重,应特别注意浇水。

①灌足返青水。不仅能防止土壤干旱、返盐碱,而且能促使草坪草打破休眠,发芽生长,一般浇水深度为 15 cm。

②草坪草开始生长后。为促使根系向下扎,培养强大的根系,该时期需要有效控制水分,如浇水过勤,会造成草根生长上浮,抗性下降。

③3、4 月小雨过后。土壤返盐碱会加速,若不及时补足"压盐水",返盐碱将对草坪的幼芽造成伤害,出现草坪草的成片死亡,形成大块斑秃,应及时补浇,且一次浇透,浇水深度 15～20 cm。

在干旱地区的盐碱地,夏秋季应注意灌水,并且保证每次都浇足浇透;而在湿润区的盐碱地,在 7 月下旬至 8 月上旬,雨水较多,而且空气中含水量较多,高温高湿,在此期间除注意草坪排涝外,每 10 d 要浇一遍透水,特别是小雨过后要及时补水,防止返盐碱而烧伤叶面。在浇水的同时,要特别注意检查排涝排盐管道设施,及时疏通排水集水井,使其通畅,达到排盐的目的。

经过夏季盛雨期的秋季,虽然土壤墒情较好,但浇水仍是十分必要的。每5～7 d浇水1次,时间应在上午10点以前或下午4点以后,每次浇水15～20 cm深。这样不仅可解除旱情,而且还可以达到防止返盐碱的作用。

初冬继续给草坪浇水,可延长绿色期至12月初。每5～7 d浇水一次,至霜冻枯萎休眠。在"夜冻日化"的时期浇1～2次封冻水,有利于草坪的安全越冬,灌水应在中午进行。

(2)清除枯草层　春季清除枯草层,对夏季病虫害的预防将起到积极作用。清枯可分2次进行。第1次清枯在浇返青水之前进行短修剪,尽量贴地面,因为这时枯草干燥、发脆、容易剪。第2次清除枯草应在"遥看草色近却无"的时节,此时草叶韧性较强,结合中耕,用铁耙搂出枯草、杂物和部分老根,搂草要多次深搂,增加透气性。经过清枯的草坪,可延缓衰老速度,减少更新次数和夏季病虫害的发生。注意将剪下的枯草彻底清理干净。

(3)修剪　修剪草坪草高度因品种不同而异。修剪时期在草长到10～12 cm时进行,大约在4月的中下旬,修剪留茬高度控制在4～6 cm。夏季适当提高修剪的高度,如苇状羊茅控制在8 cm,草地早熟禾控制在6 cm,多年生黑麦草控制在6 cm,混播草坪草可控制在5～7 cm为宜。每10～15 d修剪1次,修剪时间在露水干后,早晚进行,避免露水对伤口的侵蚀,造成病害的发生。修剪后及时用耙搂出剪后断草,增加通透性,减少病虫害。秋季,修剪也是不可缺少的一个环节,为防止开花结实,消耗大量营养,应及时修剪。在"立秋后十八天,百草结种子"之前要进行一次修剪,它是消灭杂草的绝好时机。10月下旬最后一次修剪,留茬高度不应低于8 cm,以利于草坪的抗旱越冬。

(4)松土施肥　如草地早熟禾、匍匐翦股颖等草坪草浅层根系非常发达,容易形成极密的浅根分布层,加上游人的践踏,土壤表层通透性较差。因此,根据草坪草的生长规律,在叶片展开后根的生长高峰时打孔松土,断老根,促新根生长,打孔要求50～70穴/m^2,穴间距10 cm×10 cm,穴径1.5～3.5 cm,穴深8 cm左右,用中空铁杆人工扎孔,亦可用打孔机打孔。结合打孔松土,可施尿素15～20 g/m^2,施肥后及时浇水,这样草坪草色绿且润泽。秋季施肥有利于根系生长,并促进营养物质的贮存,还可延长绿色期,提高抗寒性,对安全越冬起到积极的作用。一般施肥的时间在8月下旬至10月上旬,施2次,以复合肥料为主,磷酸二铵20～25 g/m^2,这样既改良土壤结构、物理性状,还能提高肥力,促进根系良好发育,使草坪抗病能力、耐践踏能力增强。

(5)防除杂草和病虫害　春季,杂草刚开始返青萌发,生长速度很快,应注意杂草防除。在此时杂草较幼小,可多次人工拔除,既可较彻底的消灭杂草,也可避免因施除草剂而造成化学药剂对环境的污染。春季草坪易发生的病害主要包括腐霉枯萎病、镰刀菌枯萎病、红丝病、锈病、雪腐病和霜霉病;虫害有淡剑夜蛾、黏虫、蜗牛等。当气温回升至 15~20℃时,若草坪有菌丝体出现,则应控制浇水量和浇水次数,同时喷施杀菌剂,如代森锰锌、多菌灵、甲霜灵、乙膦铝或杀毒矾。在 5 月初喷 1 次杀虫药,锌硫磷加敌敌畏稀释 800 倍液或氯氢菊酯加氧化乐果稀释 700 倍液喷施。夏季是病虫害发生的高峰时期,主要的病虫害有淡剑夜蛾、棉铃虫、黏虫、地老虎、蜗牛、草坪锈病。防治方法是结合修剪,及时清除剪掉的断草,并适当的控制水肥。对已发生锈病的草坪,可用粉锈宁 25%的可湿性粉剂 1 500 倍液喷雾;对未发生病害的草坪,可用绿乳铜保护性防治。秋季常见病害有锈病、立枯病(立枯病常见于当年新播的草坪);虫害有黏虫、蜗牛、蚊蝇。喷施硫酸亚铁改良土壤,可减少立枯病的发生,还可喷 50%的多菌灵 1 000 倍液控制其蔓延。冬季要及时清理枯草和落叶并集中销毁,可消灭在枯草和落叶上越冬的病菌、越冬害虫的蛹、卵,以减少春季发生的数量。

(6)补种草坪　由于游人践踏或夏季因病虫害造成的草坪斑秃地块,在做好土壤消毒的基础上,可以补种。土壤消毒可用呋喃丹、3911 拌毒土灭虫;用 50%的多菌灵 800 倍液灭菌。补种时主要是从它处草坪移来厚 2~3 cm、30 cm×30 cm 块状草毯块,碾压浇水,使其成活。

(三)盐碱区域退化草坪的复壮与更新

盐碱地区,草坪需要更精心的养护管理,才能保持其较好的观赏价值。在这类地区,常由于管理不当,造成原本已改良的土壤返碱,危害草坪草的正常生长,使得草坪退化。首先应保证灌溉用水的洁净,可采用“强灌强排”的方法,冲洗去土壤中的盐分。之后,再补施一定的有机肥,提高土壤肥力。如果经过土壤重新改良后,草坪草大部分仍然存活,可适当补播同种草坪草的种子,提高草坪密度。如果草坪草死亡严重,则应重新建植草坪。

四、工矿区草坪管理

草坪具有净化空气、固定灰尘、消减噪声、保持水土、散热降温、灭菌杀毒等功效;同时,草坪也是城市和企业形象的体现,是改善投资环境的重要因素。因此工矿区草坪应运而生。

(一)工矿区草坪的特点

工矿区的绿化应根据生产性质的不同而分别种植花草树木,并与草坪相结合。

1. 实验室、精密仪器车间

车间周围要求空气清洁，环境安静。在工厂周围可设防护林带，车间外围设绿化带，以形成封闭的环境。车间与道路有绿化带隔离。车间四周的树木栽植与建筑要有足够的距离，以保障车间采光的要求。为了保证产品质量，所用树种应是不产生绒毛、飞絮及多花粉的种类。车间外的空地尽可能建植草坪。其草坪建植的方法按普通绿化草坪的方法进行。

为了减少噪声污染，可选择阔叶乔木在车间周围种植。叶面越大，枝叶越密，减噪声能力越强。因为草坪具有减噪效果，所以应在车间周围除道路外的裸露地表种植草坪。由于草坪多处于荫蔽条件，要选择耐阴性好的草坪草种建坪。光照严重不足的地段也可采用沿阶草、吉祥草或一些耐阴性很好的莎草科苔草属的野生草种，可使建坪更易成功，且其日常管理简单，费用低，抗性优良，易维护。

2. 高温车间

由于乔灌草型、灌草型和草坪型绿地对环境降温增湿效果明显，应在此类车间采用。在工人休息点可开辟绿地，种植高大冠浓的树木，可形成遮阴避暑的凉爽小气候，以调节工人情绪。树种宜选用叶片不反光、叶色暗淡、花色淡雅清香的乔木，车间的下风向可适当的种植多层次林带，以过滤污染物。

草坪也有一定的使气温降低的作用。高温车间周围的温度一般稍高，冷季型草坪草越夏较困难，应该选择耐热性好的草坪草种建坪。

3. 容易产生污染的车间

在选择这类车间的绿化树种时，首先应考虑植物的抗污染和适应性。在种植树木的布局上，还应考虑气象条件，如风向、风速等因素。在车间的上风向不宜种植过密过高的树，以免影响空气流通，车间周围的树木不宜栽植过密，以免污染物滞留在车间周围。据测定，在有草覆盖的地面，草本身截留的铝占总截留量的70%～90%。

(二)工矿区草坪建植

1. 坪床准备

首先，将坪床土壤耕松，使松土的厚度为20～30 cm，捡去石块、杂物等。再将坪床土壤整细耙平，捡出杂草，施入基肥(最好施用有机肥)，为草坪生长创造适宜的土壤环境。根据当地的气候条件，若降雨量充沛的地区可中央略高，四周略低，以利于排水；若干旱地区则应相反，以利于保水。

2. 草种选择

生产区常栽植较多的乔木，形成大面积的荫蔽地，给草坪草的正常生长带来了很大的影响。因此，应选择耐阴性好的草坪草种的品种建坪。同时，一些污染型企业的生产污染物含量较高，特别是一些矿山企业，生产区的土壤中有毒重金属的含量往往偏高。这类生产区，还应考虑所用草种的抗污染性，考虑其防雾、滞尘和改良净化土壤的能力。匍匐翦股颖和结缕草具有较强的抗镉污染的能力，并对镉有一定的富集能力，可用来改良镉污染的土壤。

3. 播种

播种前，最好进行土壤成分分析。特别是怀疑存在污染的地段，更应注重土壤成分的分析。若确实存在污染，可在大面积播种前，做一个小面积的预试验。以确定所采用的草坪草种的发芽率和成活率，计算合理的播种量。若在不存在污染的生产区，可参照普通情况下的播种量播种。冷季型草坪草最佳建植期在 9～12 月份；暖季型草坪草最佳建植期是 3～4 月份。建植可采取种子建植法和营养体建植法。

4. 草坪的管理

工矿区一般对草坪质量的要求不会太高。因而，其草坪的日常养护管理也可以相对粗放。比如，适当降低修剪频率，如以沿阶草等建植的隐蔽地段草坪甚至不需要修剪，不仅可以降低养护管理的费用，而且也提高了草坪草本身的抗性。但是，适时适量的补充肥料和水分还是必不可少的。

5. 工矿区草坪的病虫害防治

在不利的气候条件下，草坪草会有不同程度的病害，冷季型草坪草尤其严重。春季和初夏往往是病害多发季节，应在草坪上喷洒杀菌剂预防病害的发生。同时，要经常观察草坪的生长状态，及早发现病虫害，并施以针对性的杀虫剂和灭菌剂。

(三)工矿区退化草坪的复壮与更新

草坪草虽是多年生植物，但其生命力强的时期仍是有限的。在一定的时期内草坪虽然能自我更新，但也必须人为地创造条件或采取必要的技术措施，帮助其延长生命和使用年限。工矿区的草坪也会由于使用年限的增加或受践踏的影响，而需要采取一定的措施来复壮和更新。如果是有污染的工矿区，必然对草坪草植株造成一定的伤害，更加大了草坪养护管理的难度，加速了草坪的退化。因此，草坪复壮与更新的间隔年限就应适当缩短。

复习思考题

1. 钾素对草坪草的生理作用有哪些？
2. 草坪杂草的危害有哪些？
3. 一年生、越年生和多年生杂草有何区别？

4. 当地草坪常见的草坪杂草有哪些种类？其危害程度如何？
5. 单子叶和双子叶杂草有何区别？
6. 草坪的中耕都包括哪些内容？表施土壤的方法如何？
7. 为什么说正确的草坪养护计划会降低杂草的竞争力？
8. 草坪更新修复要点有哪些？
9. 在生产中常用的植物生长调节剂都有哪些？在草坪中起什么作用？

技能训练

技能训练 3-1 草坪养护日志

一、训练目的

了解草坪养护管理作业的内容及常见机具特性；掌握草坪日常养护管理的技术。

二、训练场所、用具及材料

(1)训练场所：实训基地或应用坪地。

(2)用具及材料：建好草坪场地一块、肥料、剪草机、沙、腐殖土、农药等。

三、训练内容

草坪日常养护管理内容、时期及方法技术。

四、训练步骤方法

(1)踏勘坪地，了解草坪草生长现状及周边环境条件。

(2)根据当地草坪生长情况及气象资料，制订相应的养护管理内容和措施日程表。

(3)现场实施

修剪：掌握时间、原则、高度、质量。

施肥：掌握时间、种类、量。

灌溉:掌握时间、次数、方式。

表层覆土:掌握土质、时间、范围。

病虫及杂草控制:结合第四章内容进行。

五、考核标准及配分

本项技能满分 100 分,要求达到 60 分以上。

(1)制度日志。 30 分

(2)每个环节对症实施,符合要求。 40 分

(3)实训报告上交及时,内容全面,结果准确。 30 分

第四章　草坪病虫草害及其防治

知识目标

- 了解草坪病虫草害发生的原因。
- 能分清楚草坪病虫草害的类型。
- 了解防治草坪病虫草害的原理。

能力目标

- 掌握草坪主要病虫草害的种类以及特点。
- 正确区分草坪的各种病虫草害的病状。
- 掌握草坪病虫草害的防治原理以及各种防治技术。

草坪作为城市景观生态系统的重要组成部分，只有在适宜的环境条件下，才能充分体现出其良好的生态效应及美学价值。草坪草属多年生植物，其形成的生态条件十分利于多种病虫草害的发生与滋长；草坪草类型又多，生长的环境各不相同，养护水平高低不一，使得草坪中有害生物的发生与防治十分复杂。草坪病虫草害的发生直接影响到草坪的正常生长和发育，使草坪出现变色、坏死、黄枯等现象，不仅降低了草坪的观赏和利用价值，而且降低了草坪的质量，使草坪迅速衰退。因此，正确识别与诊断草坪病虫草害、利用科学的养护和管理来加强对草坪病虫及杂草的控制，从而保护草坪草的健康生长、防止草坪退化，将是一项十分重要的工作。

第一节　草坪病害及其防治

一、草坪病害的基本概念

(一)草坪病害

草坪病害是指草坪草在受到病原生物的侵染或不良环境的作用时，发生一系列生理生化、组织结构和外部形态的变化，其正常的生理功能偏离到不能或难以调节复原的程度，生长发育受阻甚至死亡，最终破坏景观效果并造成经济损失的现象。

与其他的伤害或者虫害有所不同，草坪病害并不是在瞬间突然形成的，它有一个病理变化的过程；另外，草坪病害的概念是建立在经济观点上的，有的草坪尽管受到了各种因素的影响而发生了病理变化，但是在经济上并没有损失，反而增加了人们的经济效益，因此不能包括在草坪病害的范畴内，也不需要进行防治。

草坪病害的发生可能受到某个因素或两个以上因素的作用，其中直接导致病害发生的因子称病原，非直接致病的因素称为诱因；引起草坪病害的生物病原称病原物，病原物是菌类的称病原菌；遭受病原物侵染的植物称为寄主。如草坪草幼苗遭受高温灼伤，引起病原菌侵染，导致茎腐病发生，被害的幼苗是寄主，高温是诱因，病原菌是直接导致病害发生的因子即病原。

(二)草坪病害的症状

症状是指草坪草生病后肉眼可见的不正常表现(或病态)。症状由病状和病征两部分组成。草坪草本身的不正常表现称为病状，发病部位病原物的表现称为病征。

草坪草生病后，草的本身都会出现一些不正常的表现，即为病状，但不一定有病征。

1. 病状

病状是病害病理过程的综合表现，对于每一种草坪病害都有其一定的稳定性和特异性，所以病状是病害诊断的重要依据。

常见的病害病状可归成5大类型，即变色、坏死、腐烂、萎蔫和畸形。

(1)变色　草坪草感染病害后，病变部位细胞的叶绿素被破坏或叶绿素形成受阻，花青素等其他色素增多而出现不正常的颜色称为变色。叶片变为淡绿色或黄色的称为褪绿；叶片发黄的称为黄化；叶片变为深绿色与淡绿色相间的称为花叶，花叶是病毒病的重要病状；花青素形成过盛则叶片变为紫红色。

(2)坏死　草坪植物的细胞和组织受到破坏而死亡，称为坏死。叶片上坏死常表现为“叶斑”和“叶枯”。叶斑指在叶片上形成的局部病斑，病斑的大小、颜色、形状、结构特点和产生部位等特征都是病害诊断的重要依据。依病斑颜色可分为黑斑、褐斑、灰斑、白斑等。病斑的形状有圆形、近圆形、椭圆形、梭形、轮纹形、不规则形等。有的病斑扩大受叶脉限制，形成角斑；有的沿叶肉发展，形成条纹或条斑；有的周围有明显的边缘，有的没有。不同病害的病斑大小相差很大。草坪草的根、茎、叶、叶柄、果、穗等各部位都可以出现病斑，造成叶枯、枝枯、茎枯、穗枯等。

(3)腐烂　草坪植物细胞和组织被病原物分解破坏后发生腐烂,腐烂可分为根腐、茎基腐、穗腐等。含水分较多的柔软组织受病原物酶的作用,细胞浸解、组织崩溃造成软腐或湿腐。腐烂后水分散失则成为干腐。依腐烂部位的色泽和形态不同还可区分为黑腐、褐腐、白腐、绵腐等。幼苗的根和茎腐烂,导致幼苗直立死亡的称为立枯,幼苗倒伏的则称为猝倒。

(4)萎蔫　草坪植物根或茎部维管束受病原菌侵害发生病变,水分吸收和输导受阻,引起叶片枯黄、凋萎,造成黄萎或枯萎;植株迅速萎蔫死亡而叶片仍呈绿色的称为青枯。

(5)畸形　草坪植物被病原物侵染后发生增生性病变或抑制性病变称为畸形。前者有瘿瘤、丛枝、徒长、膨肿等;后者有矮化、皱缩等。此外,病变组织发育不均衡常导致卷叶、蕨叶、拐节等畸形病状。

2. 病征

草坪草感染病害后,病变组织上出现病原物产生的营养体和繁殖体称为病征。草坪草上主要的病征有以下几类。

(1)粉状物　某些真菌相当数量的孢子密集在一起所表现的特征。可以分为白粉、黑粉、锈状粉等,各代表一大类真菌引起的病害,这些病害以症状特点分别命名为白粉病、黑粉病、锈病等。

(2)霉状物　霉状物病部产生各种霉层,如青霉、灰霉、赤霉、霜霉等,也各代表一定的真菌类群。它们主要是由真菌的菌丝体和孢子梗以及分生孢子组成的。寄主可能同时存在坏死和腐烂等病状。

(3)菌核　病株体内外产生黑色、褐色、棕色或蓝紫色坚硬的颗粒或团块,大小相差悬殊,是真菌菌丝体组成的休眠结构,常引起寄主病部腐烂。

(4)粒状物　病株病部产生各种大小、形状、色泽和着生方式不同的小颗粒,包括真菌的分生孢子器、分生孢子盘、子囊壳、子座等。

(5)毡状物及漆斑状物　多为真菌的子座,如禾本科草坪草香柱病和黑痣病。

(6)脓状物或胶状物　有脓状物或胶状物是细菌病的典型特征。菌脓是细菌细胞和植物组织分解物的混合物,干后呈胶膜状。

(三)草坪病害的类别

依据致病病原性质,草坪草病害可分为两大类,即非侵染性病害和侵染性病害。非侵染性病害也称非寄生性病害或生理性病害。侵染性病害也称寄生性病害。

1. 侵染性病害

侵染性病害是指由病原生物侵染引起的病害。这类病害在适宜条件下可在植株间传染蔓延，甚至造成流行，因此又称传染性病害。侵染性病害的病原包括真菌、细菌、病毒、寄生性种子植物以及线虫、藻类等。

2. 非侵染性病害

非侵染性病害是指由各种不良的物理因素或化学因素等非生物因素引起的病害。这类病害只局限于受害植物本身，在植物间不会相互传染，因此又称为非传染性病害（或生理性病害）。非侵染性病害的病原包括水分过多或过少，土壤盐分过多、过酸或过碱，温度过高或过低，光照过强或过弱，营养缺乏或不均衡，污染环境的有毒物质或气体，栽培管理不当等因素。这类病害发生的原因很复杂，多数都涉及植物生理学、气象学、土壤肥料与营养学、草坪草栽培与管理学和环境保护学等学科。

二、草坪病害的发生规律

（一）草坪病害的侵染过程

病害的侵染过程是指病原物从侵染寄主植物开始，到病原物产生繁殖体或发病为止的过程，又称病程。可以人为地将其分为以下几个阶段。

1. 接触期

病原生物必须接触到寄主的感病部位才能发生侵染，由于病原物大多数不能主动移动，因此多借助风、雨、地表水流、昆虫活动、修剪机具、家畜啃食、人类的生产活动等途径到达寄主表面。其中，人类引种和气流是病原物远距离传播的最重要途径。此外，细菌和线虫以及真菌的游动孢子可作短距离的主动运动。真菌的菌丝生长也有助于其接触寄主。

接触期病原物的活动要受到环境因素的影响，其中以温度和湿度的影响最大。由于此时病原物尚未进入植物体内，容易受生物因素和环境因素的影响。因此，这一时期是病原物在侵染过程中的一个脆弱环节，也是防止病原物侵染的有利阶段。避免或减少病原物与寄主的接触是防治病害的一种重要手段。

接触期的长短因病原物种类不同而异。条黑粉病菌的冬孢子可附着在种子表面越冬，待种子发芽时，冬孢子萌发侵入植物幼苗的胚芽鞘或成株的根状茎、匍匐茎和冠部，接触期长达数月。白粉菌、锈菌的接触期往往短至数小时。病毒则不存在接触期，而是由介体直接送入寄主活细胞中。

2. 侵入期

侵入期是指病原物到达寄主表面后，经过一段体外活动（如孢子萌发、芽管生长等）侵入到寄主体内建立寄生关系的这一时期。侵入途径与病原物种类有关。细菌能通过伤口、气孔、蜜腺等侵入；真菌除上述途径外还能直接穿透表皮细胞侵入;而病毒只能通过活细胞上的微伤口侵入。

侵入期中,湿度影响病原物的萌发和侵染,是最重要的环境条件。在生长季节中,一般温度都能满足孢子萌发的要求,而湿度条件变化较大,常常成为限制侵入的因素。除温、湿度外,植物体表所存在的某些化学物质也影响到病原物的侵入活动,植物分泌的抗菌物质对病菌的侵入有抑制作用,而营养物质则起着促进侵入的作用。

病原物侵入寄主所需的时间与环境条件有关,但是一般不超过几小时,很少超过 24 h。

3. 潜育期

从病原物与寄主建立寄生关系到表现明显症状这一时期称潜育期。在此期间,病原物必须从寄主体内获取必要的营养和水分才能扩展和繁殖,同时寄主对病原物的扩展产生阻止和抵抗反应。潜育期内,从寄主外观看似乎是没有变化的,但实际上植物体内发生着十分复杂的生物化学反应。影响潜育期长短的主要环境因素是温度,此外也与寄主抗病能力有关。同一植物的发育时期以及营养条件不同,潜育期的长短不同;抗性不同的品种潜育期也不同。

潜育期的长短因病害不同而异,一般 10 d 左右,也有较短或较长的。腐霉枯萎病的潜育期在适宜条件下不超过 3 d,而小麦散黑穗病的潜育期可达 1 年。

4. 发病期

侵入植物体内的病原物经过一段潜育期后,植物外部便出现明显可见的病态,这种现象称发病。症状的出现是潜育期的结束和发病期的开始。发病期是病原物扩大危害、许多病原物大量产生繁殖体的时期。如果是真菌性病害,病斑处往往产生病原菌的孢子,成为下一次侵染的来源。细菌性病害在显现症状后,病部往往产生脓状物,含有大量细菌菌体。孢子形成的时期是不同的,有的在潜育期结束后立即产生孢子,如锈菌和黑粉菌的孢子几乎和症状同时出现。大多数的真菌是在发病后期或在死亡的组织上产生孢子,有性孢子的产生则更迟一些。

(二)草坪病害的侵染循环

侵染循环是指病害从前一个生长季节开始发病,到下一个生长季节再度发病的过程。传染性病害的侵染循环包括以下三个方面。

1. 病原物的越冬和越夏

病原物成功地越冬和越夏是其持续危害植物的基础。病原物主要在以下场所进行越冬和越夏。

(1)田间病株　许多病原菌可在病株体内越冬或越夏,多年生草坪草尤其如此。如许多病毒、细菌和真菌均可在草坪草的根系、根颈、茎中越冬和越夏,成为次年田间的初侵染源。

(2)病株残体 绝大部分非专性寄生的真菌和细菌,都可以在病株残体上存活一定的时间而成为下一生长季节的初侵染来源。

(3)土壤 病株残体和病株上的病原物都很容易落到土壤表面或埋入土中,因此土壤就成为病原物越冬和越夏的场所,如禾草黑粉病和豆科菌核病等。

(4)种子及其他繁殖材料 许多病原物在种子或其他繁殖材料中越冬或越夏,如禾草麦角病、禾草镰刀菌萎蔫和根腐病等病害的病原菌。

(5)粪肥 病原物可以随病株残体混入粪肥中,有些病原物休眠孢子被家畜吃下去以后,经过其消化道由粪便排出去还不会丧失其生活力,所以,未经充分腐熟的粪肥施入草坪中可以成为侵染来源。

(6)机具 修剪机具上可以黏附病原菌或残留有修剪下的病株残体,成为病原菌越冬和越夏的场所。下一次修剪时这些病原菌会被带入健康的草坪,可以成为侵染来源。

2. 初次侵染和再次侵染

在生长季中植物开始生长后第1次发生的侵染,称初次侵染。初次侵染成功后,有的病原物在同一生长季节还可能在寄主上产生大量的病原物繁殖体,在田间反复侵染,称再次侵染。一些病害在一个生长季内,只侵染1次(如多种禾本科的黑粉病等),称为单循环病害。有的则可以多次再侵染(如禾草锈病等),称为多循环病害,可引起病害的迅速流行。

一种病害是否有再次侵染,关系到这种病害防治策略的制订。对于单循环病害,应集中力量消灭越冬和越夏的病原物;对于多循环病害,除了控制初侵染来源外,还应在生长季节内采取其他措施限制再次侵染的发生。

3. 病原物的传播

病原物的传播方式有主动传播和被动传播。有些病原物可以通过自身的活动主动地进行传播。例如,许多真菌具有强烈放射其孢子的能力,有一些真菌能产生游动孢子,具有鞭毛的病原细菌也能游动,线虫能够在土壤中和寄主上爬行。但是病原体自身放射和活动的距离有限,只能作为传播的开端,一般都还需要依靠外力,把它们传播到距离较远的植物感病点上。除了上述主动传播外,病原物主要的自然传播或被动传播的传播方式有以下几种。

(1)风力传播 在病原物的自然传播中,风力传播占着主要的地位,它可以将真菌孢子吹落、散入空中作较长距离的传播。细菌和病毒本身单独不易借助风力传播,但是介体昆虫和带细菌的残体,可以随风作远距离传播。因此,及时喷药、铲除中心病株、选育和种植病品种、加强田间管理以提高寄主的抗病性,是防治风力传播病害的主要途径。

(2)雨水传播　雨水可以使细菌液中的细菌或黏质中的真菌孢子分散,再借水滴飞溅到其他植株上。地面雨水或灌溉水的流动,可以把病株残体、土壤和根系中的病原物传送到其他地点。防治雨水传播的病害主要是消灭初侵染的病原菌,灌溉水要避免流经病田。

(3)昆虫传播　有许多昆虫在植物上取食和活动,成为传播病原物的介体。主要介体昆虫是同翅目刺吸式口器的蚜虫和叶蝉,其次有木虱、粉蚧等,有少数病毒也可通过咀嚼式口器的昆虫传播。昆虫传播与病毒病害和植原体病害关系最密切,一些细菌也可以由昆虫传播,但与真菌的关系较小。对于昆虫传播的病害,防治害虫实际上就是一种防治病害的有效措施。

(4)人为传播　人们在各种农业生产活动中,往往无意识地传播病原物。如人类在引种、施肥、修剪等活动中可能会有效地传播病原物。如修剪可以造成大量的伤口,导致病原菌有效、大量的传播和侵染。

三、草坪病害的识别与诊断

(一)草坪病害识别与诊断的方法

1. 田间宏观诊断

草坪病害诊断时莫急于进入坪地,应在草坪田边观察病株的田间分布特点:首先应判明草坪表现的异常情况属于传染性病害,还是非传染性病害或创伤。传染性病害有明显的症状,是由有害生物引起的病害,发生特点多数情况是由点到面,病株逐渐增多,而且有明确的传播介体或与传播方式相关的发病过程。非传染性病害是由不适的环境因素或某一管理措施引起的病害,田间发生普遍,没有传染现象,无发病中心,非传染性病害多数为全株性发病,少数属局部病变,但都不存在病征。创伤则是机械伤害,如压伤、割伤、踏伤、灼伤等。

2. 症状识别

在田间诊断的基础上用肉眼并借助手持放大镜对病害症状进行观察,然后结合环境条件、草种等作出确诊或初步诊断(尤其是一些常见病、多发病)。但同时也要注意同一病害症状发展的不同阶段,前期和后期往往不同。注意病部的形状、颜色、纹彩、气味和有无病征等特点。症状观察时,还要注意症状的复杂性和非典型症状。

3. 病原物的微观观察

有时由于新病害出现或症状不典型,特别是病征发育不充分以及多种病原菌复合侵染诱发复杂症状时,只依靠症状对病害鉴定并不完全可靠,此时需要采集标本,进行病原物的显微镜检查。从病变组织的内部或外表检查出病原物,这是区别各种侵染性病害最可靠的办法。

(二)草坪三大类病原生物所致病害的识别与诊断

1. 真菌所致病害的特点和识别方法

寄主表面长出霉状物、粉状物等是真菌病害的重要标志。鞭毛菌亚门的一些菌,例如绵霉、腐霉、疫霉等,常生活在水中或潮湿的土壤中,导致植物根部或茎腐烂。这类菌在湿度大时,病部生出白毛状病征。比较高等的鞭毛菌如霜霉菌,接近陆生,多危害植物的地上部分,导致产生叶斑或花、穗变形。在病部生出类似霜的霉状物。鞭毛菌引起的叶斑多数是叶面呈局部褪绿、变黄的斑块,早期不形成坏死斑,斑块也没有深色边缘。子囊菌和半知菌所引起的病害,除少数菌(如白粉菌等)外,一般都形成明显的枯死病斑,并有明显的、颜色较深的边缘,在病斑上产生各种颜色的霉状物或小黑点。担子菌中的锈菌和黑粉菌,常形成呈锈色粉状物或黑色粉状物,其特征格外明显。

2. 细菌所致病害的特点和识别方法

细菌所致病害的症状常是组织坏死、腐烂或萎蔫,少数引起肿瘤。细菌病害的病斑周围常呈水渍状或油渍状,病斑上有时出现的胶状物称为细菌溢脓或称菌脓,是细菌性病害的重要标志。为确定是细菌性病害,除了分离培养外,简便的方法是采取病叶,在病健部交界处剪取一小块组织,放在滴有灭菌水的清洁载玻片上,加上盖玻片,不久后对光观察,可见切口处有污浊黏液溢出。

3. 线虫所致病害的特点和识别方法

在植物根表、根内、根际土壤、茎和种粒中可见到线虫。此外,线虫除了用吻针刺伤寄主和虫体在组织内穿行所造成的机械损伤之外,还分泌各种酶和毒素,使寄主组织和器官发生病变。如植物生长缓慢、矮小、色泽失常、叶片萎垂等抑制型症状,有的产生局部畸形、植株或枝叶干枯、扭曲畸形、组织干腐、软化及坏死、籽粒变为虫瘿以及根部或茎叶肿大、须根丛生等症状。

四、草坪主要病害及其防治

(一)腐霉枯萎病(油斑病)

1. 分布及危害

腐霉枯萎病又称油斑病、絮状疫病,是一种毁灭性病害。在全国各地普遍发生,是草坪上的重要病害。所有草坪草都会感染此病,其中冷季型草坪受害最重,如草地早熟禾、匍匐翦股颖、高羊茅、细叶羊茅、粗茎早熟禾、多年生黑麦草、意大利黑麦草和暖季型的狗牙根、红顶草等。

2. 症状识别

该病主要造成芽腐、苗腐、幼苗猝倒和整株腐烂死亡。尤其在高温高湿季节，对草坪的破坏最大。常会使草坪突然出现直径2～5 cm的圆形黄褐色枯草斑。清晨有露水时，病叶呈水浸状，暗绿色，变软、黏滑，连在一起，有油腻感，故得名为油斑病。当湿度很高时，尤其是在雨后的清晨或晚上，腐烂叶片成簇趴在地上且出现一层绒毛状的白色菌丝层，在枯草病区的外缘也能看到白色或紫灰色的菌丝体(彩图4-1)。

3. 发病规律

腐霉枯萎病是腐霉属真菌危害引起的病害。此菌能在冷湿环境中侵染危害，也能在天气炎热潮湿时猖獗流行。当高温高湿时，它能在一夜之间毁坏大面积的草皮。主要有两个发病高峰阶段：一个是在苗期，尤其是秋播的苗期(8月20日至9月上旬)；另一个是在高温高湿的夏季，后者对草坪的危害最大。夏季当白天最高温30℃以上，夜间最低温20℃以上，空气相对湿度高于90%，且持续14 h以上，腐霉枯萎病就可以大发生。在高氮肥下生长茂盛稠密的草坪最敏感，受害尤重；碱性土壤比酸性土壤发病重。

4. 防治措施

(1)改善草坪立地条件。良好的立地条件是防止腐霉病的关键。建植之前应精细整地，清除石块等杂质，对过黏或沙性过大的土壤要改良，使之有20～30 cm的优质土壤，而且质地要一致。要设置地下或地面排水设施，以避免雨后积水、降低地下水位。另外，要避免草坪周围环境荫蔽，保证空气流通。

(2)加强草坪养护管理。合理灌水，要求土壤见干见湿。要灌透水，尽量减少灌水次数，降低草坪小气候相对湿度。灌水时间最好在清晨或午后，任何情况下都要避免傍晚和夜间灌水。及时清除枯草层，高温季节有露水时不修剪，以避免病菌传播。平衡施肥，避免施用过量氮肥，增施磷肥和有机肥。氮肥过多会造成徒长，因而加重腐霉枯萎病的病情。

(3)采用混播方式建植草坪。冷季型各草种特性优劣不一。黑麦草色泽好，只要密度合适，草坪也较细腻，管理粗放，成坪快，唯一的缺点是特别容易感染腐霉菌。高羊茅的特性和黑麦草相近，但草质粗，抗腐霉枯萎病略强于黑麦草，也属于易感品种，而早熟禾对腐霉菌的抗性较强，草质好，但成坪慢，幼草期与杂草竞争的能力太弱。综合它们的优势，可以把早熟禾、黑麦草、高羊茅按一定比例进行混播，这样黑麦草和高羊茅先成坪，提高与杂草竞争的能力，成坪后适当低修剪控制黑麦草、高羊茅的生长，给早熟禾留出空间，使各品种的优势都能得到充分发挥。另外也可用不同品种的草地早熟禾混合播种建坪。

(4)化学防治。用灭霉灵或杀毒矾药剂拌种是防治烂种和幼苗猝倒的简单、易行和有效的方法,用药量为种子量的 0.2%。高温高湿季节选用甲霜灵、乙膦铝、杀毒矾和甲霜灵锰锌等药剂,配成 800～1 000 倍药液进行喷雾及时控制病害。为防止抗药性的产生,提倡药剂的混合使用或交替使用。

(二)褐斑病

1. 分布及危害

广泛分布于世界各地,可以侵染所有草坪草,如草地早熟禾、高羊茅、多年生黑麦草、翦股颖、结缕草、野牛草、狗牙根等 250 余种禾草。以冷季型草坪草受害最重。

2. 症状识别

草坪褐斑病又叫立枯丝核疫病,是草坪上的主要病害之一。该病主要侵染草坪植株的叶鞘、茎,引起叶片和茎基的腐烂,一般根部不受害或受害很轻。在冷季型草坪中,高温高湿条件下最易感染该病。发病初期,染病叶片呈现水渍状,边缘呈红褐色,后期变成褐色,最后干枯,萎蔫。受害草坪有近圆形的褐色枯草斑块,条件适宜时,病情快速蔓延,枯草斑块可从几厘米迅速扩大到 2 m 左右。由于枯草斑中心的病株比边缘病株恢复得快,因此枯草斑就出现中央呈绿色、边缘呈枯黄色的环状,形成“蛙眼”状(彩图 4-2),清晨有露水或高湿时,有“烟圈”。在病叶鞘、茎基部有初为白色、以后变成黑褐色的菌核形成,易脱落。另外,该病在冷凉的春季和秋季还可以引起黄斑症状(也称为冷季或冬季型褐斑)。褐斑病的症状随草种类型、不同品种组合、不同立地环境和养护管理水平、不同气象条件以及病原菌的不同株系等影响变化很大。

3. 发生规律

引起草坪褐斑病的病原是立枯丝核菌、禾谷丝核菌、水稻丝核菌和玉米丝核菌。不同的病原对不同的草坪种类和品种以及因草坪管理水平的差异表现不同的症状,因此,要根据不同的草坪种类和品种仔细观察。丝核菌以菌核或在草坪草残体上的菌丝形式度过不良的环境条件,是土壤习居菌,主要以土壤传播。枯草层较厚的老草坪,菌源量大,发病重。建坪时填入垃圾土、生土,土质黏重,地面不平整,低洼潮湿,排水不良;田间郁蔽,小气候湿度高;偏施氮肥,植株旺长,组织柔嫩;冻害;灌水不当等因素都有利于病害的发生。全年都可发生,但以高温高湿多雨炎热的夏季危害最重。由于丝核菌是一种寄生能力较弱的菌,所以处于良好生长环境中的草坪草,只能发生轻微的侵染,不会造成严重的损害。只有当草坪草生长在高温条件且生长停止时,才有利于病菌的侵染及病害的发展。

褐斑病是一种流行性很强的病害，如果条件适宜，只要有几片叶片或植株受害，就会很快造成草坪大面积受害，因此一旦发病就要及时防治。在枯草层较厚的老草坪，病菌较多，发病较多较重。高温高湿，排水不良，过量施用氮肥，使植株徒长，组织幼嫩，都极易造成褐斑病的流行。

4. 防治措施

(1)及时清除枯草层、修剪后的残草和病残体，减少菌源。

(2)加强养护管理。要均衡施肥，增施磷、钾、肥，避免偏施氮肥。科学灌水，避免串灌和漫灌。及时修剪，夏季修剪不要过低。过密草坪要及时打孔、梳草，以保持通风透光。

(3)选育和种植耐病品种。目前虽没有很好的抗病品种，但草种、品种间有明显的抗病性差异，如粗茎早熟禾较抗病。

(4)化学防治。对新建草坪，可选用甲基立枯灵、五氯硝基苯、灭霉灵等药剂拌种，用药量为种子重量的 0.2%～0.4%；或选用杀毒矾、灭霉灵、甲基立枯灵、五氯硝基苯等进行土壤处理。对成坪草坪要抓紧早期防治，必须在症状明确显现前(即病原菌大量侵染前)用药，才能有效控制病害，可用药剂有灭霉灵、粉锈宁、扑海因、敌菌灵、代森锰锌、福美双、甲基托布津等，一般采用喷雾法，严重发病地块或发病中心可用灌根或泼浇法进行控制。

(三)夏季斑枯病(夏季斑)

1. 分布及危害

夏季斑枯病又称夏季斑或夏季环斑病，是一种严重的真菌性病害。可以侵染多种冷季型禾草，其中以草地早熟禾受害最严重，造成整株死亡，使草坪出现大小不等的斑秃，严重影响草坪景观。

2. 症状识别

夏季斑枯病是夏季高温高湿时发生在冷季型草坪草上的一种严重病害，尤其在生长较密的草地早熟禾草坪上。发病初期出现大小不等的枯黄色圆形斑块，直径 3～8 cm，斑块继续扩大。典型的夏季斑为圆形的枯草圈，直径大多不超过 40 cm 左右，但最大时也可达 80 cm。在持续高温天气下(白天高温达 28～35℃，夜温超过 20℃)，病情迅速发展，草坪多处呈现不规则形斑块，且多个病斑愈合成片，形成大面积的不规则形枯草区(彩图 4-3)。受该病危害的植株根部、根冠部和根状茎呈黑褐色，后期维管束也变成褐色，外皮层腐烂，整株死亡。

3. 发病规律

病害主要发生在夏季高温季节中。当夏季持续高温(白天高温达 28～35℃，夜温超过 20℃)，病害就会迅速发生。在人工控制的环境条件下，病菌在 21～35℃

温度范围内均可侵染，并在寄主根部定殖，从而抑制根部生长，病害发生的最适温度为28℃。随着炎热多雨天气的出现，或一段时间大量降雨或暴雨之后又遇高温的天气，病害开始明显显现并很快扩展蔓延，造成草坪出现大小不等的秃斑。这种病斑不断扩大的现象，可一直持续到初秋。

4. 防治措施

(1)养护防治措施。由于夏季斑是一种根部病害，所以凡是能促进根生长的措施都可减轻病害的发生。避免低修剪(一般不低于5～6 cm)，最好使用缓释氮肥，要深灌，尽可能减少灌溉次数。打孔、梳草、通风、改善排水条件、减轻土壤紧实度等均有利于控制病害。

(2)抗病草种混播。选用抗病草种(品种)或将其混合种植。

(3)化学防治。用乙膦铝、代森锰锌、甲基托布津、灭霉灵、多菌灵等农药拌种，通常用药量为种子重量的0.2%～0.3%。有条件的单位可用溴甲烷、棉隆等熏蒸剂处理土壤。成坪草坪应于春末夏初5 cm土层温度18～20℃时开始用药进行茎叶喷雾和灌根，可选用杀毒矾可湿性粉剂、绿享1号、代森锰锌、灭霉灵、甲基硫菌灵、乙膦铝等，一般使用浓度为500～1 000倍液，间隔15 d左右，连续使用2～3次，药液量300 mL/m^2左右，灌根时药液量还可增加。

(四)镰刀菌枯萎病

1. 分布及危害

镰刀菌枯萎病是由镰刀菌引起的一种重要的真菌病害。在全国各地草坪均有发生，可侵染多种草坪草，如早熟禾、羊茅、翦股颖等。主要引起根腐、茎基腐、叶斑和叶腐、穗腐和枯萎等综合症，也常危害幼苗，严重破坏草坪景观。

2. 症状识别

该病主要造成烂芽、苗腐、根腐、茎基腐、叶斑和叶腐、匍匐茎和根状茎腐烂等一系列复杂症状(彩图4-4)。草坪上枯萎斑圆型或不规则形，直径2～30 cm。当高湿时，病部有白色至粉红色的菌丝体和大量的分生孢子团。老草坪枯草斑常呈“蛙眼”状(彩图4-5)，多在夏季湿度过高或过低时出现。在冷凉多湿季节，还可与雪腐病捷氏霉病菌并发，引起雪腐病或叶枯病。造成叶片枯萎或枯草斑块，或出现弥散的枯萎株。

3. 发生规律

该病是由镰刀菌引起的一种真菌病害。冬季低温，菌丝体潜藏在基部组织中越冬，春季随气温回升，病菌迅速扩展，导致植株茎基部及根系腐烂。高温、土壤含水量过高或过低、枯草层太厚均有利于病害的发生。此外，春、夏季氮肥施用量过大，草坪修剪高度过低，pH值高于7或低于5也都有利于根腐和茎腐发生。

4. 防治措施

(1)选用抗病品种及混播。种植抗病、耐病草种或品种。草地早熟禾易感病，提倡草地早熟禾与羊茅、黑麦草等混播。

(2)加强管理。增强土壤透气性，促进根系发育，增加植株抗病性；避免氮肥过量施入，多施磷肥和钾肥，减轻病害发生；及时清除枯草层；合理灌、排水，保持草坪一定湿度，不可过于干旱，以防枯萎病发生；及时清除病株并对周围土壤进行消毒。

(3)化学防治。用灭霉灵、代森锰锌、甲基托布津等药剂拌种，用药量为种子量的 0.2%～0.3%。发病初期，使用 50%多菌灵可湿性粉剂、70%甲基托布津可湿性粉剂 800～1 000 倍液，每隔 10～15 d 重喷 1 次，连喷 3～4 次。发病后可在病株周围 1～2 m 范围内用 75%敌克松 500 倍液或 10%双效灵 200 倍液灌注植株根部周围土壤。

(五)币斑病

1. 分布及危害

币斑病，又称钱斑病或圆斑病，是最为常见的草坪病害之一，也是一种世界性的病害，危害多种草坪草，主要侵染早熟禾、狗牙根、巴哈雀稗、假俭草、黑麦草、结缕草、翦股颖等。在管理水平比较高的草坪，比如高尔夫球场匍匐翦股颖果岭和球道上，该病害尤其常见。

2. 症状识别

币斑病在高尔夫球场果岭及球道上的病症为单株叶片受害，开始产生水渍状褪绿斑，以后逐渐变成白色，边缘棕褐色至红褐色。病斑可扩大延伸至整个叶片，呈漏斗状。也常有从叶尖开始枯萎的现象。单株叶片可能只有一个病斑，也可能有许多小病斑或整叶枯萎，成坪草坪上呈现圆形、凹陷、漂白色或稻草色的枯草斑，大小为 5 分到 1 元硬币(彩图 4-6)。若早晨有露水，在枯草斑上有白色、絮状或蛛网状的菌丝，叶片干燥时菌丝消失。在修剪较低的翦股颖草坪上，病斑最初的直径只有 1～2 cm，受害部位包括相邻几个分蘖的叶片和叶鞘。症状与红丝病最初的症状很相似，区别是红丝病的病斑不太规则，并且有粉红色菌丝。在修剪较高的草坪上，病斑不太规则，直径可达到 15 cm 以上，病斑经常在叶尖首先出现，长2 cm左右，并很快蔓延到整个叶片。

3. 发生规律

币斑病以菌丝体和子座组织，在病株上和病叶表面上度过不良环境。病组织通过风、雨水和流水、工具、人畜活动等方式传播和扩展蔓延。当环境条件适于病菌活动时，从病组织或子座上产生的菌丝侵染叶片。气生菌丝也可通过与叶面接触，造成侵染。币斑病发病的适温为 15～32℃，因此，从春末一直到秋季病害都可发生。

另外,高温而潮湿的天气、昼夜温差大、较高的空气湿度和较低的土壤湿度、土壤干旱瘠薄、氮素缺乏等因素都可以加重病害的流行。频繁和过低的修剪也有利于币斑病的发生。

4. 防治措施

(1)加强养护管理。轻施、常施氮肥,使土壤中维持一定的氮肥水平。早晨草坪上有露水时,应及时去除露水,浇水时尽量浇深浇透,减少浇水次数,不要在晚上浇水,以免形成露水。合理修剪,不要修剪过勤、过低。保持草坪通风透光。

(2)选用耐病草种及混播。选用耐病草种和品种;采用混播方式建植草坪,以提高草坪抗性。

(3)化学防治。发病前喷施 75%百菌清可湿性粉剂 600 倍液、80%代森锰锌 800～1 000 倍液,也可喷施放线酮、敌菌灵等。

(六)锈病

1. 分布及危害

锈病是草坪禾草上的一类重要病害,它分布广、危害重,几乎每种禾草上都有一种或几种锈菌危害,是北方地区冷季型草坪的主要病害。一旦发生后,持续时间长,一般可从 4、5 月份一直延续到 11 月下旬。禾草感染锈病后叶绿素被破坏,光合作用降低,呼吸作用失调,蒸腾作用增强,大量失水,叶片变黄枯死,草坪稀疏、瘦弱,景观被破坏。

2. 症状识别

主要危害禾草的叶片和叶鞘,也侵染茎秆。因在病部形成黄褐色菌落,散出铁锈状孢子而得名。发病初期,在叶片表面看到一些散生黄色小泡斑,表皮破裂露出鲜黄色粉状物,后期产生黑褐色小泡斑,露出黑褐色粉状物,严重时病斑紧密成层,叶片变黄、纵卷干枯,从整体看去草坪像生锈一样,造成大片草坪枯黄,影响生长和观赏(彩图 4-7)。

3. 发生规律

锈菌是严格的专性寄生菌,夏孢子离开寄主几乎不能存活。主要是以夏孢子世代不断侵染的方式在禾草或禾本科杂草上存活,完成周年循环。以菌丝体和夏孢子在禾草病部越冬。

夏孢子可以远距离传播,在发病地区内夏孢子随气流、雨水飞溅、人畜机械携带等途径在草坪内和草坪间传播。夏孢子在适宜温度下,叶面必须有水膜的条件下才能萌发,由气孔或直接穿透表皮侵入。适宜条件下,一般 6～10 d 后显症,10～14 d 后产生夏孢子,继续再侵染。

4. 防治措施

(1)选育使用抗病品种。由于锈病的病原种类很多,变化较大,必须不断进行抗锈病品种选育工作。

(2)加强科学的养护管理。不可过量施入氮肥,保持正常的磷、钾肥比例;合理浇水,避免草地湿度过大或过于干燥,要见干见湿,避免傍晚浇水。保证草坪通风透光,以便抑制锈菌的萌发和侵入。

(3)化学防治。三唑类杀菌剂是防治锈病首选的一类药剂,防效高且作用的持效期长。常用药剂有:粉锈宁、羟锈宁、特普唑(速宝利)、立克锈等。可在播种时用药剂拌种,用药量为种子量的 0.2%~0.3%。在发病早期(以封锁发病中心为重点时期),常用 25%的三唑酮可湿性粉剂 1 000~2 500 倍液或 12.5%的特普唑(速保利)可湿性粉剂 2 000 倍液等喷雾防治。一般在草坪叶片保持干燥时喷药效果好。喷药次数主要根据药剂残效期长短而定,一般 7~14 d 1 次,要尽可能混合施用或交替使用,以免产生抗药性。

(七)黑粉病

1. 分布与危害

属于茎叶部病害,由黑粉病菌引起,是危害多种冷季型草坪草的重要病害。黑粉菌是一种高度寄生的专化性的病原物,主要危害草坪草的花序,因此对种子生产影响最大,甚至造成毁灭性的损失。条形黑粉病可侵染 26 属 48 种禾本科植物,其中翦股颖、黑麦草、早熟禾易感病,尤以草地早熟禾最易感病。秆黑粉病可在 8 个属的禾本科植物及小麦等作物上寄生。叶黑粉病主要寄生在早熟禾属、翦股颖属、羊茅属等植物上。

2. 症状识别

条形黑粉病和秆黑粉病症状基本相同,草坪植物常变得矮小,黄绿色条纹延着叶片长度发展,最后变为暗灰色,随着病害的发展,灰色条纹裂开,释放出黑色煤灰样的孢子堆,孢子堆沿着草叶的叶脉发展,最后叶子裂开呈丝带状(彩图 4-8)。叶子从上向下开始卷曲,变成浅灰色,并死亡。当秆黑粉病很严重时,草坪就呈现为黄绿色和黑色。通过感病区,用手或白布将黑色煤灰样的孢子擦掉,将留下一些褪色条纹。叶黑粉病主要表现在叶片上,病叶背面有黑色椭圆形疱斑,即冬孢子堆,长度不超过 2 mm,疱斑周围褪绿,严重时,整个叶片褪绿变成近白色。

3. 发生规律

不同的黑粉病类型出现的时期不一样,春秋季节冷湿阶段出现的病害会随着天气的转暖而逐渐消失,而夏季或冬季草坪处于环境胁迫时发生的病害则对草坪草的伤害最为严重。总的来说,当土壤干燥、气温凉爽、施肥不当、草垫层过多时此病易发。黑粉病病菌能在土壤中累积和存活多年，因此，在比较老的草坪上的发病较重。病害由叶片侵入，通过空气、雨水、流水、机具、人畜等的接触传播蔓延。

4. 防治措施

(1)种植抗病草种和品种。更新或混合种植改良型草地早熟禾品种能有效地控制病害。

(2)适期播种，避免深播，缩短出苗期。

(3)加强管理。春、秋季节浇水应尽量浇透、浇深，合理均衡施肥，及时清除枯草层。

(4)化学防治。用 0.1%～0.3%三唑酮、三唑醇、立克锈等药剂进行拌种。在发病初期可喷施 25%粉锈宁可湿性粉剂、25%多菌灵、甲基托布津等杀菌剂。

(八)白粉病

1. 分布及危害

白粉病在世界各地都有分布，为草坪禾草上常见的茎叶病害之一，尤以早熟禾、细羊茅和狗牙根发病最重。当感病草种种植在荫蔽或空气流通不畅的地方，遇到长期的低光照，发病就会很严重。该病主要降低光合效能，加大呼吸和蒸腾作用，造成植株矮小，生长不良，甚至死亡，严重影响草坪景观。

2. 症状识别

受害叶片上先出现 1～2 mm 近圆形或椭圆形的褪绿斑点，以叶面较多，后逐渐扩大成近圆形、椭圆形的绒絮状霉斑。初白色，后污白色、灰褐色。霉层表面有白色粉状物(彩图 4-9)，后期霉层中出现黄色、橙色或褐色颗粒。随病情发展，叶片变黄，早枯死亡，一般老叶较新叶发病严重。发病严重时，草坪呈灰白色，像撒了一层白粉，受震动会飘散，该病通常春秋季发生严重。草坪受到极度干旱胁迫时，白粉病为害加重。

3. 发生规律

该病是由白粉菌引起的真菌病害。病菌主要以菌丝体或闭囊壳在病株体内或病残体中越冬。翌春，越冬菌丝体产生分生孢子，越冬后成熟的闭囊壳释放子囊孢子，通过气流传播，在晚春或初夏对禾草形成初侵染。着落于感病植物上的分生孢子不断引起再侵染。

分生孢子只能存活 4～5 d，萌发时对温度要求严格，适温 17～20℃，对湿度要求不严格。白粉菌侵入禾草后，寄生在寄主叶片的表皮层细胞，通过吸器从活细胞中吸收所需要的营养。子囊孢子的释放需要高湿条件，通常发生在夏、秋季降雨之后。

环境温湿度与白粉病发生程度有密切关系，15～20℃为发病适温，25℃以上时病害发展受抑制。空气相对湿度较高有利于分生孢子萌发和侵入，但雨水太多又不利于其生成和传播。南方春季降雨较多，如在发病关键时期连续降雨，不利于白粉病发生和流行；但在北方地区，常年春季降雨较少，因而春季降雨量较多且分布均匀时，有利于白粉病的发生。水肥管理不当、荫蔽、通风不良等都是诱发病害发生的重要因素。

4. 防治措施

(1)种植抗病草种和品种并合理布局。选用抗病草种和品种并混合种植是防治白粉病的重要措施。据报道，下列草种或品种对白粉病有一定的抗性或耐性：粗茎早熟禾、多年生黑麦草、早熟禾、草地早熟禾品种有 America、Enmundi、Glade、Mystic、Nugget 等；细羊茅品种有 Houndog；高羊茅品种有 Rebel 等。

(2)科学养护管理。控制合理的种植密度；适时修剪，在白粉病易发区，更应注意草的留茬高度；保证草坪冠层的通风透光，尤其要注意草坪周围观赏性灌木和树木的选择、修剪；减少氮肥，增施磷、钾、肥；合理灌水，不要过湿过干。

(3)化学防治。三唑类杀菌剂防治白粉病效果好、作用的持效期长，常见药剂有粉锈宁、羟锈宁、特普唑(速宝利)、立克锈等。可在播种时用药剂拌种，药量为种子量的 0.2%～0.3%。在发病早期(以封锁发病中心为重点时期)可采用喷雾防治，通常在修剪后用 25%的三唑酮可湿性粉剂 2 000～2 500 倍液、12.5%的特普唑(速保利)可湿性粉剂 2 000 倍液、70%甲基托布津可湿性粉剂 1 000～1 500 倍液、50%退菌特可湿性粉剂 1 000 倍液等。

(九)霜霉病

1. 分布及危害

霜霉病是草坪上较为常见的一种系统侵染性病害，我国各省(区)及其他国家多有报道。可危害许多种草坪禾草，以黑麦草、早熟禾、翦股颖和羊茅等受害较严重。受害草坪草黄化矮缩、抗逆性显著降低，草坪景观被破坏，利用年限缩短。

2. 症状识别

霜霉病发病初期植株略矮，叶稍宽、稍厚，不变色，有黄白色条纹。草坪由于经常修剪，很少或不出现上述典型症状。严重时，叶淡黄绿色，与周围草坪草相比，病株周围出现 1～10 cm 大小的淡黄色斑块，且病株叶片上产生不规则的黄绿色病斑，在翦股颖和细羊茅上的斑块一般为 1～3 cm，而在黑麦草和早熟禾上的斑块较大。叶面平行叶脉产生白色或灰色条斑，天气潮湿时出现白色霜状霉层(彩图 4-10)。

3. 发生规律

霜霉病在春、秋季节最为显著，发病最适温度为 15～20℃，最先在排水不良的地方发病，因此，在土壤潮湿、排水不良、雨水过多、施肥不合理、修剪不合理等管理措施和方案不当的情况下易引发此病。该病随水流进行传播，因此对水的要求比较严格，只有在有水滴的条件下才能萌发。

4. 防治措施

(1)选用多草种或多品种建植混播草坪。

(2)科学养护管理。适量灌水，避免串灌和漫灌，应特别注意避免傍晚灌水；应及时排涝，避免积水或过湿。须均衡、及时地施肥，合理修剪。及时铲除田间病株及田边野生禾本科寄主以减少菌源。

(3)化学防治。播种前用95%敌克松可湿性粉剂或20%萎锈灵乳油，按种子质量的0.7%拌种；或用35%瑞毒霉拌种剂，按种子质量的0.2%～0.3%拌种；或用50%多菌灵可湿性粉剂，按种子质量的0.4%～0.5%拌种。对于感病的成坪草坪，可使用瑞毒霉、乙膦铝和杀毒矾等药剂喷雾防治。

(十)德氏霉叶枯病

1. 分布及危害

德氏霉叶枯病是由德氏霉引起的一种真菌病害。世界各地均有分布，是一类引起多种草坪草发生叶斑、叶枯、根腐和茎基腐的重要病害。在我国北方一些地方的草坪病害调查中，主要以早熟禾德氏霉导致的叶枯病为主，另外还可引起羊茅和黑麦草网斑病、黑麦草大斑病、翦股颖赤斑病和狗牙根环斑病等。

2. 症状识别

早熟禾叶枯病主要危害草地早熟禾，引起早熟禾的叶斑、叶枯，也危害种子、芽、苗、根、根状茎和根颈，造成烂种、苗腐及根部、冠部和茎基的腐烂。叶片和叶鞘上出现水浸状椭圆形小病斑，继而病斑变褐色，周边叶组织变黄色。病斑进一步增大成为长椭圆形、长梭形，与叶脉平行，其中心枯死，变褐色至枯白色，病斑周围(病健交界处)有黄色晕圈，边缘暗褐色，长度0.4～1.0 cm，相互会合后形成较大的坏死斑甚至整个叶片或整个分蘖死亡(彩图4-11)。潮湿条件下病斑上有黑色霉状物。严重发病时，产生大量死叶、死蘖，使草坪变稀疏。病原菌还侵染草地早熟禾根、根茎和茎基部，病部变褐腐烂，导致叶片退绿、萎蔫，病株褐变死亡。

3. 发生规律

病种子和病土是德氏霉叶枯病的主要初侵染源。病菌以分生孢子和休眠菌丝体在植物病组织和病残体中渡过不良环境。分生孢子在3～27℃范围内均可萌发，适温15～18℃。叶面水滴是孢子萌发和侵入所必需的条件。分生孢子萌发，产生芽管侵入叶片，形成叶斑或叶枯。另外，由于种子带菌，在新建植的草坪上还引起烂芽、烂根和苗腐。

影响德氏霉叶枯病流行的因素很多，阴雨或多雾天气致使叶面长期保持水膜和湿润以及在午后或晚上灌水；草坪立地条件不良，严重遮荫、郁蔽，地势低洼，排水不良等均造成湿度过高；光照不足，N肥过多，P、K肥缺乏时，植株生长柔弱，抗病性降低；草坪管理粗放，修剪不及时，剪草过低，枯草层厚，积累枯、病叶和修剪的残叶没及时清理等，都有助于菌量积累和加重病害流行。

4. 防治措施

(1)选用抗病品种。种植抗病、耐病草种或品种，播种无病种子。

(2)加强管理。灌溉时应深灌、灌透，减少灌水次数，避免草坪积水，浇水应在上午进行，避免傍晚灌水；均衡施肥，增施磷、钾肥；及时修剪，保持适宜的植株高度；及时清除枯草层。

(3)药剂防治。播种时可用种子质量0.2%～0.3%的25%三唑酮可湿性粉剂或50%福美双可湿性粉剂拌种；草坪发病初期喷施杀菌剂能较好地控制病情发展，25%敌力脱乳油、25%三唑酮可湿性粉剂、70%代森锰锌可湿性粉剂、50%福美双可湿性粉剂、12.5%速保利可湿性粉剂等药剂都有较好防治效果。喷药量和喷药次数可根据草种、草高、植株密度以及发病情况确定。

＊农药安全使用小知识Ⅰ

①购买和使用农药，要仔细阅读标签。国内生产的农药应有登记证、生产批准号、产品标准号；国外直接进口农药只有登记证号，进口农药国内分装，应有登记证号和分装登记证号。

②在使用化学药剂时，要严格按照标签上标明的使用方法和施用剂量进行操作。

③使用的药剂要做到妥善保管，存放在远离食物、动物饲料以及小孩和动物容易接触到的地方。

④施药器械出现滴漏或喷头堵塞等故障，要及时正确维修。不能用滴漏喷雾器施药，更不能用嘴直接吹吸堵塞喷头。

⑤用剩的化学药剂废液和容器等物品要妥善处理，不要随便丢弃在周围环境中，要在远离水源和居民居住区的地方深埋，以减少对环境的污染。

第二节 草坪害虫及其防治

草坪害虫是草坪生产管理中经常碰到的一个问题，在局部地区、某些季节甚至是影响草坪生产的重要障碍。随着城镇绿化率的提高、城市生态系统的变化，害虫的生存环境正逐步改善,虫害的危害面积、频率也在逐步提高。

一、草坪害虫分类

按照生物学分类方法,草坪害虫主要分属于鞘翅目、鳞翅目、同翅目、半翅目、直翅目、双翅目和缨翅目,以及蛛形纲的蜱螨目等。

在实际应用当中,可以按照害虫的生活习性来分:①按照害虫的取食方式分为咀嚼式口器(如蝗虫)和刺吸式口器(如蚜虫)害虫;②按害虫为害时的栖息场所分为地下害虫(如蛴螬)与地上害虫(如叶蝉);③按照植物受害部位分为根部害虫(如金针虫)、叶部害虫(如黏虫)及茎部害虫(如麦秆蝇)。

二、草坪害虫的生物学特性

(一)发育特点与生活史

昆虫的体躯表面有一层坚韧的壳,生物学上被称为外骨骼,它对虫体具有很好的保护作用,但由于它的坚韧性,限制了虫体的增长。因此,如果昆虫想要继续的生长,必然会在发育过程当中出现蜕皮现象。在旧表皮蜕去,新表皮未形成之前,昆虫会有一个急速的生长过程,然后逐渐减慢,直到下次蜕皮前几乎停止生长。昆虫的这种生长是不均衡的,呈现周期性。

昆虫从卵中孵化出来时称 1 龄幼虫,脱第 1 次皮后称 2 龄幼虫,即脱 1 次皮,虫体就增加 1 龄。两次相邻脱皮之间的时期称为龄期。幼虫从幼期状态改变为成虫状态的现象称为变态。昆虫变态的类型多种多样,但主要有全变态和不全变态两种类型。

全变态的昆虫具有卵、幼虫、蛹、成虫四个虫期,如金龟子、蛾类和蝇类等。不全变态的昆虫具有卵、幼虫和成虫三个虫期,因幼虫与成虫相似,又称幼虫为若虫,如飞虱、蝗虫和盲蝽等。

昆虫的一个新个体从离开母体发育到性成熟并产生后代为止的个体发育史称为一个世代。一种昆虫在一年内的发育史称为生活年史,通常简称为生活史。

(二)主要生活习性

昆虫的生活习性是指昆虫的活动和行为,是种群的生物学特性,并非每种昆虫都具有。

1. 昼夜节律

绝大多数昆虫的活动,如取食、交配、飞翔等均有其昼夜节律。如蝴蝶、蜻蜓白天活动,称为日出性昆虫;绝大多数蛾类夜间活动,称为夜出性昆虫;有些昆虫(如蚊子)在黄昏或黎明时活动,称为弱光性昆虫。

2. 趋性

趋性是昆虫受外界某种物质连续刺激后产生的一种强迫性定向运动。趋向刺激源的称正趋性,避开刺激源的称负趋性。按刺激源的性质不同可分为趋光性、趋化性、趋温性等。趋性对昆虫的寻食、求偶、产卵及躲避不良环境等有利。人们可以利用这些习性来防治害虫,如黏虫、小地老虎的成虫具趋光性,可利用黑光灯进行诱杀。

3. 迁移性

昆虫在个体发育过程中,为了满足对食物和环境的需求,都有向周围扩散、蔓延的习性,如蚜虫;有的还能成群结队远距离迁飞转移,如蝗虫、黏虫等。了解害虫迁飞规律,有助于人们掌握害虫消长动态,以便在其扩散前及时防治。

4. 假死性

有些昆虫受到某种刺激或震动时,身体蜷缩、静止不动或从停留处跌落下来呈假死状,稍停片刻即恢复正常活动的现象,如金龟子成虫。这是昆虫逃避敌害的一种自卫反应,人们常利用这种习性来震落捕杀害虫。

(三)危害方式

1. 食叶性

口器多为咀嚼式,取食草坪草叶片、茎秆,造成缺刻、孔洞、切断等。如黏虫、草地螟、蛞蝓等。

2. 吸汁性

口器为刺吸式或锉吸式,吸食草坪草叶片及幼嫩茎秆内部的汁液,使得茎叶产生褪绿的斑点、条斑、扭曲、虫瘿,甚至因传播病毒病而致畸形、矮化,有时会出现煤污病。如蚜虫、叶蝉、蓟马等。

3. 钻蛀性

个体较小,其幼虫钻入茎秆或潜入叶片内部危害,造成草坪草"枯心"或"鬼画符"叶,严重时草坪枯黄一片。如麦秆蝇等。

4. 食根性

主要生活在地下,危害根部或茎基部,造成草坪黄枯。如蝼蛄、蛴螬等。

三、草坪害虫发生与环境的关系

影响害虫发生的环境因素主要有气候、生物和土壤等方面。

(一)气候因素

气候因素主要包括温度、湿度和降雨、光照、气流(风)、气压等。这些因素在自然界中常相互影响并共同作用于昆虫。气候因素可直接影响昆虫的生长、发育、繁殖、存活、分布、行为和种群数量动态等，也能通过对昆虫的寄主（食物）、天敌等的作用而间接影响昆虫。

1. 温度

昆虫是变温动物，体温随环境温度的变化而变化。昆虫新陈代谢的速率在很大程度上受环境温度所支配。温度对昆虫的生长发育、成活、繁殖、分布、活动及寿命等许多方面都有重要的影响。一种昆虫完成一定的发育阶段（1个虫期或1个世代）所需的总热量是一个常数。所以在一定温度范围内，温度越高，昆虫发育的速率越快。反之，不适宜的温度则使昆虫生长变慢，甚至死亡。

2. 湿度

加速或延缓昆虫生长发育，影响其繁殖与活动。

3. 光照

光对昆虫的作用包括太阳光的辐射热、光的波长、光照强度与光周期的影响。

昆虫可以从太阳的辐射热中直接吸收热能。植物通过光合作用制造养分，供给植食性昆虫食物，昆虫也可从太阳辐射热中，间接获得能量。在一个昼夜的节律中，昆虫有白天活动的（如蝶类、蜂类）、夜间活动的（如蛾类）以及黄昏和黎明活动的（如蚊子）类群，光的这种昼夜交替在一年中的变化节律对昆虫的年生活史、迁移等都有重要的影响。一些昆虫对一定波长的光具有趋向性。

4. 风

风影响昆虫的迁移、扩散活动。如草地螟等具有迁飞特性的昆虫往往会受风的影响。

(二)生物因素

生物因素主要包括食物与天敌两大类，对昆虫的生长发育、繁殖、存活、行为等关系密切，制约着昆虫种群的动态数量。

1. 食物

一方面，昆虫对寄主植物是有选择性的，不同种类的昆虫，其取食范围的大小有所不同，可以是几种、十几种，甚至上百种，但最喜食的植物种类却不多。吃最喜食植物时，昆虫发育速度快、死亡率低、繁殖力强。另一方面，植物并不是完全被动地被取食，在长期演化过程中，产生了多方面的抗虫特性，如不选择性、抗生性和耐害性等。

2. 天敌

天敌包括昆虫病原微生物、食虫昆虫和食虫鸟类等其他动物。病原微生物包括病毒、细菌、真菌、线虫和原生动物等。目前，苏云金杆菌、斜纹夜蛾多角体病毒等已有许多微生物制剂被工厂化生产，并广泛应用于害虫防治之中。食虫昆虫的种类也很多，如捕食性瓢虫、草蛉和寄生性赤眼蜂等都可规模生产，广泛用于防治害虫。蜘蛛、食虫鸟类和一些家禽都是捕食害虫的能手。

（三）土壤因素

土壤是昆虫的重要生活环境，许多昆虫终生生活在其中，大量地上生活的昆虫也有个别虫期生存在土壤中，如黏虫、斜纹夜蛾等昆虫的蛹期。土壤对昆虫的影响主要在它的物理和化学特性两个方面。土壤温湿度的变化、通风状况、水分及有机质含量等不同，对昆虫的适生性影响各异，如蛴螬喜欢黏重、有机质多的土壤，蝼蛄则喜欢砂质疏松的土壤。也有些昆虫对土壤的酸碱度及含盐量有一定的选择性。

四、草坪害虫的综合防治

防治害虫的根本目的是调控害虫的种群数量，将其种群数量控制在经济允许的受害水平以下。基本原理概括起来便是“以综合治理为核心，实现对草坪虫害的可持续控制”。

草坪虫害防治的基本方法归纳起来有：植物检疫、栽培防治、物理防治、生物防治、化学防治。

（一）植物检疫

植物检疫是国家通过颁布有关条例和法令，对植物及其产品，特别是种子等繁殖材料进行管理和控制，防止危险性病虫杂草的传播蔓延。主要任务有禁止危险性病虫杂草随着植物及其产品由国外输入和由国内输出；将国内局部地区已发生的危险性病虫杂草封锁在一定的范围内，不让其传播到尚未发生的地区；当危险性病虫杂草传入新区时，采取紧急措施，就地肃清。因而植物检疫是病虫草害防治的第一道防线，是预防性措施。目前我国绝大部分冷季型草种是从国外调入，传入危险性害虫的风险很大，因而必须加强草种检疫。草坪草的检疫性害虫有谷斑皮蠹、白缘象、日本金龟子、黑森瘿蚊等。

（二）栽培防治

1. 选用抗虫草种、品种

使用抗虫性强的草坪草种、品种，是防治害虫最经济、最有效的措施。尤其对茎、叶害虫抗性较强的品种，应优先选择使用。选用抗虫品种从长远观点看，其优点是使害虫的危害大大降低，减少了杀虫剂的使用。随着我国转基因技术的不断发展，大批的抗虫草坪草品种将会不断问世。

2. 深翻土壤

在整地时，应深耕深翻土壤，翻耕耙压，这样由于机械损伤和鸟兽啄食，可以大大压低虫口基数。

3. 合理施肥

在施底肥时，应施入腐熟的有机肥。因为在有机肥腐熟过程中，由于产生高温，能将虫卵及幼虫杀死，而且腐熟的有机肥可改善土壤结构，促进根系发育、壮苗，增强抗虫能力。适当施入一些碳酸氢铵、腐殖酸铵等化肥做底肥，对抑制蛴螬有一定的作用。

4. 适时灌水

在秋冬和初春季节，适时大水漫灌，对地下害虫和在土中化蛹的蛾类害虫有一定的杀灭作用，可提高其死亡率。也可使各种地下害虫露出地面，以便于集中喷杀，压低虫口基数。

5. 清洁田园

清除草坪内和草坪周围的垃圾，减少害虫的栖息场所。尤其在秋、冬季节，应清除枯枝落叶、枯草等，集中堆沤，以消除上面的虫卵。

(三)物理防治

物理防治是利用害虫对光和化学物质的趋向性及温度等来防治害虫。如用黑灯光诱杀某些夜蛾和金龟子；用糖醋液诱杀地老虎和黏虫的成虫；用高温或低温杀灭种子携带的害虫等。在一定条件下，人工捕杀害虫也是一种有效的措施。如捡拾金龟子、蛴螬、地老虎、金针虫和蝼蛄等。

(四)生物防治

主要包括以虫治虫、以菌治虫及其他有益动物的利用，还包括造成害虫不育、利用自然的或人工合成的昆虫激素防治害虫等。如捕食蚜虫的天敌有瓢虫、食蚜蝇、草蛉、蚜茧蜂等，在生产中应加以保护和利用。用微生物农药防治黏虫、草地螟、金龟子效果均较好。每公顷草坪用 100 亿活孢子/g 的杀螟杆菌 1 500～2 300 g，兑水 60～75 L 喷雾防治黏虫、草地螟，死亡率在 80%以上。死亡后的虫体还可重复利用，收集死虫加以浸泡、揉搓后将渣滤出，滤液喷雾。用金龟子芽孢杆菌 30 万亿芽孢/hm^2，拌适量的土翻撒于土中防治蛴螬，感染率可达 70%。

(五)化学防治

化学防治是防治草坪害虫最常用和最普遍的措施，该法具有高效、快速、经济和使用方便等优点。但其突出的缺点是容易杀伤天敌、污染环境、使害虫产生抗药性和引起人、畜中毒等。因此，要尽量限制和减少化学农药的用量及使用范围，做到科学、合理地用药。

防治草坪害虫的农药通常以拌种、毒饵、喷洒等方式施用。药剂拌种、土壤处理法、毒饵诱杀法主要防治根部害虫(地下害虫);喷雾法主要防治地上害虫。

1. 药剂拌种

建坪时对草坪草种子进行药剂拌种可以防治根部害虫。常用的拌种剂有50%辛硫磷乳油、25%辛硫磷微胶囊缓释剂、50%氧化乐果乳油等,用以防治蛴螬,并能兼治地老虎、金针虫、蝼蛄,拌种的用药量应根据药剂种类、种子种类及防治对象而定,一般用药量为种子重量的0.2%~0.5%。

2. 土壤处理法

在草坪播种建植前使用颗粒剂——5%辛硫磷颗粒剂、3%甲基异硫磷颗粒剂、3%呋喃丹颗粒剂,40~45 kg/hm^2 混 400~450 kg 的细沙土撒施,对防治蝼蛄效果较好。

3. 毒饵诱杀法

毒谷毒饵法是利用害虫所喜食的谷物、饵料拌上药剂诱杀的方法。具体做法:1 hm^2 的草坪用 38~40 kg 炒香的麦麸、豆饼、棉饼或煮成半熟的谷子或瘪谷子拌入 90%敌百虫晶体 30 倍热溶液 4~5 L 制成毒谷、毒饵,于无风闷热的傍晚成小堆分散施入田间防治蝼蛄。用 50%敌敌畏乳剂 1 000 倍液喷洒在莴笋叶或泡桐叶上,于黄昏后几张叶堆放一堆,可诱杀金龟子成虫。地老虎类可选用鲜草毒饵,配制方法是用 90%敌百虫原粉 50 g 或 2.5%敌百虫粉 500 g,与切碎的鲜草 25~40 kg,加入少量水均匀拌和,傍晚撒在草坪内诱杀地老虎幼虫。

4. 喷雾法

喷雾法防治地上害虫一定要根据害虫的特点选择用药。

(1)对活动性强的咀嚼式口器害虫,如黏虫、草地螟、蝗虫、跳甲等,可用胃毒和触杀剂防治。

(2)对潜叶性害虫,如瑞典秆蝇、白翅潜叶蝇等,可用内吸剂、渗透剂来防治。

(3)对刺吸式口器害虫,如叶蝉、飞虱、蓟马、蚜虫、红蜘蛛等除用内吸剂品种外,还可用触杀剂防治。

在喷雾防治中一定要注意药剂的使用浓度、施药时期(在害虫低龄阶段)和药剂的轮换使用,避免药剂浪费、效果差、抗药性产生等问题。

五、草坪常见害虫及其防治

(一)食叶害虫

食叶害虫是指用咀嚼式口器危害草坪茎叶等地上部分器官的一类害虫,主要包括草地螟、黏虫、斜纹夜蛾、蝗虫、软体动物等，咬食草坪草茎叶，造成残缺，严重时形成大面积的“光秃”。

1. 草地螟[*Loxostege sticticalis*(Linnaeus)]

(1)分布及危害　别名黄绿条螟、甜菜网螟、网锥额蚜螟，属鳞翅目螟蛾科。分布在吉林、内蒙古、黑龙江、宁夏、甘肃、青海、河北、山西、陕西、江苏等省。食性广，可为害多种草坪草，初孵幼虫取食幼叶的叶肉，残留表皮，并经常在植株上结网躲藏，3 龄后食量大增，可将叶片吃成缺刻或仅留叶脉，使叶片呈网状。草地螟是一种间歇性暴发成灾的害虫，对草坪的危害极大。

(2)形态特征　成虫体较细长，8～12 mm，翅展 24～26 mm，全体灰褐色；前翅灰褐色至暗褐色斑，中央稍近前缘有 1 个近似长方形的淡黄色或淡褐色斑，翅外缘黄白色并有 1 串淡黄色小点组成的条纹；后翅灰色或黄褐色，近翅基部较淡，沿外缘有两条黑色平行的波纹(彩图 4-12)。卵椭圆形，乳白色，有光泽，分散或 2～12 粒覆瓦状排列成卵块。老熟幼虫体长 19～25 mm，头黑色有白斑，胸、腹部黄绿或暗绿色，有明显的纵行暗色条纹；周身有毛瘤，刚毛基部黑色，外围有 2 个同心黄色环。

(3)发生规律　一年发生 2～4 代。成虫昼伏夜出，趋光性很强，有群集远距离迁飞的习性。卵散产于叶背主脉两侧，常 3～4 粒在一起，以距地面 2～8 cm 的茎叶上最多。幼虫发生期在 6～9 月份，幼虫活泼，性暴烈，稍被触动即可跳跃，幼虫共 5 龄，高龄幼虫有群集迁移习性。幼虫最适发育温度为 25～30℃，高温多雨年份有利于发生。以老熟幼虫在土内吐丝作茧越冬。翌春 5 月化蛹及羽化。

(4)防治措施

①及时清除杂草，减少虫源。

②人工防治。利用成虫白天不远飞的习性，用拉网法捕捉。用纱网做成网口宽 3 m、高 1 m、深 4～5 m 的虫网，网底和网口用白布制成，网的左右两边穿上竹竿，将网贴地迎风拉网，成虫即可被捕入网内。一般在羽化后 5～7 d 第 1 次拉网，以后每隔 5 d 拉网 1 次。

③药剂防治。幼虫危害期，用 90%敌百虫 1 000 倍液、50%辛硫磷乳油 1 000 倍液喷雾，也可用 2.5%敌百虫粉剂喷粉，用量 22.5～30 kg/hm^2；或用每克菌粉含 100 亿活孢子的杀螟杆菌菌粉或青虫菌菌粉 2 000～3 000 倍液喷雾。

2. 黏虫[*Leucania aeparata* (Walker)]

(1)分布及危害　黏虫又称剃枝虫、行军虫，俗称五彩虫、麦蚕，属鳞翅目夜蛾科。是一种以为害粮食作物和牧草为主的多食性、迁移性、暴发性大害虫。我国除西北局部地区外，其他各地均有分布。大发生时可把作物叶片食光，而在暴发年份，幼虫成群结队迁移时，几乎所有绿色作物被掠食一空，造成大面积减产或绝收。

(2)形态特征　成虫体长 15～17 mm，体灰褐至暗褐色；触角丝状；前翅灰褐或黄褐色，环形斑与肾形斑均为黄色，在肾形斑下方有 1 个小白点，其两侧各有 1 个小黑点；后翅基部淡褐色并向端部逐渐加深（彩图 4-13）。老熟幼虫体长 35 mm 左右，体色变化很大，密度小时，4 龄以上幼虫多呈淡黄褐至黄绿色不等，密度大时，多为灰黑至黑色。头黄褐至红褐色。有暗色网纹，沿蜕裂线有黑褐色纵纹，似"八"字形，有 5 条明显背线（彩图 4-14）。

(3)发生规律　一年发生多代，从东北的 2～3 代至华南的 7～8 代，并有随季风进行长距离南北迁飞的习性。成虫有较强的趋化性和趋光性。幼虫共 6 龄，1～2 龄幼虫白天潜藏在植物心叶及叶鞘中，高龄幼虫白天潜伏于表土层或植物茎基处，夜间出来取食植物叶片等。有假死性，虫口密度大时可群集迁移危害。黏虫喜欢较凉爽、潮湿、郁闭的环境，高温干旱对其不利。

黏虫 1～2 龄幼虫只吃植物叶肉，留下表皮呈现半透明的小斑点，3～4 龄时，把叶片咬成缺刻，5～6 龄的暴食期可把叶片吃光，虫口密度大时可把整块草地吃光。

(4)防治方法

①清除杂草。清除草坪周围杂草，防止大量杂草为黏虫的产卵活动提供适宜的环境。

②诱杀成虫。利用成虫具有趋光性和趋化性的习性，从黏虫成虫羽化初期开始，用黑光灯诱杀，或配制糖醋液（白糖 6 份、米醋 3 份、白酒 1 份、水 2 份加少量敌百虫），在黄昏时放置在草坪上，天明后收回，可诱杀大量成虫。

③利用天敌防治。黏虫的天敌有蛙类、鸟类、蝙蝠、蜘蛛、线虫、螨类、捕食性昆虫、寄生性昆虫、寄生菌和病毒等多种。其中步甲可捕食大量黏虫幼虫，黏虫寄蝇对一代黏虫寄生率较高。黏虫黑卵蜂对卵寄生率较高，麻雀、蝙蝠可捕食大量黏虫成虫，瓢虫、食蚜虻和草蛉等可捕食低龄幼虫，各地可根据当地情况注意保护利用。

④药剂防治。药剂防治对 1～2 龄幼虫（此时幼虫群集）杀灭效果最佳。用 2.5％敌百虫粉剂、3.5％甲敌粉、5％杀螟松粉，喷粉用量 22.5～30 kg/hm^2。用 90％敌百虫晶体 1 000～1 500 倍液、50％辛硫磷乳油 1 000 倍液、50％杀螟松乳油 1 000 倍液、50％西维因可湿性粉剂 200～300 倍液、2.5％溴氢菊酯 2 000～3 000 倍液，喷雾用量 750～1 500 kg/hm^2，防治效果较好。使用含菌量在 60～100 亿个/g 的 77-21 苏云杆菌粉 30～50 倍稀释液、20％灭幼脲三号 4 000～6 000 倍液，灭杀幼虫效率在 90％以上。

3. 斜纹夜蛾[*Prodenia litura* (Fabr.)]

(1)分布及危害　斜纹夜蛾又名莲纹夜蛾、斜纹夜盗，属鳞翅目夜蛾科。在国内各地都有发生，主要为害区在长江流域及黄河流域，东北地区为害较轻。它是一种杂食性害虫，主要以幼虫为害全株，初孵幼虫群集在叶背啃食，只留上表皮和叶脉，被害叶好像纱窗一样。3 龄后分散为害叶片、嫩茎，老龄幼虫可蛀食果实。其食性既杂又危害各器官，老龄时形成暴食，是一种危害性很大的害虫。

(2)形态特征　成虫体长 14～20 mm，翅展 35～46 mm，体暗褐色，胸部背面有白色毛丛，前翅灰褐色，前翅基部有白线数条，内外横线间从前缘伸向后缘有 3 条灰白色斜纹，雄蛾这 3 条斜纹不明显，为 1 条阔带，后翅白色半透明(彩图 4-15)。卵扁平的半球状，直径约 0.5 mm，表面有纵横脊纹，初产黄白色，后变为暗灰色，块状黏合在一起，上覆黄白色绒毛。幼虫体长 33～50 mm，头部黑褐色，胸部多变，从土黄色到黑绿色都有，背线及亚背线橘黄色，中胸至第 9 腹节在亚背线上各有半月形或三角形 2 个黑斑(彩图 4-16)。蛹长 15～20 mm，圆筒形，红褐色，腹部末端有一对短刺。

(3)发生规律　每年发生 4～8 代，南北不一。大部分地区以蛹，少数地区以幼虫在土中越冬，也有在杂草间越冬的。成虫白天潜伏在叶背或土缝等阴暗处，夜间出来活动，有强烈的趋光性和趋化性。每只雌蛾能产卵 3～5 块，每块有卵 100～200 粒，卵多产在叶背的叶脉分叉处，经 5～6 d 就能孵出幼虫，初孵时聚集叶背。2 龄末期吐丝下垂，随风转移扩散。4 龄以后和成虫一样，白天躲在叶下土表处或土缝里，傍晚后爬到植株上取食叶片。5～6 龄为暴食阶段。6～7 月阴湿多雨，常会暴发成灾，长江流域一带 6 月中、下旬和 7 月中旬草坪受害最重。幼虫有群集迁移的习性。

(4)防治措施

①清洁草坪，加强田间管理，同时结合日常管理采摘卵块，消灭幼虫。

②诱杀成虫。利用成虫的趋光性和趋化性，用黑光灯、糖醋液、杨树枝以及甘薯、豆饼发酵液诱杀成虫，糖醋液中可加少许敌百虫或敌敌畏(方法见黏虫)。

③药剂防治。喷药宜在暴食期以前并在午后或傍晚幼虫出来活动后进行。可供选择的药剂及施用方法同黏虫的防治。

4. 蝗虫

(1)分布及危害　蝗虫属直翅目蝗总科。为害草坪的蝗虫种类较多，主要有土蝗、稻蝗、菱蝗、中华蚱蜢、短额负蝗、东亚飞蝗等。蝗虫食性很广，可取食多种植物，但较嗜好禾本科和莎草科植物，喜食草坪禾草，成虫和若虫(蝗蝻)蚕食叶片和嫩茎，大发生时可将寄主吃成光秆或全部吃光。

东亚飞蝗分布在中国北起河北、山西、陕西，南至福建、广东、海南、广西、云南，东达沿海各省，西至四川、甘肃南部。为害小麦、玉米、高粱、粟、水稻等多种禾本科植物及花卉植物，也可为害棉花、大豆、蔬菜等。成虫、若虫咬食植物的叶片和茎，大发生时成群迁飞，把成片的植株吃成光秆。中国史籍中的蝗灾主要是东亚飞蝗，先后发生过800多次。

短额负蝗又名小尖头蚂蚱，各省均有分布。可为害大部分草坪草。成虫、若虫咬食植物的叶片和茎，大发生时成群迁飞。

(2)形态特征(表4-1，彩图4-17、彩图4-18)

表4-1 东亚飞蝗和短额负蝗形态特征比较

虫态	东亚飞蝗	短额负蝗
成虫	雄成虫体长33～48 mm，有群居型、散居型和中间型三种类型，体灰黄褐色(群居型)或头、胸、后足带绿色(散居型)。头顶圆。颜面平直，触角丝状，前胸背板中线发达，沿中线两侧有黑色带纹。前翅淡褐色，有暗色斑点，翅长超过后足股节2倍以上(群居型)或不到2倍(散居型)	体长21～32 mm，体色多变，从淡绿色到褐色和浅黄色都有，并杂有黑色小斑。头部锥形，前翅绿色，后翅基部红色，末端部绿色长圆筒形，端部钝圆，长4.5～5.0 mm
卵	卵粒长筒形，长4.5～6.5 mm，黄色	圆柱形而略弯曲
若虫	第5龄蝗体长26～40 mm，触角22～23节，翅节长达第4、第5腹节，群居型体长红褐色，散居型体色较浅，绿色植物多的地方为绿色	若虫体淡绿色，带有白色斑点。触角末节膨大，色较其他节要深。复眼黄色。前、中足有紫红色斑点

(3)发生规律　蝗虫一般每年发生1～2代，绝大多数以卵块在土中越冬。一般冬暖或雪多情况下，地温较高，有利于蝗卵越冬。4～5月份温度偏高，卵发育速度快，孵化早。秋季气温高，有利于成虫繁殖危害。多雨年份、土壤湿度过大，蝗卵和幼蝻死亡率高。干旱年份，在管理粗放的草坪上，有利于蝗虫的发生。蝗虫天敌较多，主要有鸟类、蛙类、螨类和病原微生物。

(4)防治措施

①人工捕捉。可结合栽培管理进行人工捕捉。少量发生时，可用捕虫网捕捉，以减轻危害并减少虫源基数。

②毒饵防治。用麦麸100份、水100份、1.5%敌百虫粉剂2份(或40%氧化

乐果乳油 0.15 份)混合拌匀,施用量 22.5 kg/hm²;也可用鲜草 100 份切碎加水 30 份拌入上述药量,施用量 112.5 kg/hm²。随配随撒,不能放置过夜。阴雨、大风、温度过高或过低时不宜使用。

③药剂防治。发生量较多时可采用药剂喷洒防治,常用的药剂有 2.5%敌百虫粉剂、3.5%甲敌粉剂、4%敌马粉剂,喷粉量 30 kg/ hm²;也可用 50%马拉硫磷乳剂、75%杀虫双乳剂、40%氧化乐果乳剂 1 000～1 500 倍液喷雾。

5. 软体动物

(1)形态及习性　危害草坪的软体动物主要有蜗牛和蛞蝓。蜗牛具有螺旋形贝壳,成虫的外螺壳呈扁球形,有多个螺层组成,壳质较硬,黄褐色或红褐色。头部发达,具 2 对触角,眼在后 1 对触角的顶端,口位于头部腹面(彩图 4-19)。卵球形。幼虫与成虫相似,体形较小。蛞蝓不具贝壳,体长形柔软,暗灰色,有的为灰红色或黄白色(彩图 4-20)。头部具 2 对触角,眼在后 1 对触角顶端,口在前方,口腔内有 1 对胶质的齿舌。卵椭圆形。幼体淡褐色,体形与成体相似。

蜗牛和蛞蝓在北方地区均 1 年发生 1 代,喜阴暗潮湿的环境。取食植物叶片、嫩茎和芽,初孵时啃食叶肉或咬成小孔,稍大后造成缺刻或大的孔洞,严重时可将叶片吃光或咬断茎秆,造成缺苗;其爬行过的地方会留下黏液痕迹,污染草坪。此外,它们排出的粪便也可污染草坪。

(2)防治措施

①人工捕捉。发生量较小时,可人工捡拾,集中杀灭。

②使用氨水。用稀释成 70～100 倍的氨水,于夜间喷洒。

③撒石灰粉用。用量为 75～112.5 kg/hm²。

④施药。撒施 8%灭蜗灵颗粒剂或用蜗牛敌(10%多聚乙醛)颗粒剂,15 kg/hm²;用蜗牛敌+豆饼+饴糖(1∶10∶3)制成的毒饵撒于草坪,杀蛞蝓。

(二)吸汁害虫

吸汁害虫是指用刺吸式口器(也有少数其他的类型)危害草坪草茎叶的一类害虫,主要包括盲蝽、叶蝉、蚜虫、飞虱、螨类等,吸取茎叶的汁液,使得叶片表面出现大量失绿斑点,严重时草坪枯黄,有时会发生煤污病。

1. 盲蝽

(1)形态及习性　盲蝽属半翅目盲蝽科。多为小型种类。危害草坪草的主要种类有赤须绿盲蝽、三点盲蝽、绿草盲蝽和小黑盲蝽等。这几种盲蝽的体长 3～7 mm,绿色、褐色及褐黑色不等。主要形态特征为:体扁、多长椭圆形;头小,刺吸式口器,前翅基部革质端部膜质。若虫体较柔软、色浅,翅小(彩图 4-21、彩图 4-22)。

这几种盲蝽主要发生在北方,1 年发生 3～5 代,在草坪的茎叶上或组织内产卵越冬,喜潮湿环境。成虫与若虫均以刺吸式口器危害,被害的茎叶上出现褪绿斑点,严重受害的植株,叶片呈灰白色或枯黄色。

(2)防治措施

①冬春季节清除草坪及其附近的杂草,可减少越冬虫源。

②药剂防治。选择若虫初孵盛期或若虫期防治,可用1.5%乐果粉、2.5%敌百虫粉或3.5%甲敌粉剂喷粉,用量30 kg/hm^2。也可用40%乐果乳油、50%马拉硫磷乳油、50%辛硫磷乳油1 000~1 500倍液喷雾防治。

2. 叶蝉

(1)形态及习性　叶蝉属同翅目叶蝉科。危害草坪草的种类主要有大青叶蝉(彩图4-23)、条沙叶蝉、二点叶蝉、小绿叶蝉和黑尾叶蝉等。基本特征是:体小型,似小蝉;头大,刺吸式口器,触角刚毛状;前翅质地相同,后翅膜质、透明;后足胫节下方有2列刺状毛。性活泼,能跳跃与飞行,喜横走。若虫形态与成虫相似,但体较柔软,色淡,无翅或只有翅芽,不太活泼。叶蝉类昆虫1年发生多代,主要以卵和成虫越冬。成虫、若虫常聚集在植物叶背、叶鞘或茎秆上吸食汁液,使寄主生长不良,受害部位出现褪绿斑点,有时出现卷叶、畸形,甚至死亡。在叶背的主脉和叶鞘组织中产卵,卵成排的隐藏在表皮下面,外面有产卵器划破的伤痕。

(2)防治措施

①冬季、早春清除草坪及周围杂草,减少虫源。

②成虫发生期,利用黑光灯或普通灯火诱杀。

③药剂防治。应掌握在若虫盛发期喷药。常用药剂有40%乐果乳剂1 000倍液、20%叶蝉散乳油或50%稻丰散乳油或50%马拉硫磷乳油1 000倍液、2.5%敌杀死乳油或20%杀灭菊酯乳油3 000倍液。

3. 蚜虫

(1)形态及习性　蚜虫又称"蜜虫子"、"腻虫"。属同翅目蚜科。危害草坪草的主要种类有麦长管蚜、麦二叉蚜、禾谷缢管蚜等。其主要特征是:体微小而柔软,麦长管蚜有翅孤雌蚜体长2.4~2.8 mm,无翅孤雌蚜体长2.3~2.9 mm。以上3种蚜虫在我国各地均有分布,1年可发生十余代至20代以上。在生活过程中可出现卵、若蚜、无翅成蚜和有翅成蚜等(彩图4-24)。在生长季节,以孤雌胎生进行繁殖。每年的春季与秋季可出现蚜量高峰。以成蚜与若蚜群集于植物叶片上刺吸危害,严重时导致生长停滞,植株发黄、枯萎,同时还可传播病毒病。蚜虫排出的蜜露,会引发煤污病,污染植株,并招来蚂蚁,造成进一步危害。

(2)防治措施

①农业措施。冬灌对蚜虫越冬不利,能大量杀死蚜虫;有翅蚜大量出现时及时

喷灌可抑制蚜虫发生、繁殖及迁飞扩散；镇压草坪可将无翅蚜碾压而死，减轻危害。

②药剂防治。用1.5%乐果粉、2.5%敌百虫粉、2%杀螟松粉、1.5%甲基异柳磷粉或5%西维因粉喷粉，用量22.5～30 kg/hm²。或用40%乐果乳油或氧化乐果乳油1 500～2 000倍液、10%吡虫啉可湿性粉剂1 500倍液、50%辛硫磷乳油1 500～2 000倍液、50%马拉硫磷乳油1 000～1 500倍液、50%辟蚜雾可湿性粉剂7 000倍液、50%杀螟硫磷1 000倍液喷雾防治。

③生物防治。利用瓢虫、草蛉、食蚜蝇、蚜茧蜂、蚜小峰等天敌控制蚜虫。

4. 飞虱

(1)形态及习性　飞虱属同翅目飞虱科。危害草坪草的种类主要有白背飞虱、灰飞虱、褐飞虱等。飞虱常与叶蝉混合发生，体形似小蝉。与叶蝉的主要区别是：触角短，锥形；后足胫节末端有一显著的能活动的扁平大距，善跳跃。

白背飞虱在我国各地普遍发生，灰飞虱主要发生在北方地区和四川盆地，褐飞虱以淮河流域以南地区发生较多。飞虱1年发生多代，从北向南代数逐渐增多，以卵、若虫或成虫越冬。成虫、若虫均聚集于寄主下部刺吸汁液，产卵于茎及叶鞘组织中，被害部位出现不规则的褐色条斑，叶片自下而上逐渐变黄，植株萎缩，成丛成片的植株被害，严重时可使植株下部变黑枯死。

(2)防治措施

①选择对飞虱具有抗性或耐害性的草坪草品种。

②保护和利用天敌。飞虱的天敌种类很多，对飞虱有很大的控制作用。卵寄生蜂有褐腰赤眼蜂、稻虱缨小蜂，田间卵寄生率一般为5%～15%；成虫的天敌有螯蜂类等；捕食性天敌有多种捕食蜘蛛、黑肩绿盲蝽等。

③药剂防治。应掌握在成虫迁飞扩散高峰期和若虫孵化高峰期用药。常用药剂有：2%混灭威、2%叶蝉散或3%速灭威粉剂，喷粉用量为30～37.5 kg/hm²；5%混灭威或20%速灭威乳油，用量1.2 kg/hm² 加水1 000 kg喷雾或1.5 kg/hm² 加6 000 kg水泼浇；50%稻瘟净乳油加50%马拉硫磷乳油各1.5 kg/hm² 加水1 500 kg喷雾，50%甲胺磷乳油0.75 kg/hm² 加水1 500 kg喷雾。

5. 螨类

(1)形态及习性　危害草坪草的螨虫是蛛形纲蜱螨目的一些植食性种类，主要有麦岩螨、麦圆叶爪螨等。其体长小于1 mm，卵圆形或近圆形，暗红褐色(故称红蜘蛛)，无翅，幼螨3对足，若螨与成螨均有4对足。以刺吸式口器吸取植物汁液。

螨类在自然界分布很广，对草坪的危害也越来越大。10月中下旬雌成虫群集在枯叶内、杂草根际、土块缝隙或树皮内越冬。2、3月在草上取食产卵繁殖，靠风、雨、水及随寄主转移传播危害。幼螨、成螨均喜在叶背面活动，吐丝结网，7、8月份危害最盛。如遇高温低湿，繁殖率加大。受害叶片下面出现红斑，迅速枯焦、脱落，严重者可造成草坪斑秃，甚至大片死亡。

(2)防治措施

①农业措施。麦岩螨喜干旱，可利用灌溉灭虫；在麦圆叶爪螨的潜伏期进行灌水或在危害期将虫震落进行灌水，能使它陷入淤泥而死。虫口密度大时，耙耱草坪，可大量杀伤虫体。

② 药剂防治。若害螨大发生时需喷药防治。可选用的药剂品种有5%尼索朗可湿性粉剂或20%三氯杀螨醇乳油800～1 000倍液、20%双甲脒乳油1 000倍液、50%久效磷2 000倍液等，可根据情况防治2～3次。

(三)钻蛀害虫

钻蛀害虫是一类以幼虫危害草坪草茎秆或叶片的一类害虫，主要包括秆蝇及潜叶蝇两类，在茎秆或叶片内钻蛀危害，造成大量“枯心苗”或“烂穗”，严重时草坪枯黄。

1. 秆蝇

(1)形态习性　秆蝇属双翅目秆蝇科。危害草坪的主要有麦秆蝇和瑞典秆蝇。

麦秆蝇成虫体长3～4.5 mm，体黄绿色，复眼黑色，有青绿色光泽；胸部背面有3条纵线，中央1条直达末端，两侧的纵线各在后端分叉，越冬代成虫胸部背面纵线为深褐色至黑色，其他各代的为土黄色至黄褐色；翅透明，翅脉黄色；腹部背面亦有纵线。老熟幼虫体长6～6.5 mm，蛆型、细长、淡黄绿色至黄绿色；口沟黑色。

瑞典麦秆蝇成虫体长1.3～2 mm，全体黑色，有光泽，体粗壮。触角黑色，前胸背板黑色，翅透明，具闪光；腹部下面淡黄色。老熟时幼虫体长约4.5 mm，蛆黄白色，圆柱形，体末节圆形，端部有2个突起的气门。

麦秆蝇在我国分布广，1年发生2～4代。瑞典麦秆蝇主要分布在华北北部和西北东部，1年发生2或3代。2种麦秆蝇均以幼虫寄生茎秆中越冬，5～6月份是成虫盛发期。成虫白天活动，在晴朗无风的上午和下午最活跃。成虫产卵于叶鞘和叶舌处，初孵幼虫从叶鞘与茎秆间侵入，取食心叶基部和生长点，使心叶外露部分枯黄，形成枯心苗。严重发生时草坪草可成片枯死。

(2)防治措施

①农业措施。选种抗虫草种或品种；在越冬幼虫化蛹羽化前，及时清除越冬幼虫的杂草寄主(看麦娘、猫尾草、棒头草等)以压低当年的虫口基数；另外，因地制宜进行深翻土地，消灭杂草，精耕细作，增施肥料，适期灌水，合理密植等，创造利于草坪草生长发育，不利于秆蝇繁殖危害的条件，从而达到减轻危害的效果。

②药剂防治。关键时期为越冬代成虫盛发期至第1代初孵幼虫蛀入茎之前这

段时间。可供选择的药剂有：50%甲基对硫磷乳油 3 000 倍液、50%杀螟威乳油 3 000 倍液、50%马拉硫磷乳油 2 000 倍液、40%氧化乐果与 50%敌敌畏乳油（按 1：1 混合）1 000 倍液喷雾；也可用 1.5%对硫磷粉剂、4.5%甲敌粉剂喷粉防治，用量 22.5 kg/hm^2。

2. 潜叶蝇

（1）形态习性　危害草坪的潜叶蝇类害虫，中国常见的有潜叶蝇科的豌豆潜叶蝇、紫云英潜叶蝇、水蝇科的稻小潜叶蝇（彩图 4-25）、花蝇科的甜菜潜叶蝇等，均属双翅目。

豌豆潜叶蝇除西藏、新疆、青海尚无报道外，其他各地均有发生。其成虫为小型蝇类，体长 1～3 mm，灰黑色；幼虫蛆状，长 3 mm 左右，乳白色至黄白色。以幼虫潜入寄主叶片表皮下，曲折穿行，取食绿色组织，被害处仅剩上、下表皮，内有该虫排下的细小黑色虫粪，造成不规则的灰白色线状隧道。危害严重时，叶片组织几乎全部受害，叶片上布满蛀道，尤以植株基部叶片受害为最重，甚至枯萎死亡。

稻小潜叶蝇是对低温适应性强的温带性害虫，在我国以北方发生较多，在东北各省 1 年发生 4～5 代，长江下游地区，在 4、5 月份气温较低的年份才发生危害较重。气温在 5℃左右成虫即可活动、交尾、产卵，气温达 30℃时是其正常活动的极限。幼虫孵化后，在 2 h 内即可侵入叶肉，幼虫有转株习性，老熟后在潜道内化蛹，幼虫一生主要在叶鞘内蛀食，叶鞘被害，叶片枯黄，影响植株正常生长。

（2）防治措施

①农业措施。适时灌溉，清除杂草，消灭越冬、越夏虫源，降低虫口基数。

②药剂防治。掌握成虫发生期，及时喷药防治，防止成虫产卵，成虫主要在叶背面产卵，应喷药于叶背面。也可在幼虫危害初期喷药防治，防治幼虫要连续喷 2～3 次，农药可用 40%乐果乳油 1 000 倍液、40%氧化乐果乳油 1 000～2 000 倍液、50%敌敌畏乳油 800 倍液、50%二溴磷乳油 1 500 倍液、40%二嗪农乳油 1 000～1 500 倍液。

（四）食根害虫

食根害虫是指主要生活在土表下，危害草坪草根部及茎基部的害虫，包括地老虎、蛴螬、金针虫、蝼蛄等，造成草坪草植株黄枯，严重时形成“斑秃”。

1. 地老虎

（1）形态及习性　地老虎属鳞翅目夜蛾科。在我国危害草坪草的主要种类是小地老虎与黄地老虎。

小地老虎成虫，体粗壮，长 16～32 mm，深褐色，前翅有几条深色横线；在内横线与中线间有一环形斑，中线与外横线间有一肾形斑；在肾形斑外侧有一个三角形小黑斑,尖端向外,与其相邻的亚缘线处有2个相似的三角形黑斑,尖端向内,这3个黑斑组成的品字形,是识别本种的主要特征;后翅灰白色。老熟幼虫体长37～47 mm,圆筒形;头黄褐色,胸腹部黄褐色至黑褐色,体表粗糙;在腹部第1～3节的背面,各有4个深色毛片组成梯形,后两个比前两个大1倍以上;末节的臂板黄褐色,有2条深褐色纵带。

黄地老虎成虫体长14～19 mm,体色较鲜艳,呈黄褐色,前翅上的横线不明显,而肾形斑和环形斑很明显;后翅灰白色,半透明(彩图4-26)。老熟幼虫体长为33～43 mm,体圆筒形,稍扁,黄褐色,体表多皱纹,腹部背面的4个毛片大小相似;臀板上有两块黄褐色大斑,中央断开,有较多分散的小黑点(彩图4-27)。

小地老虎属世界性害虫,在我国各地广泛分布,1年发生多代,从东北的2或3代至华南的6或7代不等。黄地老虎多与小地老虎混合发生,1年发生多代,东北地区2或3代,华北地区3或4代。成虫昼伏夜出,有很强的趋光性与趋化性。幼虫一般有6龄,1～2龄幼虫一般栖息于土表或寄主叶背和心叶中,昼夜活动,3龄以后白天入土约2 cm处潜伏,夜出活动。地老虎喜温暖潮湿的环境,一般以春、秋两季危害较重。

(2)防治措施

①及时清除草坪附近杂草,减少虫源。

②诱杀成虫。利用黑光灯、糖醋酒液或雌虫性诱剂诱杀均可。诱杀时间可从3月初至5月底,黑光灯下放置毒瓶、盛水的大盆或大缸,水面洒上机油或农药。糖醋液配制比为糖6份、醋3份、白酒1份、水2份加适量敌敌畏,盛于盆中,于近黄昏时放于草坪中,天亮收回。

③人工捕杀幼虫。在发生量不大,枯草层又薄的情况下,在被害苗的周围,用手轻拂苗周围的表土,即可找到潜伏的幼虫。

④药剂防治。应在3龄以前防治。可用2.5%敌百虫粉22.5 kg/hm^{2}与337.5 kg细土混匀,配成毒土,均匀撒施在草坪上;也可根据虫情用2.5%敌百虫粉按30～37.5 kg/hm^{2}的用量喷粉。或用90%敌百虫800～1 000倍液或50%地亚农1 000倍液,或50%辛硫磷1 000倍液喷雾防治。也可用毒饵诱杀:90%敌百虫7.5 kg用水稀释5～10倍,喷拌碎的鲜菜叶等750 kg,傍晚以小堆撒在草坪上诱杀,用量300 kg/hm^2;或将豆饼、棉籽饼或麦麸等饵料300～375 kg,炒香后用50%辛硫磷或马拉硫磷7.5 kg稀释5～10倍喷拌均匀,按30～37.5 kg/hm^{2}的用量撒入草坪。

2. 蛴螬

(1)形态及习性　蛴螬是鞘翅目金龟甲科昆虫幼虫的统称。危害草坪的蛴螬种类很多，主要有东北大黑鳃金龟、毛黄鳃金龟、铜绿丽金龟、中华弧丽金龟和白斑花金龟等。蛴螬体肥大，体长 35～45 mm，多为白色，少数为黄白色。体壁较柔软多皱，体表疏生细毛。头大而圆，多为黄褐色，较坚硬；咀嚼式口器发达；蛴螬有 3 对较发达的胸足，腹部无足并向腹面弯曲，使身体呈“C”形（彩图 4-28）。成虫统称金龟甲，前翅硬化如刀鞘（彩图 4-29）。是危害草坪最重要的地下害虫之一。

蛴螬栖息在土壤中，取食萌发的种子，造成缺苗，还可咬断幼苗的根、根茎部，造成地上部成片死亡。被危害的草坪草地上部分并无明显的被害症状，但土壤下 1～2 cm 深处的根系却由于蛴螬的取食而大面积被损害。在草坪上表现的被害状为：草坪上出现萎蔫斑块，提供充足的灌溉仍不能恢复生长，不久草坪颜色发褐，呈不规则状死亡，死亡的草皮如地毯一般，很容易被卷起。

有机质多的土壤蛴螬危害较重。土壤干燥卵易干死，或者导致初孵幼虫死亡。土壤湿润对蛴螬的发生有利，雨量过大或积水对蛴螬的发生不利。

(2)防治措施

①农业措施。在草坪建植前，对土壤深翻耕压，利用机械损伤和鸟兽啄食可大大压低虫口基数。合理施肥，施适量碳酸氢铁、腐殖酸铁等化肥作底肥，对蛴螬有一定的抑制作用。成虫产卵盛期，适当限制草坪灌水可抑制金龟甲卵的孵化，从而减少幼虫的危害及以后防治的困难。

②诱杀防治。利用金龟甲类的趋光性，设置黑光灯诱杀，效果显著。用黑绿单管黑光灯（发出一半绿光一半黑光）的诱杀效果较普通黑光灯好。

③药剂防治。每公顷用 50％辛硫磷乳油 1.5～2.25 kg，兑细土 30～40 kg，撒在土壤表面，然后犁入土中。亦可施用颗粒剂或将药剂与肥料混合施入。播前种子处理剂有 50％辛硫磷乳油和 20％甲基异硫磷乳油等，用药量为种子质量的 0.1％～0.2％，具体做法是：先将药剂用种子质量的 10％的水稀释，然后喷拌于待处理的种子上，堆放 10 h 使药液充分吸渗到种子中以后即可播种。在幼虫发生初期，可喷洒 50％辛硫磷乳油和 50％马拉硫磷乳油 1 000～1 500 倍液，喷施前在草坪上打孔，喷药后灌水，可使药液渗入草皮下，从而杀灭幼虫。

3. 金针虫

(1)形态及习性　金针虫是叩头虫的幼虫，属鞘翅目叩头甲科。金针虫体形细长，圆柱形或略扁，颜色多数为黄色或黄褐色；体壁光滑、坚韧，头和体末节坚硬；无上唇。成虫体狭长，末端尖削，略扁；多暗色；头紧镶在前胸上，前胸背板后侧角突出呈锐刺，前胸与中胸间有能活动的关节，当捉住其腹部时，能作叩头状活动。

主要种类有沟金针虫、细胸金针虫（彩图 4-30、彩图 4-31）。沟金针虫 3 年完成 1 代，以幼虫或成虫在土壤深层越冬，多分布于长江流域以北地区，喜在有机质较少的沙壤土中生活。细胸金针虫2～3年完成1代，以幼虫或成虫越冬，分布于淮河流域以北地区，喜在灌溉条件较好、有机质较多的黏性土壤中生活。

两种金针虫均喜欢在土温11～19℃的环境中生活。因此，在4月份和9、10月份危害严重，在地下主要为害草坪根茎部，可咬断刚出土的幼苗，也可咬食草坪根部及分蘖节，被害处不完全咬断，断口不整齐。还可钻入茎内危害，使植株枯萎，甚至死亡。

(2)防治措施

①栽培防治。沟金针虫发生较多的草坪应适时灌溉，保持草坪的湿润状态可减轻其危害，而细胸金针虫发生较多的草坪则宜维持适宜的干燥以减轻发生。

②诱杀。细胸金针虫成虫对杂草有趋性，可在草坪周围堆草(酸模、夏至草等)诱杀，堆成面积40～50 cm^2、高10～16 cm的草堆，在草堆内撒入触杀型农药，可以毒杀成虫。

③药物防治。撒施5%辛硫磷颗粒剂，用量为30～45 kg/hm^2；若个别地段发生较重，可用40%乐果乳油、50%辛硫磷乳油1 000～1 500倍液灌根，灌根前需将草坪打孔通气，以便药剂渗入草皮下。

4. 蝼蛄

(1)形态及习性　蝼蛄属直翅目蝼蛄科。身体长圆筒形，体被绒状细毛，头尖，触角短，前足粗壮，为开掘足，端部开阔有齿，适于掘土和切断植物根系；前翅短，后翅长，为害草坪的主要有华北蝼蛄与东方蝼蛄(彩图4-32、彩图4-33)。这2种蝼蛄的主要区别是后足胫节背面内侧刺的数目，东方蝼蛄3或4根，华北蝼蛄0或1根。

蝼蛄的成虫与若虫均可产生为害，一种为害方式是咬食地下的种子、幼根和嫩茎，把茎秆咬断或撕成乱麻状，使植株枯萎死亡。另一种为害方式是在表土层串行，形成大量的虚土隧道，使植物根系失水、干枯而死。

蝼蛄具有群集性(初孵若虫具有群集性)、趋光性、趋化性(香、甜)、趋粪性、喜湿性(蝼蛄跑湿不跑干)和产卵地点的选择性，如华北蝼蛄多在干燥向阳、松软的土壤里产卵。盐碱地虫口密度大，壤土地次之，黏土地最小，水浇地虫口密度大于旱地。在早春地温升高，蝼蛄活动接近地表，地温下降又潜回土壤深处。在春、秋季节，旬平均气温和20 cm地温在16～20℃时，是蝼蛄危害高峰期。夏季气温在23℃以上时，蝼蛄潜入深层土中，一旦气温降低，再次上升至耕层活动。

(2)防治措施

①灯光诱杀成虫。特别在闷热天气、雨前的夜晚更有效。可在晚上7:00～10:00点灯诱杀。

②毒饵诱杀。用80%敌敌畏乳油或50%辛硫磷乳油0.5 kg拌入50 kg煮至半熟或炒香的饵料(麦麸、米糠等)中作毒饵,傍晚均匀撒于草坪上。但要注意防止畜、禽误食。

③毒土法。虫口密度较大的草坪,撒施5%辛硫磷颗粒剂,用量为30 kg/ hm^2,为保证撒施均匀,可掺适量细沙土。

④灌药毒杀。用50%辛硫磷乳油1 000倍液、48%毒死蜱乳油1 500倍液灌根,灌根前需在草坪上打孔,使药剂更容易下渗。

*农药安全使用小知识Ⅱ

①应尽量不用或少用化学药剂,只有当害虫对草坪危害严重时才进行化学药物防治。

②应在无雨、3级风以下天气施药,不能逆风喷施农药。夏季高温季节,中午不能喷药,施药人员每天喷药时间一般不能超过6 h。

③施用杀虫剂时,要注意防护,不要将药剂喷到人的皮肤或五官等处,要身穿干燥的工作服,戴上口罩、防护眼镜、胶皮手套等。

④草坪管理人员在施用杀虫剂后,要将身体的裸露部分以及工作服等物品冲洗干净后再进行正常活动,如饮水进食等。

⑤在喷洒药剂后几日内,应禁止人和动物进入喷药区,要等药剂被水冲掉,草坪干燥后,再允许进入草坪,避免中毒。

⑥如果在施用化学药剂时,不慎将药剂喷到了人体或动物体上,应立即用水和肥皂冲洗干净。如果发现药物中毒,应立即根据所用药剂的性质,口服一些解毒药剂,如有机磷杀虫剂的解毒药剂苏打水、硫酸阿托品、解磷定等;当呼吸困难时,可输入氧气,并送往医院治疗。

第三节　草坪杂草及其防除

一、草坪杂草的概念及危害

(一)草坪杂草的概念

凡是生长在人工种植的土地上,除目的栽培植物以外的所有植物都是杂草,即长错了地方的植物。草坪杂草是草坪上除栽培目的草坪植物以外的其他植物。

草坪杂草是相对而言的。由于草坪的类型、使用目的、培育程度的不同,草坪草与某些杂草之间是可以相互转化的，在某些情况下本身能形成良好的草坪，属草坪草，而在其他草坪草建植的草坪中，则会变成草坪杂草而应予以灭除。

但对于大多数草本植物而言，由于其本身各方面都不具备草坪草的特点和要求，因而它们无论在何种情况下，都被视为杂草。如狗尾草、马唐等一些禾本科杂草，侵入草坪时能形成强大旺盛的株丛，粗糙浅绿的叶片不仅会降低草坪外观的美感，而且与草坪草争肥、争水、争阳光、争空间，大大影响了草坪草的生长；车前、蒲公英等阔叶杂草，其宽大的叶片破坏了草坪的均一性和整齐美观的外表，对草坪危害极大，这些杂草无论在哪种草坪中，都应予以彻底防除。

(二)草坪杂草的生物学特性

1. 杂草具有结实多的特性

1株生长正常的艾蒿能结1 000万粒种子；常见的狗尾草、稗、繁缕平均每株结子可达1 000～1 500粒。一般情况下，种子小、种皮薄的杂草比种子大、种皮硬的杂草结实多，这是人工选择的结果。杂草结实具有连续性，在南方的一些草坪，许多杂草世代重叠，一年四季都可开花结子。许多杂草的种子可以随结随落，随时发芽生长，随时成熟繁殖。

2. 多种授粉途径

自花授粉和异花授粉，靠风、水、昆虫和人授粉。

3. 多种传播方式

引种、播种、浇灌、施肥、耕作、整地、移土、包装运输等人类生产活动均可传播杂草。高尔夫球场的杂草种子可能通过打球者的鞋底、衣服传播；剪草机的轮胎亦会将播于发球台或果岭的草种带到种有不同草种的球道上。风、水、鸟和其他动物也可传播杂草种子。

荠菜、车前、早熟禾、繁缕种子经动物消化后仍有发芽能力，可通过动物、鸟类传播。

4. 种子长寿性

杂草种子寿命长达几年、几十年甚至更长。

5. 出苗持续不一

种子休眠度不一，对萌发要求的条件不一，耕作的影响是杂草出苗持续不一的三个原因。

6. 可塑性

指植物在不同生境下对大小、个数、生长量的自我调节能力。我们常看到高尔夫球场草坪杂草的植株很矮，这是因为高尔夫球场的草坪经常修剪，在这样的环境中，矮小的个体才能获得幸存，得到繁衍。例如高尔夫草坪中的水蜈蚣，尽管肥水条件很好，但其株高不足其在草坪之外的一半。

7. 生态适应性和抗逆性

多数杂草既有 r-选择型，又有 k-选择型。r-选择型是在变化多端的环境条件下选择下来的植物类型，抗逆性强、个体小、生长快、生命周期短、群体不饱和、繁殖快、生产力高，如繁缕、反枝苋。k-选择型是在稳定的环境条件下选择下来的植物类型，其个体大，竞争力强，生命周期长，在一个生命周期内可多次重复生殖，如田旋花、芦苇。

8. 拟态性

某些杂草与种植的作物形影不离。某些杂草如马唐、水蜈蚣、香附子、双穗雀稗等，与种植的草坪也形影不离。

(三)草坪杂草的危害

(1)影响美观、降低观赏价值。

(2)妨害草坪生长。杂草与草坪争光、争水、争养分，使草坪生长瘦弱，严重的能枯死。影响草坪光合作用，使草坪变黄。

(3)杂草传播病虫害(表 4-2)。

表 4-2 常见杂草传播的病虫害

杂草名称	常见病虫害	杂草名称	常见病虫害
稗草	飞虱、叶蝉、螟虫、细菌性褐斑病	龙葵	椿象、烟蚜、炭疽病
看麦娘	螟虫、叶蝉	蟋蟀草	飞虱
荠菜	白粉病、锈病、霜霉病	狗尾草	细菌性褐斑病、黏虫
车前	地老虎、蚜虫、飞虱		

(4)侵蚀草坪、缩短草坪更换周期。一般无杂草或杂草少的草坪可维持 8～10 年不需更换，而受到狗牙根、双穗雀稗、茅草、空心莲子草等杂草为害的草坪在 2～3 年内就需更新。

(5)污染环境。散布有毒花粉，影响人身体健康，如豚草花粉可引起花粉过敏、气管炎、肺气肿。

(6)妨碍娱乐及体育活动。如高尔夫球场有杂草妨碍打球，足球场的杂草影响足球的运行速度及运动员的行跑速度。葎草、牵牛、白三叶草都会使运动员在运行中滑倒。

二、草坪常见杂草

为了防治方便，人们将常见草坪杂草分为以下三个类型：一年生杂草（主要为一年生禾草，另有少数一年生莎草）、多年生杂草（主要为禾草，有冷季型和暖季型之分，另有少数多年生莎草）、阔叶杂草（分一年生、越年生及多年生三个类型）。

（一）一年生杂草

1. 一年生早熟禾（*Poa annua*）

禾本科。一年生草本。在潮湿遮荫的土壤中生长良好。秆丛生，基部稍向外倾斜。叶带状披针形，质软，叶鞘中部以下闭合，叶片先端呈舟形。圆锥花序开展，每节有1～3个分枝。小穗第1颖1条脉，第2颖5条脉，内含3～5朵小花，雄蕊2枚。幼苗第1片真叶带状披针形，具3条平行脉，叶鞘中下部闭合。

2. 稗（*Echinochloa crusgalli*）

一年生禾草。秆粗壮，分蘖强，茎部各节有分枝；叶条形，叶鞘光滑，叶片中脉发白无叶舌；圆锥花序直立或下垂，穗绿色或紫色，有芒或无芒。因茎基部常呈平铺状，即使经常修剪的草坪，也发生较重（彩图4-34）。

3. 狗尾草（*Setaria viridis*）

禾本科。一年生草本。植株直立，茎高20～120 cm。叶鞘圆筒状，边缘有细毛，叶线状披针形，有绒毛状叶舌、叶耳，叶鞘与叶片交界处有一圆紫色带。圆锥花序紧密呈圆柱状，长2～10 cm，直立或倾斜。小穗刚毛绿色或紫色。幼苗第1片真叶长椭圆形。第2、第3叶真叶狭倒披针形（彩图4-35）。

4. 马唐（*Digitaria sanguinalis*）

禾本科。一年生草本，是危害严重的草坪杂草。秆丛生，斜升，节着地生根。叶带状披针形，叶鞘基部及鞘口有毛，叶鞘短于节间。叶舌膜质，黄棕色，先端钝圆。总状花序3～10枚，呈指状排列，下部者近轮生。小穗成对着生于穗轴一侧，一有柄，另一无柄或具短柄。幼苗密生柔毛。

5. 牛筋草（*Eleusine indica*）

禾本科。一年生草本。须根深而长。秆扁形，丛生，基部倾斜，叶带状，叶鞘扁，鞘口具柔毛。穗状花序2～7枚，呈指状着生；小穗覆瓦状双行紧密排列于穗轴一侧；小穗具小花3～6朵。果实表面有波状皱纹。幼苗第一片真叶带状披针形，具9条平行脉，叶鞘长35 mm，叶鞘向内对褶，与第2片真叶的叶鞘套褶，全株呈扁平状，无毛（彩图4-36）。

6. 虎尾草（*Chloris virgata*）

禾本科。一年生草本。须根系，秆丛生，直立，斜升或基部膝曲、光滑无毛，高

20～60 cm。叶片长 5～25 cm，宽 3～6 mm；叶鞘光滑，背部具脊；叶舌长 1 mm，具小纤毛。穗状花序长 3～5 cm，4～10 枚于茎顶呈指状排列；小穗含 1 枚成熟花，长 3～4 mm（除芒外），无柄，覆瓦状 2 列着生于穗轴的一侧，成熟后带紫色。颖果长约 2 mm（彩图 4-37）。

7. 野燕麦（*Avena fatua*）

一年生禾草。秆丛生或单生，直立，高 60～120 cm。叶鞘光滑或基部被柔毛，叶舌膜质透明，叶片宽条状。圆锥花序呈塔形开展，分枝轮生，疏生小穗；小穗梗细长而向下弯垂。颖果长圆形，被浅棕色柔毛（彩图 4-38）。

8. 日照飘拂草（*Fimbristylis miliacea*）

一年生莎草科杂草，秆扁四棱形，丛生，成株高 10～60 cm，秆基部有 1～3 个无叶片的鞘，叶基生；复伞形花序，苞片刚毛状，小穗近球状。分布于热带、亚热带草坪中。

(二)多年生杂草

1. 狼尾草（*Pennisetum alopecuroides*）

多年生禾草。秆丛生，直立，高 30～100 cm，花序下常密生柔毛。叶片条形，常内卷；叶鞘扁压具脊，无毛；叶舌短小。穗状圆锥花序长 5～20 cm，主轴与分枝密生柔毛；刚毛状小枝长 1～1.5 cm，常呈紫色。颖果长圆形（彩图 4-39）。

2. 毛花雀稗（*Paspalum dilatatum*）

多年生禾草，秆高约 50 cm，叶片扁平，质地粗糙；圆锥花序偏于一侧，常分枝。生长于南方潮湿的地方，在草坪中能形成茂密的簇丛，降低草坪的观赏性。

3. 匍茎冰草（*Agropyron repens*）

多年生禾草，秆疏丛，高 30～60 cm，基部膝曲或匍匐状；叶片常内卷抱于茎秆，色暗绿；具有强壮的根茎，向外扩展生长；穗状花序，种子椭圆形。生长于北方较寒冷的地区。

4. 匍茎翦股颖（*Agrostis palustris*）

冷季型多年生杂草。有较长的匍匐茎，无根状茎；叶片扁平线形，呈浅绿色，叶柔软细腻；圆锥花序卵状矩形，老后呈紫铜色。小穗长 2～2.5 mm。种子细小，黄褐色。

匍茎翦股颖喜冷凉湿润气候，耐寒、耐热、耐瘠薄、耐低修剪、耐阴性均较好。其匍匐茎横向蔓延能力强，能迅速覆盖地面，形成密度大的草坪。但由于茎枝上节根扎的较浅，因而耐旱性稍差。匍茎翦股颖对土壤要求不严，在微酸及微碱性上均能生长，以雨多肥沃的土壤生长最好。

5. 白茅(*Imperata cylindrica*)

又称茅,禾本科白茅属多年生草本,春季先开花,后生叶子,花穗上密生白毛(彩图 4-40)。根茎可以吃,也可入药,叶子可以编蓑衣。

广泛分布于热带至温带地区,中国普遍发生。该属有 10 种,中国有 1 种。株高 25～80 cm;须根;茎节上有长柔毛;根状茎长,叶片主脉明显,叶鞘边缘与鞘口有纤毛;圆锥花序分枝紧密;小穗基部密生银丝状长柔毛,颖果成熟后,自柄上脱落。适应性强,耐阴、耐瘠薄和干旱,喜湿润疏松土壤,在适宜的条件下,根状茎可长达 2～3 m 以上,能穿透树根,断节再生能力强。采用草甘膦、茅草枯等除草剂,在枝节抽穗期进行叶面喷雾效果较好,也可结合种植绿肥覆盖地表,进行综合治理。

6. 狗牙根(*Cynodon dactylon*)

暖季型多年生禾草,具有根状茎和匍匐茎,秆平卧部分可达 1 m,并在节间产生不定根和分枝;叶扁平线条形,色浓绿;穗状花序,小穗排列成指状。常生长于光照较强、温暖的地方,经过培育修剪可成为很好的草坪,在其他草坪中把狗牙根作为杂草。

7. 香附子(*Cyperus rotundus*)

莎草科多年生杂草。有匍匐根状茎较长,部分肥厚成纺锤形有时数个相连。茎直立,三棱形。叶丛生于茎基部,叶鞘闭合包于上,叶片窄线形,长 20～60 cm,宽 2～5 mm,先端尖,全缘,具平行脉,主脉于背面隆起,质硬;花序复穗状,3～6 个在茎顶排成伞状,基部有叶片状的总苞 2～4 片,与花序几等长或长于花序;小穗条形,小穗轴有白色透明的翅。花药暗红色,花柱长,柱头 3 个,伸出鳞片之外。小坚果长圆倒卵形,三棱状。花期 6～8 月。果期 7～11 月(彩图 4-41)。

(三)阔叶杂草

1. 蒲公英(*Taraxacum mongolicum*)

菊科,多年生草本。主根粗长,可形成不定芽。全株具乳汁。茎极短缩。叶基生,倒披针形或椭圆状披针形。羽状裂片 3～5 对,两面疏生蛛丝状毛。头状花序,花全为舌状,黄色。瘦果顶端具细长的喙,末端具白色冠毛。幼苗子叶阔卵形,叶缘紫红色。初生叶 1 枚,近圆形。叶缘紫红色,有 3～4 个小齿,体有乳汁。第 1 后生叶与初生叶相似。继之出现的后生叶变化很大(彩图 4-42)。

2. 刺儿菜(*Cephalanoplos segetum*)

菊科,多年生草本,具匍匐根状茎,可产生不定根、不定芽,茎直立,有纵沟,有些具蛛丝状毛,叶椭圆形或长椭圆披针形,全缘或有齿裂,有刺,被蛛丝状毛;紫红色头状花序,雌雄异株(彩图 4-43)。常分布在较干旱的地方。

3. 苣荬菜(*Sonchus brachyotus*)

菊科,多年生草本植物,含乳汁,高 20～70 cm,具长匍匐茎,地下横走,白色。茎直立,单叶互生,茎生叶基部渐狭成柄,边缘具疏浅裂;茎生叶无柄,基部耳状抱茎。头状花序单一或 2～8 个于茎顶排成伞房状。花两性,皆为黄色舌状。瘦果长圆形,冠毛白色。开花期在 6～9 月,结果期在 7～10 月(彩图 4-44)。

苣荬菜适应性广。抗逆性强,耐旱、耐寒、耐贫瘠、耐盐碱。

4. 车前(*Plantago asiatica*)

车前科,多年生草本。根茎短而壮。叶基生,广卵形或卵形,全缘、波状或有疏钝齿。穗状花序着生在花茎上部。每个蒴果内有种子 6～8 粒。幼苗子叶匙状椭圆形。上胚轴缺。初生叶卵形,1 条脉。后生叶具 3 条弧形脉(彩图 4-45)。

5. 酸模(*Rumex acetosa*)

蓼科,多年生草本。根状茎粗短,须根多数,断面黄色,并可发出多条地上茎。茎直立,高 15～80 cm,细弱,不分枝。单叶互生,叶片质薄,椭圆形或披针状长圆形,长 2.5～12 cm,宽 1.5～4 cm,先端急尖或圆钝,基部箭形,全缘或微波状,两面均有粒状细点;叶柄长 2～12 cm,基生叶具长柄,茎生叶由下向上,柄渐短,直至无柄;托叶鞘膜质,斜截形,顶端有睫毛,易破裂而早落。花单性异株,圆锥花序顶生,长可达 40 cm,分枝疏而纤细,花簇间断着生,每一花簇有花数朵,花梗短;瘦果椭圆形,长约 2 mm,有 3 锐棱,两端尖,黑褐色,有光泽。花期 3～5 月;果期 4～6 月。

6. 萹蓄(*Polygonum aviculare*)

蓼科,一年生草本,高 10～40 cm,常有白粉;茎丛生,匍匐或斜升,绿色,有沟纹,叶互生,叶片线形至披针形,长 1～4 cm,宽 6～10 mm,顶端钝或急尖,基部楔形,近无柄;托叶鞘膜质,下部褐色,上部白色透明,有明显脉纹。花 1～5 朵簇生叶腋,露出托叶鞘外,花梗短,基部有关节;花被 5 深裂,裂片椭圆形,暗绿色,边缘白色或淡红色;雄蕊 8;花柱 3 裂。瘦果卵形,长 2 mm 以上,表面有棱,褐色或黑色,有不明显的小点。花果期 5～10 月(彩图 4-46)。

7. 反枝苋(*Amaranthus retroflexus*)

苋科,一年生杂草。高 20～80 cm,有时达 1.3 m;茎直立,粗壮,淡绿色,有时具带紫色条纹,稍具钝棱,密生短柔毛。叶片菱状卵形或椭圆状卵形,长 5～12 cm,宽 2～5 cm,先端锐尖或尖凹,有小凸尖,基部楔形,有柔毛。圆锥花序顶生及腋生。种子近球形,直径 1 mm,棕色或黑色(彩图 4-47)。

生于山坡、路旁、旷野、荒地、田边、沟旁、河岸等处。花期 7～8 月,果期 8～9 月。种子繁殖。

8. 藜(灰菜)(*Chenopodium album*)

藜科,一年生草本,高60~120 cm。茎直立,粗壮,有棱和绿色或紫红色的条纹,多分枝;枝上升或开展。叶有长叶柄;叶片菱状卵形至披针形,长3~6 cm,宽2.5~5 cm,先端急尖或微钝,基部宽楔形,边缘常有不整齐的锯齿,下面生粉粒,灰绿色。花两性,数个集成团伞花簇,多数花簇排成腋生或顶生的圆锥状花序;花被片5,宽卵形或椭圆形,具纵隆脊和膜质的边缘,先端钝或微凹;雄蕊5;柱头2。胞果完全包于花被内或顶端稍露,果皮薄,和种子紧贴;种子横生,双凸镜形,直径1.2~1.5 mm,光亮,表面有不明显的沟纹及点洼;胚环形(彩图4-48)。

9. 地锦(*Euphorbia humifusa*)

大戟科,一年生杂草。匍匐伏卧,茎细,红色,多叉状分枝,全草有白汁。叶通常对生,无柄或稍具短柄,叶片卵形或长卵形,全缘或微具细齿,叶背紫色,下具小托叶。杯状聚伞花序,单生于枝腋,花淡紫色。蒴果扁圆形,三棱状。

地锦分布很广,北起辽宁,南至广东。对土壤适应性很强。性耐寒,喜阴湿,在雨季,蔓上易生气生根。

10. 田旋花(*Convolvulus arvensis*)

旋花科,多年生杂草。地下根茎为横生,白色,线状。地上茎蔓生、缠绕或匍匐分枝,茎具白色乳汁,叶互生,有柄;叶片戟形,中裂片大,侧裂片展开,略尖。花腋生,具长梗,花冠淡粉红色,漏斗状。在新建植草坪及老草坪中都有危害(彩图4-49)。

11. 猪殃殃(*Galium aparine*)

茜草科,蔓生或攀援状草本。茎四棱形,棱上和叶背中脉及叶缘均有倒生细刺,触之粗糙。叶6~8片,轮生,线状倒披针形,长1~3 cm,宽2~4 mm,顶端有刺尖,表面疏生细刺毛,无柄。花3~10朵组成顶生或腋生的聚伞花序;花萼有钩毛;花冠辐射状。果球形,密生钩毛,果柄直生。花果期4~6月。

12. 繁缕(*Stellaria media*)

石竹科,一年生杂草。茎纤细,蔓延地上,基部多分枝,下部节上生根,上部叉状分枝,茎上有一行短柔毛,其余部分无毛。叶对生,叶片长卵形,顶端锐尖,茎上部的叶无柄,下部叶有长柄。花具细长梗,下垂,花瓣微带紫色。蒴果卵形。种子圆形,黑褐色,密生疣状突起。花期2~4月,果期5~6月。

13. 酢浆草(*Oxalis corniculata*)

酢浆草科,多年生草本,全体有疏柔毛;茎匍匐或斜升,多分枝。叶互生,掌状复叶有3小叶,倒心形,小叶无柄。花黄色,1至数朵组成腋生的伞形花序,萼片长圆形,顶端急尖,有柔毛;花瓣倒卵形,微向外反卷;花丝基部合生成筒状。蒴果近圆柱状,5棱,有短柔毛,成熟开裂时将种子弹出。种子小,扁卵形,红褐色,有横沟槽。花果期 4～8 月(彩图 4-50)。

酢浆草生长于肥沃较干旱的土壤中,在我国南北各地都有分布。

14. 马齿苋(*Portulaca oleracea*)

马齿苋科,一年生杂草。长可达 35 cm。茎下部匍匐,四散分枝,上部略能直立或斜上,肥厚多汁,绿色或淡紫色,全体光滑无毛。单叶互生或近对生;叶片肉质肥厚,长方形或匙形,或倒卵形,先端圆,稍凹下或平截,基部宽楔形,形似马齿,故名"马齿苋"。夏日开黄色小花。蒴果圆锥形,自腰部横裂为帽盖状,内有多数黑色扁圆形细小种子(彩图 4-51)。

15. 独行菜(*Lepidium apetalum*)

十字花科,1 年或 2 年生草本植物。全体无毛,茎直立,高 5～30 cm,有棱。基生叶有柄,叶片倒卵状长圆形,全缘;茎生叶无柄,叶片长圆状或披针形或倒披针形,基部两侧箭形抱茎,边缘具疏齿。总状花序顶生;花瓣 4,白色。生于田野,各地均有分布。短角果近圆形,扁平,先端凹陷,边缘有狭翅。种子椭圆形,棕红色,粗糙,有近"V"形的棱,棱顶具小突起。种子繁殖。

16. 荠菜(*Capsella bursa-pastoris*)

十字花科,1 年或 2 年生草本植物。基生叶丛生,羽状深裂,顶端的裂片三角形,两侧裂片较长,先端渐尖,具长叶柄。抽薹后,高 15～50 cm。茎生叶互生,为矩圆形或披针形,全缘或有缺刻,基部耳形而抱茎。总状花序顶生及腋生,花小而有柄。短角果倒三角状或倒心形,扁平,先端凹陷,果皮黄绿色,内含多粒种子,种子长椭圆形,长约 1.5 mm、宽约 0.5 mm,稍扁,种皮红褐色至黑色,有网状纹。

荠菜属于四季发生型杂草,种子休眠期短,对萌芽的气候条件要求不严格,除酷暑和严寒以外,均有种子萌芽生长。

三、草坪杂草的综合防除

草坪杂草防除应以预防为主,施行综合防除。即针对各种杂草的发生情况,采取相应措施,创造有利于作物生长发育而不利于杂草休眠、繁殖、蔓延的条件。综合防除的具体措施有以下几点。

(一)严格杂草检疫制度

植物检疫,即对国际和国内各地区所调运的种子苗木等进行检查和处理,防止新的外来杂草远距离传播,是防止杂草传播蔓延的有效方法之一。许多检疫性杂草的传播是在频繁调种过程中传入的。因此,必须加强检疫制度,遵守有关检疫的规章制度,严防引种时传入杂草。

(二)清洁草坪周围环境

草坪周边环境中的杂草是草坪杂草的主要来源之一,这些地方的杂草种子通过风吹、灌溉、雨淋等方式进入草坪。所以应及时除去草坪周边如路边、河边及住宅周围等环境的杂草,减少草坪杂草来源。农家肥中往往含有大量杂草种子,因此农家肥要经过50～70 d的堆肥处理,经腐熟杀死杂草及其种子后才能使用。

(三)适时播种,采用合理的建植方法

在春、夏季建植禾本科草坪时,因气候适宜,非常适于禾本科杂草种子萌发,很容易造成草荒。如改春、夏播为秋播,草坪草苗期的禾本科杂草发生量极少,其杂草主要为阔叶杂草,喷施阔叶除草剂即可控制杂草危害。

混配先锋草种,可抑制杂草生长。绝大多数杂草是喜光植物,而冷地型草坪植物绝大多数品种是耐阴植物,由于先锋草种的快速生长,抑制了杂草的萌发和生长,而对其他草坪品种的生长影响不大,因此可以在建坪时与其他草坪品种混播。

有条件的情况下,可采用无土草毯铺设草坪,草坪草迅速覆盖地面,有效地抑制杂草的发生。

(四)加强草坪管理

耕作灭草,减轻草害;合理修剪、追肥、浇水,可起到控制杂草的作用。

(五)生物防除

利用杂草的天敌昆虫、病原菌等生物,控制和消灭杂草。本方法在实际应用中具有较大的局限性,是今后研究发展的方向。

(六)物理防除

1. 人工拔除

人工拔除杂草目前在我国的草坪管理中仍普遍采用,它的最大缺点是费时费工,还会损伤新建植的幼小草坪植物。人工拔除一般在雨后土壤疏松时进行效果好。在草坪上对于明显、高大、散生的单株杂草可用人工"挑除"的方法加以去除。

2. 定期修剪

利用草坪草和杂草生长点的高度差异,适时合理地进行修剪。由于每次修剪时,均可不同程度地剪掉杂草的生长点和杂草茎,从而抑制杂草生长。防除以种子繁殖的杂草效果最佳。

(七)化学防除

化学防除是指应用除草剂除灭杂草。是草坪管理工作的重要组成部分,也是杂草综合防除的重要内容。

1. 除草剂的类型

除草剂的种类很多，而且在不断创新，据统计，当代产生的除草剂有1/10的品种可以用于草坪。为了生产上使用方便，依据使用时期、植物的吸收方式、使用范围、使用方法进行了分类。

(1)根据杂草不同生长期施药，除草剂可分为芽前除草剂和芽后除草剂。

芽前除草剂在杂草种子发芽出苗前施用。这类除草剂主要防除一年生杂草和阔叶杂草，通常用在已建植的成熟草坪上，一般不用在新播种的草坪上(环草隆除外)。芽前除草剂一般是在土壤表面形成一层毒层，来杀死要发芽的杂草种子和幼苗，而对毒层下面草坪草的地下根相对安全。芽前除草剂持效期为6～12周。

芽后除草剂在杂草的生长期施用。这类除草剂主要用于防治多年生杂草和阔叶杂草，也可防除一年生杂草。

(2)根据植物的吸收方式，可分为内吸型除草剂和触杀型除草剂。

内吸型除草剂是通过植物的茎叶吸收后，再输导到植物的其他部位，使植物受害，达到灭杀的目的。这类除草剂用于防治多年生和一年生杂草。如2,4-D丁酯、草甘膦。

触杀型除草剂只对所接触的部位有灭杀作用，主要用于防治一年生杂草和以种子繁殖的多年生杂草，而对多年生根茎繁殖的杂草效果较差。如百草枯。

(3)根据除草剂的使用范围，可分为选择性除草剂和灭生性除草剂。

选择性除草剂对一些植物有选择性的杀伤，而对另一些则安全。这类除草剂一般用于苗后施用，防除阔叶杂草或一年生杂草。如2,4-D丁酯。

灭生性除草剂对所有的植物都有不同程度的杀伤，一般用于草坪建植前土壤处理。灭生性除草剂能杀大多数杂草，包括一年生、多年生及阔叶杂草。如草甘膦、百草枯等。

(4)根据杂草的使用方法，可分为土壤处理剂和茎叶处理剂。

土壤处理剂是指用于土表施用或混土处理的除草剂。这类除草剂是通过被杂草的根、芽鞘、或下胚轴等部位吸收而产生药效。如氟乐灵、西玛津等。

茎叶处理剂是在杂草出苗后用于茎叶喷雾处理的除草剂。如草甘膦、2,4-D丁酯、灭草畏、百草枯等。茎叶处理剂在草坪草抗药性最强，杂草抗药性最差时施用效果最佳。禾本科杂草一般在1.5～3叶期；阔叶杂草一般在4～5叶期内。

2. 草坪不同时期杂草化学防除措施

草坪杂草的防除，在播种前、播种后苗前、苗期以及成熟草坪所应用的除草剂及施用方法是不同的。为了草坪草的安全起见，所用的除草剂最好预先进行小面积的试验，以测定在当地环境条件下，所使用的除草剂及使用剂量对草坪草的安全性。

(1)播种或移栽前杂草的防除　一般可在播种前或移栽前，灌水诱发杂草萌发，杂草萌发后幼苗期根据杂草发生的种类选择使用灭生性或选择性除草剂，进行茎叶喷雾处理(表 4-3)。

表 4-3　草坪播种或移栽前防除杂草除草剂

(引自《草坪建植与养护》，赵燕，2007)

药剂名称	杀草范围	100 m^2 剂量/L
41%草甘膦水剂	一年生、多年生杂草	4～6
20%百草枯水剂	一年生杂草	5～6
72% 2,4-D丁酯	阔叶杂草	1～1.5
20%二甲四氯钠盐水剂	阔叶杂草	5～6
60%茅草枯钠盐	禾本科一年生、多年生深根杂草	1.5～2

(2)播种后苗前杂草的防除　在播种后，杂草和草坪草发芽前，用苗前土壤处理剂处理。根据草坪草、杂草的种类选用不同的选择性除草剂，进行土壤喷雾封闭处理。施用药剂参考表 4-4。播种后苗前施用除草剂的风险性极大，极易出现药害，为保证草坪草的绝对安全，一定要对草坪草进行安全性试验。

表 4-4　草坪播种后苗前防除杂草除草剂

(引自《草坪建植与养护》，赵燕，2007)

药剂名称	杀草范围	耐药草坪草	剂量
25%恶草灵乳油	主要是一年生禾本科杂草	多年生黑麦草、早熟禾	0.9～1.5 L/hm^2
坪绿 1 号可湿性粉剂	一年生禾本科杂草和阔叶杂草	早熟禾、高羊茅、黑麦草、结缕草	1.1 kg/hm^2
50%环草隆可湿性粉剂	一年生禾本科杂草	早熟禾、羊茅、多年生黑麦草	5～10 kg/hm^2
48%地散磷浓乳剂	一年生禾本科杂草和阔叶杂草	多年生黑麦草	4.5～13.5 L/hm^2

(3)草坪幼苗期或草坪移栽后杂草的防除　草坪草幼苗对除草剂很敏感，最好延迟施药，直到新草坪已修剪 2～3 次再施药。如果杂草较严重，必须施药，可选用对幼苗安全的除草剂，在杂草 2～3 叶期进行茎叶处理(表 4-5)。

表 4-5　草坪幼苗期防除杂草除草剂

（引自《草坪建植与养护》，赵燕，2007）

药剂名称	杀草范围	耐药草坪草	剂量
72％ 2，4-D 丁酯乳油	阔叶杂草	禾本科草坪草	0.6～1.1 L/hm^2
20％溴苯腈水剂	阔叶杂草	禾本科草坪草	0.75～2.5 L/hm^2
坪绿 2 号可湿性粉剂	禾本科杂草及部分阔叶杂草，对牛筋草防效较差	早熟禾、高羊茅、黑麦草、丹麦草、结缕草、野牛草	0.6～0.75 kg/hm^2
坪绿 3 号可湿性粉剂	禾本科杂草、阔叶杂草	早熟禾、高羊茅、黑麦草、丹麦草、结缕草、野牛草、翦股颖	0.75～0.83 kg/hm^2

(4)成熟草坪上杂草的防除

①一年生杂草的防除　一年生杂草主要为禾草，可根据除草剂的特性和草坪草种，选择适当的除草剂进行防除，主要使用芽前除草剂进行土壤处理。

防除一年生杂草的芽前除草剂(表 4-6)有 48％地散磷乳剂、25％恶草灵乳油、50％环草隆可湿性粉剂等。一年生禾本科杂草的出土高峰期在 6～7 月份，这些芽前除草剂必须在杂草种子萌发前 1～2 周施用。最好以“药沙法”撒施，拌沙量为 30 g/m^2，施药后灌水。

表 4-6　防除草坪中杂草的芽前除草剂

（引自《草坪学》，孙吉雄，2003）

除草剂种类	防除的杂草种类	抗药的草坪草种类	用量 /(kg/hm^2)
草坪宁 1 号	马唐、狗尾草、看麦娘、婆婆纳、天胡荽、藜、繁缕等	结缕草、细叶结缕草、马尼拉、矮生狗牙根、狗牙根等	0.1
绿茵 1 号	马唐、狗尾草、看麦娘、婆婆纳、繁缕等大多数禾本科杂草和双子叶阔叶杂草	结缕草、马尼拉、矮生狗牙根、狗牙根等	—
氟草胺	马唐、稗、金色狗尾草、牛筋草、芒稗、一年生早熟禾、萹蓄、一年生黑麦草、马齿苋、藜、砧草	草地早熟禾、多年生黑麦草、地毯草、高羊茅、细羊茅、结缕草、狗牙根、钝叶草、巴哈雀稗	0.91～1.36

续表 4-6

除草剂种类	防除的杂草种类	抗药的草坪草种类	用量 /(kg/hm²)
地散磷	马唐、稗、金色狗尾草、一年生早熟禾、荠菜、藜、宝盖草	草地早熟禾、多年生黑麦草、地毯草、高羊茅、细羊茅、结缕草、狗牙根、钝叶草、粗茎早熟禾、匍匐翦股颖、小糠草	3.4～4.54
敌草索	马唐、一年生早熟禾、美洲地锦、草稗、金色狗尾草、大戟、牛筋草	所有草坪草、除球穴区修剪较高的翦股颖	4.54～6.08
草乃敌	大多数禾本杂草	极个别暖地型草坪草除外	4.54
灭草灵	一年生早熟禾、马唐、繁缕、稗、金色狗尾草、马齿苋	多年生黑麦草、休眠狗牙根	0.34～0.68
灭草隆	一年生早熟禾、鸡脚草、酢浆草	极个别暖地型草坪草除外	0.45
恶草灵	牛筋草、马唐、一年生早熟禾、稗、秋稷、碎米草、婆婆纳、酢浆草	多年生黑麦草、草地早熟禾、狗牙根、高羊茅、地毯草、钝叶草、结缕草	0.91～1.18
氟硝草	马唐、稗、一年生早熟禾、酢浆草、耕地车轴草、月见草、大戟、宝盖草、鼠曲草、狗尾草	多年生黑麦草、草地早熟禾、狗牙根、羊茅、地毯草、钝叶草、巴哈雀稗、结缕草	0.68
环草隆	马唐、稗、看麦娘	多年生黑麦草、草地早熟禾、高羊茅、海岸与高地翦股颖、鸭茅	2.72～5.44
西马津	一年生早熟禾、小盆花草、马唐、耕地车轴草、宝盖草、稗、金色狗尾草	狗牙根、钝叶草、结缕草、野牛草、地毯草	0.45～0.91

使用芽后除草剂在禾本科草坪中进行茎叶喷雾来防除禾本科杂草，从选择的角度来看难度较大，可供利用的除草剂种类相对较少。

②多年生杂草的防除　在生产上防除多年生禾草如芦苇、白茅等较困难，尤其是在冷地型草坪上。防除该类杂草除参照苗前土壤处理法外，主要选择灭生性除

草剂，如草甘膦，以涂抹或定向喷雾的方法施药防除。莎草科的香附子、苔草等可用25%灭草松水剂5～7 L/hm² 防治，效果很好，且对草坪草的毒性小。

③阔叶杂草的防除　防除阔叶杂草的芽后除草剂见表4-7。阔叶除草剂有的也能混用，可防除藜、马齿苋、繁缕、苍耳、蒲公英、萹蓄、酸模、车前类、野胡萝卜等多种阔叶杂草，并且药效增强。

表 4-7　用于选择性防除草坪中阔叶杂草的芽后除草剂

（引自《草坪学》，孙吉雄，2003）

除草剂种类	用量/(kg/hm²)	备注
噻草平	0.454	在草坪中选择性防除铁荸草，要完全防除该杂草，有时需重复施用
溴苯腈辛酸酯	0.17～0.91	可用于坪床中防除阔叶杂草，也可与2,4-D、二甲四氯丙酸和灭草畏等混合施用，来防除翦股颖以外已建成的草坪的杂草
2,4-D	0.454	除繁缕、鼠曲草、英国雏菊、欧亚活血丹、萹蓄、胡枝子、锦葵、苜蓿、野斗蓬草、丝状婆婆纳、大戟、堇菜、野草莓以外
二甲四氯丙酸	0.23～0.45	除酸模、蒜荠、山柳菊、野葱、宽叶车前、长叶车前、马齿苋、丝状婆婆纳、堇菜、野草莓、欧蓍草以外
灭草畏	0.11～0.45	除宽叶车前、长叶车前、丝状婆婆纳、堇菜以外
2,4-D＋二甲四氯＋灭草畏	0.45～0.68	—
2,4-D＋定草酸	0.34～0.45	—
绿茵5号	1.4～1.8	用于马尼拉、结缕草草坪防除牛繁缕、碎米苋、荠菜等常见阔叶杂草

复习思考题

1. 什么是草坪病害？草坪病害的常见症状类型有哪些？
2. 主要草坪病害的种类、特点及其防治方法是什么？
3. 简述草坪害虫的分类、危害方式和危害症状。

4. 影响草坪害虫发生的环境条件有哪些？

5. 调查当地草坪常见害虫种类，并说明如何防治。

6. 草坪杂草的危害有哪些？

7. 杂草的防除方法有哪些？

8. 除草剂分哪几类？如何应用灭生性除草剂和选择性除草剂？

9. 草坪建植前可采取哪些措施对杂草进行防除？

10. 草坪建植后可采取哪些措施对杂草进行防除？

技能训练

技能训练 4-1 草坪病害调查及其防治

一、训练目的

通过对草坪病害的实地调查和病害症状观察，了解当地主要病害的种类构成及发生危害的情况；掌握常见草坪病害症状的识别要点及病原形态，通过开展对常见病害的防治实验，掌握具体病害的防治方法。

二、训练场所、用具及材料

(1)训练场所：病害发生的草坪地。

(2)用具及材料：数码相机、标本夹、扩大镜、镊子、笔记本、铅笔、病害的盒装标本、实物标本、照片、挂图、幻灯、显微镜、放大镜、镊子、刀片、挑针、盖玻片、载玻片等。

三、训练内容

观察草坪草病害的识别要点、病原特征；草坪草病害药剂防治效果分析。

四、训练步骤方法

1. 现场调查

每年在草坪易发病的季节，教师可组织学生到草坪发病的现场，进行病害的调查记载、标本采集、症状拍摄等，调查记载的主要内容有草坪种类、草坪长势、病害的类型、症状及发病程度。

2. 室内观察

(1)首先观察所有草坪草病害的标本、照片、挂图、幻灯片等，掌握草坪草主要病害症状的识别要点。

(2)利用采集到的新鲜标本或病原菌制片对以下几种主要草坪病害，进一步辨识其症状特征及病原形态。

褐斑病：用挑针挑取菌丝进行镜检，观察菌丝特征及菌核的外部形态、菌丝分枝处呈近直角分枝、菌核初期和后期色泽的变化等。

锈病：切片或挑针镜检观察锈病的夏孢子和冬孢子堆，观察它们的形状、大小、色泽、着生特点等。

腐霉枯萎病：切片或用挑针挑取菌丝进行镜检，观察菌丝形状特点及菌核形状、大小、色泽等特征，结合发病的草坪进行观察以加深印象。

夏季斑枯病：典型病株根部、根冠部和根状茎黑褐色。将病草的根部冲洗干净，直接在显微镜下检查，可见到平行于根部生长的暗褐色匍匐状外生菌丝，有时还可见到黑褐色不规则聚集体结构。

白粉病：分析草坪草白粉病的危害症状及发病规律。用挑针挑取发病部位的白粉和小黑点，制成片子进行镜检，观察白色粉状的分生孢子和病原菌的闭囊壳。

锈病：切片或挑针镜检草坪草锈病的夏孢子及冬孢子。夏孢子单胞、无柄、壁薄，冬孢子双胞、有柄、壁厚。

3. 防治试验

在每年草坪草容易发生病害的地块或在室内培养的草坪上，夏、秋季节进行草坪病害药剂防治实验，对一种或几种草坪病害在发病初期采取不同的药剂处理(不同药剂、同一药剂不同浓度、喷药与不喷药)定期观察防治效果，并记录。

五、考核标准及配分

本项技能满分100分，要求达到60分以上。

(1)草坪草病害的标本采集。　20分

(2)列表描述所观察到的草坪草病害。　30分

(3)正确进行草坪草病害药剂防治，并分析防治效果。　20分

(4)实训报告上交及时，内容全面，结果准确。　30分

技能训练 4-2 草坪主要害虫调查及其防治

一、训练目的

通过对当地草坪主要害虫的实地调查和识别,了解和掌握主要害虫的种类构成及危害情况,掌握害虫的识别要点及危害症状,通过开展对常见害虫的防治试验,掌握具体害虫的防治方法。

二、训练场所、用具及材料

(1)训练场所:害虫发生的草坪地。

(2)用具及材料:数码照机、标本采集袋、捕虫网、毒瓶、草坪草害虫标本、照片、挂图和调查时采集到的新鲜活体害虫、喷雾器或小型压力喷壶及常用的几种杀虫剂等。

三、训练内容

观察草坪草害虫的形态特征、危害部位与危害状及草坪害虫药剂防治方法。

四、训练步骤方法

1. 现场调查

教师可组织学生到草坪害虫发生的现场进行调查,观察草坪害虫危害状、发生危害程度、害虫形态及危害状拍摄、标本采集等(现场调查可结合病害调查一起进行)。

2. 室内观察

(1)根部与根茎部害虫的形态识别及危害症状:通过挂图、照片、标本或新鲜害虫活体,识别蛴螬、金针虫、地老虎、蝼蛄等类害虫的成虫、幼虫、卵和蛹的形态特征及对草坪的危害状。

(2)叶部害虫的形态识别及危害症状:通过挂图、照片、标本或新鲜害虫识别黏虫、斜纹夜蛾、草地螟、蝗虫等食叶害虫的成虫、幼虫、卵和蛹的形态特征及对草坪的危害状,几种害虫危害状共性。

通过挂图、照片、标本或新鲜害虫识别盲蝽、叶蝉、飞虱、蚜虫、螨类等害虫的成虫、幼虫、卵和蛹的形态特征及对草坪的危害状，几种害虫危害状共性。

3. 防治试验

在发生草坪虫害的地块，结合现场草坪害虫的识别与危害症状观察，对某一种或几种害虫（或将学生分组，每组处理一种害虫），在药剂防治的适期采取不同的药剂处理（不同药剂、同一药剂不同浓度、喷药与不喷药）进行喷施防治试验，定期观察防治效果，并记录。

五、考核标准及配分

本项技能满分 100 分，要求达到 60 分以上。

(1)草坪草害虫的标本采集。 20 分

(2)列表描述所观察到的草坪草害虫。 30 分

(3)正确进行草坪草害虫药剂防治，并分析防治效果。 20 分

(4)实训报告上交及时，内容全面，结果准确。 30 分

第五章 草坪的应用

知识目标

● 了解足球场草坪坪床构造的特殊性,掌握足球场草坪的建植方法和养护管理措施。

● 了解高尔夫球场果岭、球道、发球台、障碍区草坪的质量要求,掌握各区域的养护管理措施。

● 掌握庭院草坪、公园草坪、护坡草坪的建植方法和养护管理措施。

能力目标

● 能对足球场草坪进行建植和养护管理。

● 针对高尔夫球场果岭、球道、发球台、障碍区各区域,能采用适当的建植和养护管理措施。

● 能对庭院草坪、公园草坪、护坡草坪进行建植和养护管理。

第一节 足球场草坪

足球比赛往往被人们称为"绿茵赛事",由此可见足球场草坪与足球运动的紧密关系。足球场草坪不仅能使运动员充分发挥竞技水平,减少其在运动中受到伤害,而且对观众的眼睛、视野有良好的作用。

一、足球场的类型及足球场草坪的质量要求

(一)足球场的类型

1. 专用足球场

是专供足球比赛用的运动场,在世界足球运动发达国家较常见,上海虹口足球

场是中国第一个专用足球场。根据国际足球联合会规定，世界杯足球赛决赛阶段使用的足球场地必须是 68 m×105 m(图 5-1)，边线和端线外各有 2 m 宽的草坪带，因此标准足球场草坪的面积应为 72 m×109 m。

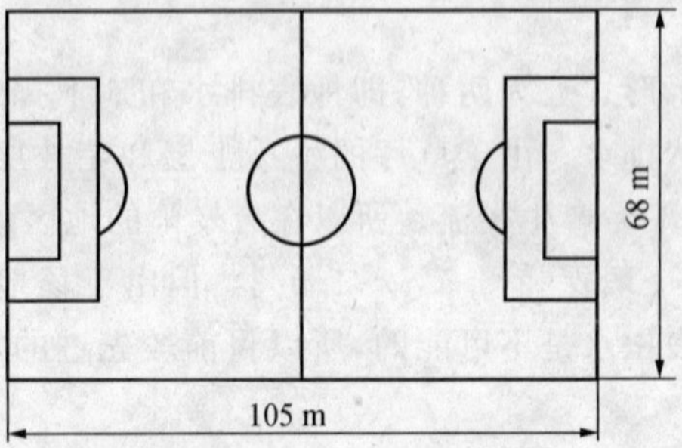

图 5-1　世界杯赛标准足球场

2. 田径足球场

通称的体育场都是将足球场与田径赛场相结合建造，足球场布置在田径跑道中间。田径跑道的最内圈的周长一般要求不少于 400 m，因此，足球场只能在周长 400 m 的椭圆形区域内加以布局。中小学校运动场，因受场地面积限制，足球场常取 45 m×90 m，甚至更小，这类足球场都是非标准的足球练习场。

(二)足球场草坪的质量要求

足球场草坪对于提高足球的运动质量和球员的安全性十分重要。运动质量决定于场地表面层及下层材料的性质，即足球场表层土壤及其着生的草坪的性质。除了草坪的表观质量以外，足球场草坪的功能质量尤其重要。为了适应运动的要求，足球场草坪需要具备以下特点：

(1)具有较强的忍受外来冲击、拉张、践踏的能力；

(2)表面具有一定的光滑度；

(3)具有良好的弹性和回弹性；

(4)草坪草茎、枝、叶中的机械组织发达，抗压耐磨的能力良好；

(5)生长迅速，植株分蘖力或扩展性强，具有很好的自我修复能力。

二、足球场草坪坪床构造

足球场的坪床必须在强烈的践踏和集中降雨的情况下，仍能保持较高的透水性和透气性，并维持适当的软硬度。另外，如果灌水采用固定式喷灌系统，还须在坪床上预先埋设输水管道。

(一)排水系统

排水系统是足球场草坪最重要、投资比重最大的基础工程。它可以排泄多余水分,保证足球场内无积水;阻隔地下水上升和盐碱危害;有利于土壤通气和透水;便于灌溉管理。

足球场草坪的排水形式分为两种,即地表排水和地下排水。地表排水是利用足球场表面的坡度自然排水。由于草坪的生草土层和芜枝层的吸收阻隔作用,除特大暴雨外,一般草坪不易产生径流。所以在有暴雨的地区建足球场草坪,应该中间高四周低,坪床坡度一般保持 0.5%～1.0%。但由于场地本身的限制,利用这种方式来迅速排出地表积水是不可能的,所以目前较先进的足球场都有了地下排水系统。

地下排水是足球场草坪最主要的排水方式。地下管道的密度、坡度和管径选择都需依当地水文地质条件进行设计。地下排水系统包括排水支管、排水总管和蓄水池。排水支管可用埋碎石盲沟、多孔陶瓷管或有孔塑料管建造。排水主管和暗渠多用混凝土管或铸铁管,在降雨量小,土壤蒸发强的地区,排水主管道的直径一般为 20～30 cm,而在多雨、降雨强度大的地区,其直径多为 50～80 cm。蓄水池是为再利用足球场草坪排泄的废水灌溉草坪而设置的,多设在足球场外地势较低处。

1. 地下盲管排水系统

地下盲管适用于基础土质不透水、无填方的场地。它由就地开挖的排水沟和回填的块石组成(图 5-2)。沟底需要有 0.5%～1.0%的坡度。块石可使用卵石、碎石,甚至建筑垃圾如废砖头和混凝土等,要求有较大的孔隙,不得下陷。盲管建造成本低,管理简单,但维修困难,地基不稳时常造成草坪塌陷。

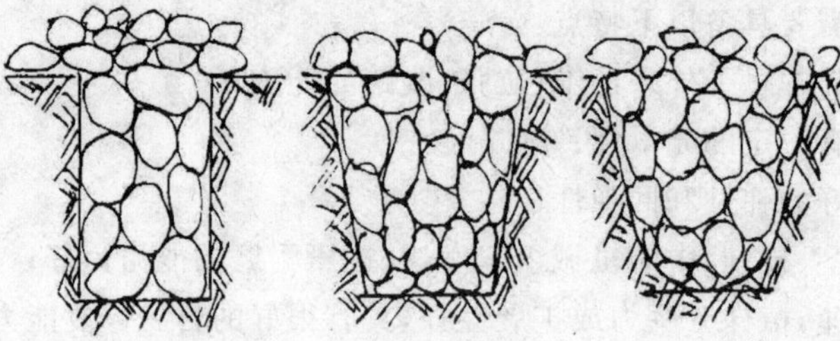

图 5-2 盲管排水沟的结构

盲管的排列间距一般为 3～5 m,降水量大的地区,排列间距较小,而比较干旱的地区则间距大些。

盲管的布设形式可采用周边式和鱼骨式(图 5-3)。周边式盲管的出水口向足球场四周均匀分布,水流进入四周的环形暗沟。这种形式适于体育场周边地形平坦、场外设蓄水池的场地。鱼骨式是在球场中心线设一条(向一端)或两条(向两端)主排水盲沟,二次盲沟向两边线延伸,并与主沟呈一定角度相接。鱼骨式盲管很适于地势较高、排水较畅的场地。

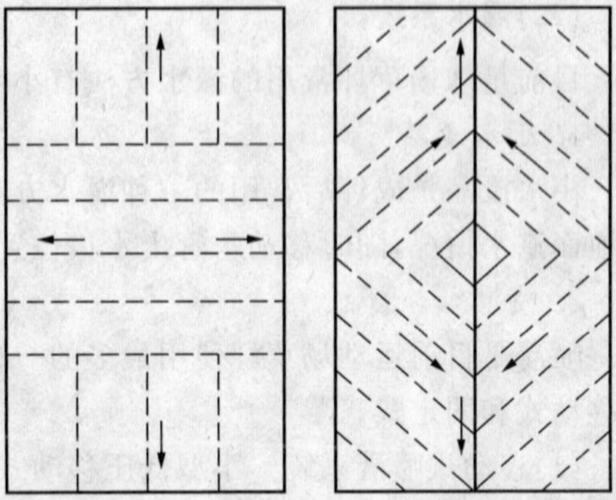

(a) 周边式　　(b) 鱼骨式

图 5-3　排水盲管的布设形式

2. 有孔管道排水系统

常用的排水管材有多孔陶瓷管、有孔水泥预制管或 PV 有孔塑料管。陶瓷管使用寿命长,对环境无污染,但是造价高,适于高标准足球场使用。有孔水泥预制管一般较少用。目前使用较多的是 PV 塑料管材。质地轻、安装简单,可以维修。PV 有孔塑料管的管径有 10 cm、15 cm、20 cm 等,可根据实际情况选用。排水管的布设形式主要是平行布设(图 5-4)和鱼骨形布设(图 5-5)两大类型。排水管的布设密度根据各地的降水量不同而不同,密的间距 3 m,稀的间距 10 m。

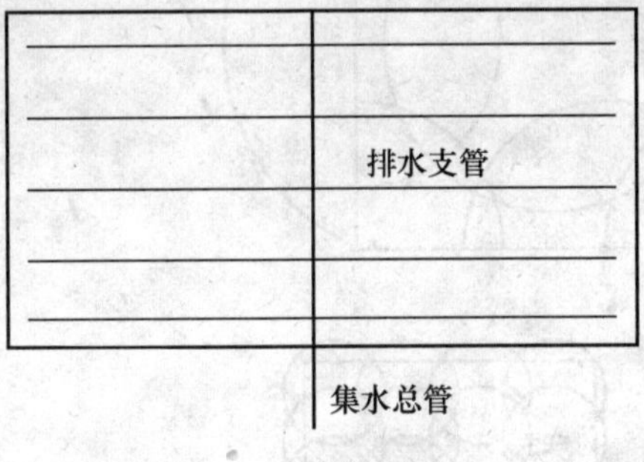

图 5-4　平行排水系统

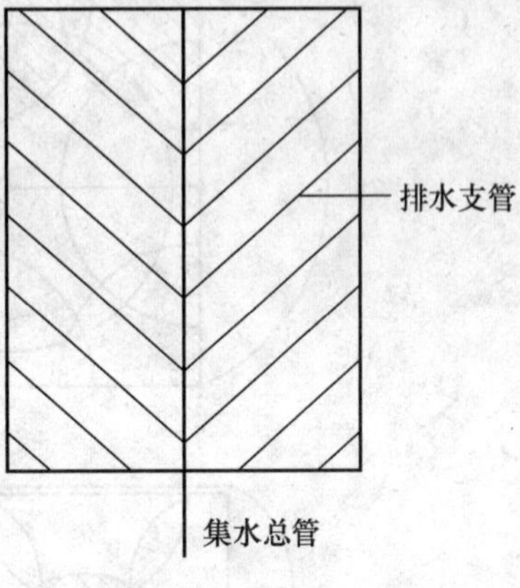

图 5-5　鱼骨形排水系统

排水管安装中要检查坡度使之符合设计要求,中间不能有凹凸不平的地方。排水管壁上部 1/3 的面积上开小孔,安装时小孔要朝上,排水管道四周要填实,回填块石要轻,防止损坏管道。设封堵 PV 管的高起端如果露出地面,应用塑料包裹管口,防止杂物进入管内,需要清淤时撤出封堵,可用高压水冲洗。

(二)灌水系统

目前足球场草坪常用的灌水方法有小水漫灌和喷灌。

1. 小水漫灌

小水漫灌是成坪后常用的一种灌水方法，将水源用可拆卸的水管引入场地，根据地面淹水情况，随时移动水管出水口位置，可根据需要调节灌水时间长短。

2. 喷灌

喷灌是目前运动场草坪使用最多的一种灌水方法。按照喷头的固定方式可分为移动式和固定式。

(1)移动式喷灌系统　小型低压移动式喷灌比较灵活，可以任意移动喷头位置和调节灌水量，不会出现固定喷头分布不均的现象。但灌水效率低，灌水后的胶管在草坪上拖拉会影响草坪草的生长。

(2)固定式喷灌系统　由伸缩式喷头、输水管道、加压水泵和蓄水池组成，这一系统的地下部分在施工开始时要预埋。喷头可根据水压自动伸缩，有水压时自动伸出地面并喷水，喷水结束后又自动缩下，不影响运动。

图 5-6 是三种常见的固定喷灌系统，只因喷头的射程半径不同而在数量和排列上有所不同，但原理都是要全部覆盖。

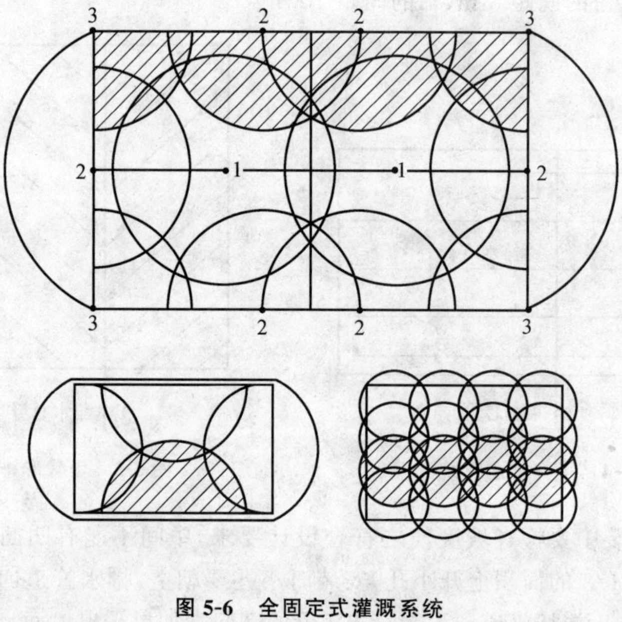

图 5-6　全固定式灌溉系统

如果采用高压升降式喷头，喷头射程半径为 20～30 m，只需要安装 4 个喷头。还需要安装一台 25～50 kW 的离心式清水泵，带止水阀的上水管，一个容量 100～200 m^3 的水槽，减压启动闸刀，简易配电盘，机房（约 15 m^2），输水管（承插铸铁管或无缝钢管）等。

如果采用低压升降喷头，射程半径为 15～20 m，则喷头的安装可采用分组式布局。这种方式灌水时需分组启开阀门，灌水时间较长，但可直接安装在自来水管道上。

管道布置依喷头数量和位置决定。每个喷头的旁边（进水管）均应设观察井，并安装闸阀（或电动遥控阀）。管道的管径要保证喷头的工作压力。

（三）几种典型的坪床构造

1. 上海浦东源深路体育中心足球场坪床构造

上海浦东源深路体育中心足球场没有地下排水管，而是采用 20 cm 厚的砾石层做排水层，通过多孔砖墙渗入排水沟（图 5-7）。

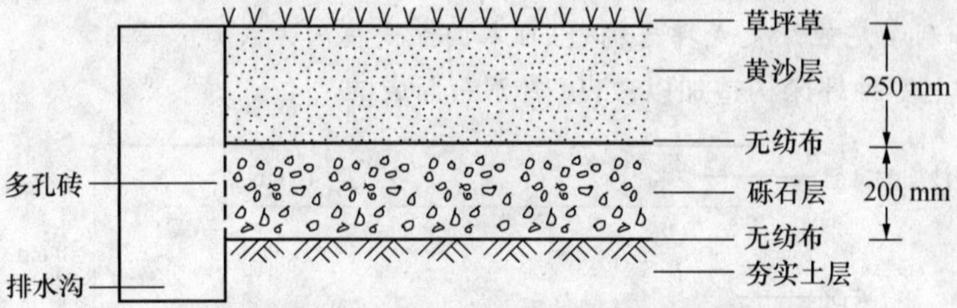

图 5-7　上海浦东源深路体育中心足球场坪床构造

（引自《现代草坪建植与管理技术》，黄复瑞等，1999）

技术参数：

①排水方式：砾石层与多孔砖结合。

②基础坪床的坡度：0.3%。

③基础坪床与砾石层的分隔：使用 200 g/m^2 的无纺布。

④排水砾石层厚度：20 cm。

⑤砾石层与种植沙层的分隔：使用 200 g/m^2 的无纺布。

⑥种植层沙厚：25 cm。

⑦种植层沙的粒径：0.5 mm 以下的占 5%～25% ，0.5～1.0 mm 的占 50%～70%，1.0～2.0 mm 的占 10%～25%。

⑧改良剂：有机肥。

2. 美国加利福尼亚大学足球场坪床构造

设有地下排水管，排水管四周用粗沙（粒径 6 mm）填充。上部种植层厚 30 cm，种植层沙的粒径为：0.1～0.5 mm 的占 1%～5%，0.5～1.0 mm 的占 85%～90%以上，1.0～2.0 mm 的占 0～10%（图 5-8）。

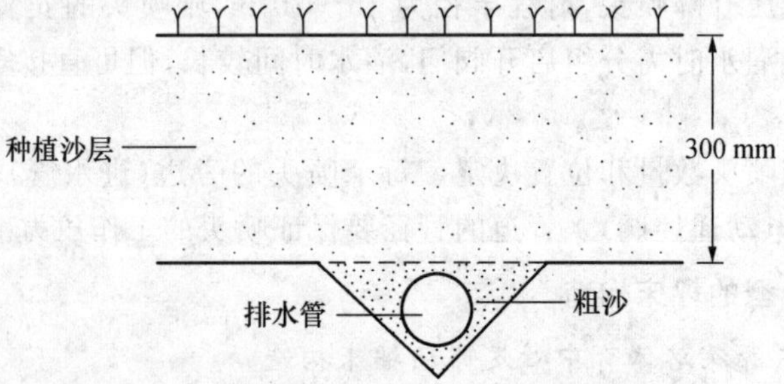

图 5-8 美国加利福尼亚大学足球场坪床构造

（引自《现代草坪建植与管理技术》，黄复瑞等，1999）

3. 加利福尼亚改良式坪床构造（日本国立竞技场方式）

是对上一种坪床构造加以改良（图 5-9）而成的。

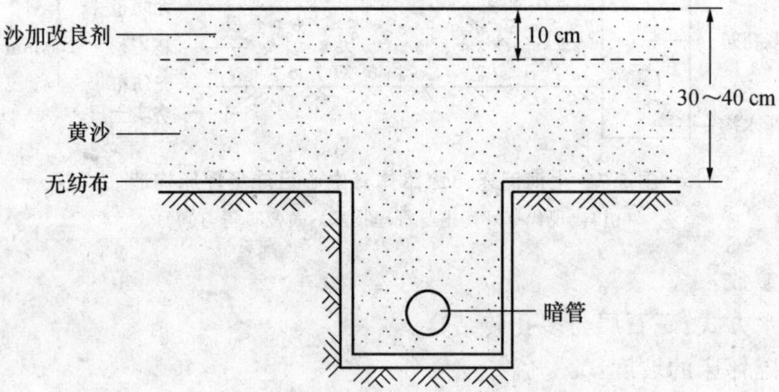

图 5-9 加利福尼亚改良式坪床结构

（引自《现代草坪建植与管理技术》，黄复瑞等，1999）

技术参数：

①基础层与沙层的分隔：无纺布。

②暗管间隔：4.5～5.0 m。

③暗管管径：50 mm。

④暗管周围：较粗均一的沙。

⑤种植层厚度：30～40 cm。

⑥种植层沙的粒径：0.1～0.5 mm 的占 1%～5%，0.5～1.0 mm 的占 85%～90%以上，1.0～2.0 mm 的占 0～15%。

⑦改良的种植层厚度：10 cm。

⑧改良剂：有机改良剂、无机改良剂、堆肥。

4. 上海 8 万人体育场的足球场坪床构造

构造如下（图 5-10）。

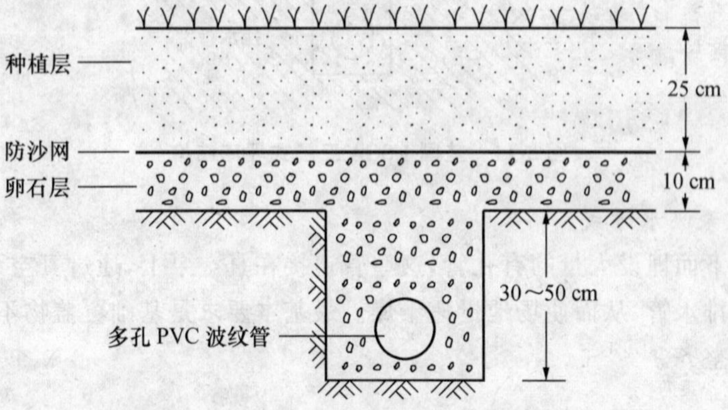

图 5-10 上海 8 万人体育场的足球场坪床结构

技术参数：

①多孔管排列方式：改良"人"字形。

②多孔管管径：100 mm。

③多孔管排水坡度：0.7%。

④多孔管间隔：7 m。

⑤多孔管周围：粒径 1～2 cm 的卵石。

⑥种植层与卵石层的分隔：防沙网。

⑦种植层厚度：25 cm。

⑧种植层沙的粒径：0.5 mm 以下的不超过 10%，0.5～2.0 mm 的占 85%～90%以上，2.0 mm 以上的不超过 5%。

⑨改良方式：种植沙层全部加以改良，采用有机改良剂、无机改良剂、肥料。

⑩地表排水坡度：0.32%。

5. 美国 USGA 三层式坪床构造

这种方式多见于高尔夫球场果岭区，在足球场及其他运动场地中也常用。坪床通常由砾石层、粗沙层、种植层三层组成，下设排水管（图 5-11）。这种构造施工相对较难，成本也较高。

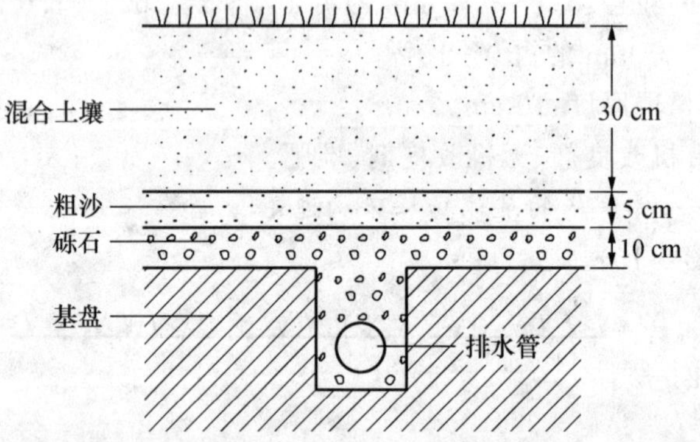

图 5-11 美国 USGA 三层式坪床结构

6. 真空泵吸水方式

在沙层下面埋设大量的有孔管，这些管道接在真空泵上，通过真空泵的吸力将水迅速吸进排水管，从而使场地迅速干燥。最基本要求是基础覆盖物不透水，沙层的粒径规格整齐。

三、足球场草坪的建植

(一)草种的选择

作为足球场草坪的草种必须具有耐践踏、抗逆性强的特点。一般北方多选用草地早熟禾、高羊茅等耐寒的冷季型草种进行混播；南方多选用结缕草、狗牙根、地毯草等暖季型草种。

(二)建植方法

足球场草坪的建植可以采用播种法，也可以采用栽植法。

1. 播种

用种子播种建植足球场草坪是最理想的方式，因为便于控制草种组成和密度，缺点是成坪时间较长，幼苗期管理技术要求较高。足球场草坪常用草坪草的播种量可参考下表(表 5-1)。

用颜色深浅不同的草坪草种或品种分别种植或在品种组合中掺入不同比例的混合草种，可获得足球场草坪永久花纹。例如，北方足球场草坪中有一组加入10%～30%的野牛草，另一组则加入颜色较深的早熟禾或紫羊茅。播种时先在坪床上画出设计的花纹图案，按设计图案进行分别播种。播种后浇水时，喷水水流不能过强，防止种子相互飞溅混杂。对于要求色彩鲜明的图案或文字、可播种与背景草坪区别明显的草种，如温暖地区可种植马蹄金或矮生白三叶，甚至是五色草。

表 5-1 足球场草坪草的单播量标准

（引自《运动场草坪》，韩烈保等，1999）

草种	单播量/(g/m^2)	千粒重/g	播种密度/(粒/cm^2)
多年生黑麦草	40～50	1.50	2.67～3.34
草地早熟禾	20～30	0.37	5.41～8.11
高羊茅	70～80	2.51	2.79～3.18
普通狗牙根	10	0.10	10
邱氏羊茅	30	2.00	1.50
匍匐翦股颖	10	0.10	10

由于用播种法施工的图案轮廓线容易模糊，最好在足球场草坪成坪后，再按计划线开挖，然后铺砌草色对比大的草皮。

2. 穴栽

根据种苗数量和坪床质量决定栽植密度，通常密度大成坪快，密度小成坪需要的时间较长，一般以 10 cm×10 cm～20 cm×20 cm 的株行距开穴，为使栽植后的种苗生长整齐，可用机引播种机在坪床上进行交叉划行，在十字线处栽苗。若人工锄头开穴也要先用划线器在坪床上划出十字线，在十字处开穴。简单的划线器就是用一根较重的长方木，按 10～20 cm 间距装上木质或钢筋齿即可。

每穴栽入截短的匍匐枝 2～3 根，培土固定，最后碾压和喷水保湿。狗牙根在气温 25～30℃时，栽后 1 个月便可成坪。

3. 条植

将种苗栽植在沟中，如果是匍匐茎发达的草坪草，可撕成茎段栽植在沟中。人工条植时常单行栽植，即开一条沟，放入种苗稍固定后，再开第二条沟，使挖出的土填入第一行的沟中，以后依次条植。为提高条植工作效率也可使用谷物播种机，使开沟器调到最大深度，种苗投入犁沟后再人工覆土，最后碾压和喷水保湿。

4. 撒植

将匍匐茎切成含有 2～3 个节的茎段，并将此材料撒在准备好的坪床上，用量为 0.5 kg/m^2 左右，然后覆沙或营养土 0.5～1.0 cm，要使部分茎叶露出以吸收光照。为控制覆沙或覆土厚度，可用成卷的铁沙网先压在种苗上，然后撒土耙平，移出铁沙网，实践证明这样覆沙或覆土既可以保证覆沙厚度均一，又能大幅度提高工作效率。

5. 铺植

将培育好的草皮直接铺植在坪床上。1998 年法国世界杯足球赛的草坪多用此法建造。因为草坪草根系的深度与地上部分的高度成正比，即草越高则根越深。足球场草坪草的高度通常为 2～4 cm，完整的根系深度为 10～15 cm，而且主要分布在 0～5 cm 的土层内。根系浅生长不牢固，运动员踢球时易将草皮掀起。为此铺砌草皮时草皮块之间要留足一定的缝隙，缝隙越大新生长的草根越多越深，因而固定草皮越牢固。因此，铺砌草皮后要允许一定的生长期使根系充分发育。

四、足球场草坪的养护管理

(一)苗期管理

建植后的新草坪需要 4～6 周的特殊养护。新草坪需要经常浇水保持土壤湿润以促进根系活跃生长。采用播种法建植的草坪，当幼苗高度达到 2.5 cm 以后，可逐渐减少浇水次数。采用播茎法或铺草皮建植的草坪，在起初 5～7 d 当新根开始长出时应保持土壤湿润。以后逐渐减少灌水量使土壤经受有规律的干湿变化，从而刺激根系的向下生长。

苗期需供给幼苗充足的肥料以满足活跃生长的需要，从草坪草出现第 2 真叶开始，需定期施 N 肥和 K 肥。在新草坪首次修剪之前进行轻度碾压，通过轻微地伤害草的生长点可促进分蘖与横向生长，同时还可提高表面稳定性。

播种法建坪的冷季型草坪草高度达到 7.5 cm，采用播茎法的暖季型草坪草达到 2.5 cm 时，就可进行首次修剪。用草皮铺植的草坪，一旦能经受剪草机的操作而不被拔起时就可修剪，修剪高度应与移植前草坪的正常剪草高度一致。草坪草较幼嫩时，对化学伤害较敏感，尽量不要施除草剂。

(二)成坪后的养护管理

1. 施肥

施肥是保持足球场草坪质量的重要措施，施肥的种类和数量要依当地气候、土壤、草坪使用强度和修剪频率而定。气温高，湿度大，草坪草生长快，需肥多，反之需肥较少。土壤酸性的球场除补充 N、P、K 等营养元素外，应定期追施石灰粉或 $CaSO_4$。使用强度大，草坪草损伤重的情况下要求的养料多，应增加施肥次数。

足球场草坪施肥的原则是缺什么补什么，缺多少补多少，并且要少量多次施入。所以最好能定期取土样化验，然后制订施肥计划。另外，管理者随时注意草坪草的长势，是决定是否需要施肥的直接方法，也是最有效的方法。

对于高强度使用的沙质足球场草坪每年大约需 N 60 g/m^2，P 8 g/m^2，K 33 g/m^2，即尿素约 100 g/m^2，复合肥 300 g/m^2，表施肥土（土∶沙∶有机肥＝2∶2∶1）5～7 kg/m^2。夏季要少施氮肥，多施磷、钾肥，以增加草坪草的坚韧性和抗践踏性。

2. 修剪

足球场草坪的修剪高度一般保持在 2～4 cm。修剪时应严格遵循 1/3 原则。

适当的修剪可使草坪保持良好密度、控制杂草、减少病害、维持球场的使用性状。但修剪不当也会削弱草坪草的长势，造成草坪提前衰退。修剪的频率因植株的生长速度而异，春、秋大约每星期修剪 1 次，夏季生长旺期每星期需修剪 2 次。

修剪机械多用宽幅驾驶式旋转剪草机，要求刀片锋利。修剪后叶片无拉伤现象。修剪出的草屑要运出场外进行处理。遗落在草坪上的草屑或尘土可用吸收式捡拾机（清扫车）进行清理。

利用剪草机运行方向变化可使足球场形成不同的临时性花纹。它是由于草坪草茎叶倒伏方向不同，叶片反射光的差异所形成。花纹的宽度为 2～3 m，不能交叉混乱。通常在球赛前一天或当天作业完成。因为经过夜晚或较长时间生长，草坪草恢复垂直状后花纹便会消失。目前常见足球场压花形状有圆形式、方格式、横条式、斜线式和菱形格式（图 5-12）。

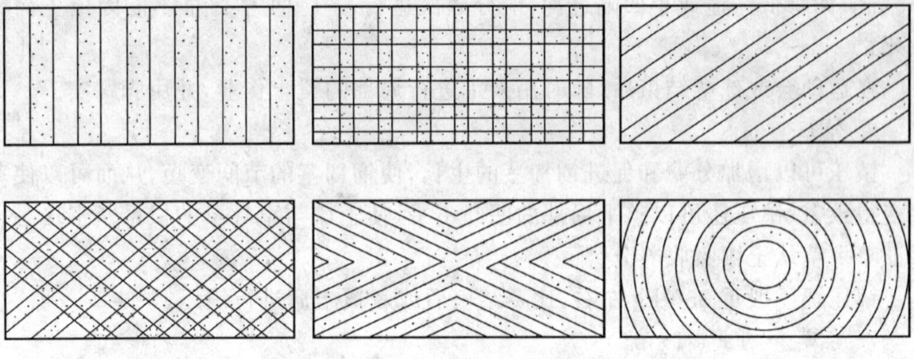

图 5-12　常见足球场草坪压花图式

3. 灌溉

足球场草坪土壤是沙质壤土，保水能力差，加强灌溉是足球场草坪养护管理的关键措施。灌水时间、次数、数量等没有统一标准，可根据草坪草的生长情况等确定灌水指标。通常应采用少量多次的灌水办法。

在比赛前 24～48 h 要进行浇水，以保证场地有足够的时间干燥，为比赛提供一个致密、表面坚实、干燥和抗践踏的场地。每一场比赛结束后应立即浇水，以防止受伤害草坪失水干枯，促进草坪修复。灌水时间最好在清晨，夏季为了降温，中午也可以进行喷灌。在入冬前最好冬灌 1 次，保证草坪的安全越冬，冬季干旱时，也需灌水。返青后要及时灌水，有利于草坪草的生长。

4. 打孔

足球场草坪在长期使用后，地面会变得非常坚实，通气透水能力明显降低，此时打孔是最有效的改善措施。一台工作幅 1.8 m 的打孔机 1 h 可完成 1 000～1 500 m^2的作业。抛在草坪上的芯土经垂直刈割机粉碎和疏耙，再表施肥土和镇压，最后浇水使其恢复生长。打孔要在土壤潮而不湿的情况下进行，打孔时间最好在春季草坪草开始返青时，如果高温时作业对草坪草损伤严重，造成恢复期延长。

另外划破草皮、垂直刈割等作业也可以改善土壤透气性。

5. 覆土

覆土的作用是保护草的越冬芽，平整地面，提高球场表面的弹性，改良土壤结构、增加土壤的透气性和透水性。覆土一般在冬、春、秋季进行。覆土的材料应以细沙为主，适当配以有机肥和缓效化肥如过磷酸钙和磷酸二氢铵。

覆土作业可用谷物播种机或手扶式撒播机。也可手工作业撒完后用拖网耙平，再用圆筒式镇压器碾平，使足球场保持平坦的表面。覆土的厚度每次不得超过 0.5 cm，如有低洼地或小凹陷过深，应分数次进行覆土，使草坪草不能因覆土而窒息死亡。

在运动会或球赛结束后，随时用人工进行局部的覆土作业，并用脚踩实。

6. 镇压

镇压可以增加分蘖和促进匍匐茎的生长，使匍匐茎的节间变短，从而可以使草坪变得致密；镇压还可以整平局部的凹凸不平，使土壤与草坪草的根系紧密接触以保证草坪草从土壤吸收养分。

镇压辊一般重 350 kg 左右，比赛结束后或者覆土后进行镇压。

7. 杂草和病虫害防治

一般足球场在强度使用和连续修剪下，杂草不易入侵。只有当土壤结构变劣，草被变稀出现裸地时，一年生杂草才趁机而入。如出现杂草可用人工拔除，也可用除草剂防除，或配合高强度修剪，使草坪中的杂草难以形成群落。在南方地区有香附子、水花生等恶性杂草，在草坪坪床处理时，要尽可能清除这些杂草的种球和根茎。

足球场草坪最常见的病害有锈病、腐霉枯萎病、德氏霉叶枯病等；主要虫害有黏虫、夜蛾等，具体防治方法参见第四章。

第二节　高尔夫球场草坪

高尔夫球是世界上非常流行的一种高雅球类运动，是在特定场地上，使用一套球杆，按一定的规则，依次击球入洞的一项户外运动。高尔夫球场一般建在风景优美秀丽的地区，大都依自然地形、风光设计而建造。长短宽窄不一，起伏变化多端，植物景观配置风格各异，所以世界上找不到两个一模一样的高尔夫球场。

高尔夫球的正规场地由 18 个洞组成，这是一种国际标准球场，运动员打 18 个洞为一个循环。一般 18 个洞的高尔夫球场通常设置有 4 个 3 杆球道，称短洞；10 个 4 杆球道，称中洞；4 个 5 杆球道，称长洞，全场标准杆为 72 杆。但有些小球场只有 9 个洞，这样，运动员要完成 1 局比赛需在场地上打 2 圈。

洞是球场的基本组成单位，每个洞基本由果岭、发球区、球道、障碍区组成（图 5-13）。发球区与果岭之间由球道相连。障碍区位于球道两侧，常由沙坑、树林、池

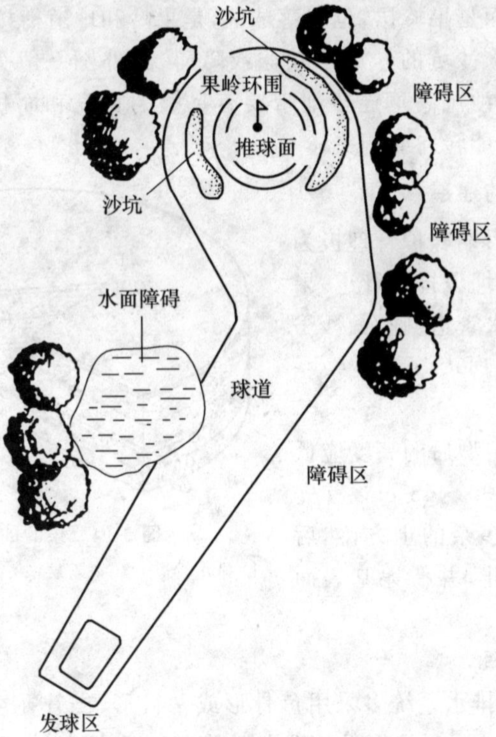

图 5-13　高尔夫球场功能区

沼水面等组成，目的是增加比赛难度。

一、果岭

果岭是位于球洞周围的一片管理精细的草坪，是推杆击球入洞的地方。果岭上的草剪得最低，是高尔夫球场最重要和养护最细致的地方。所以，果岭的设计、建造和养护极为重要。

(一)果岭的基本造型

果岭区位于球道的终端，由推球面、果岭环围、果岭裙、沙坑等组成。

推球面从地形上看略高于周围的球道，以利于地表排水和突出果岭位置，为球手在远距离提供击打的目标。在设计果岭时，果岭的周边至少应有2个以上的排水流向。推球面略前倾，坡度小于5%，斜面朝向球道方向，为圆形或近圆形，面积大部分在465～697 m^2 之间。

推球面的外缘是一圈果岭环围，其宽度0.9～1.5 m。此区草坪修剪高度高于推球面，低于球道，它可以突出果岭的轮廓。在这里也可以用推杆击球。

果岭环围的外面是果岭裙，也叫落球区，是果岭和球道衔接的坡地部分。果岭周围也可设置沙坑。沙坑的作用是救球或障碍，其外围一般为边丘，是球道的外缘。果岭的周围，与沙坑高草连接地带要有足够的宽度和面积，并流畅地连接过渡，这也便于剪草机能转向或调头。

(二)果岭坪床的建造

排水对果岭的后期养护管理极为重要，因此要在地下埋设排水管道，果岭的坪床结构由排水管道、砾石、沙子和营养土构成(图5-14)。

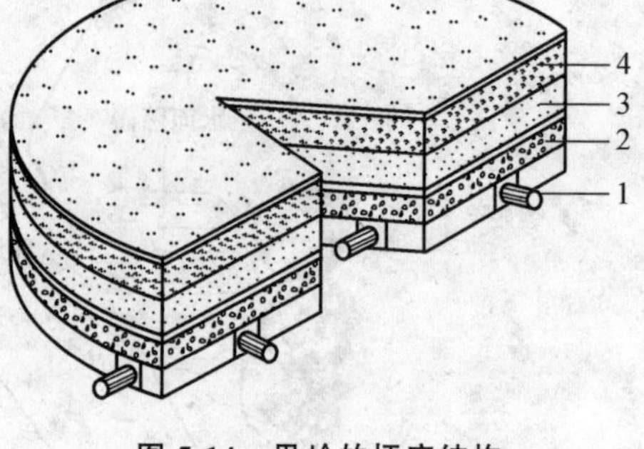

图 5-14　果岭的坪床结构

1. 排水管道　2. 砾石层　3. 粗沙层　4. 营养土层

1. 地基造型

果岭地基最终定型后的高度应低于果岭最后造型面30～45 cm，首先从坪床面向下挖走多余的土方，然后镇压至没有下陷为止，并使地基表面平顺、光滑。

2. 安装排水系统

(1)放样划线　排水系统多采用鱼骨形或平行形，支管在主管两侧交替排列，支管之间的间距4～6 m。根据设计图在地基上可用喷漆、沙、石灰、竹签或木桩定桩放样划线。

(2)开沟挖土　用机械或人工在地基上开沟挖土，沟的深浅依排水管的大小来决定，沟比管宽和深各多 10～15 cm。如支管直径 100 mm，则沟深、宽各 20～25 cm，上下左右留有足够的空间放砾石，将排水管包围在中间。从主管道进水口到出水口，坡度至少为 1%。

排水沟挖好后，用木板或其他相应的工具拍实沟的三面，使泥土和砾石有较好的分隔。

(3)沟底铺放砾石　排水沟底放入 5～10 cm 厚、直径 4～10 mm 经水冲洗过的砾石。南方地区雨水较多，砾石可稍大些，5～15 mm。

(4)安放排水管　排水主管直径 200 mm，侧排水管直径 110 mm。排水管一般选用有孔波纹塑料管，其优点是管凹壁有孔，有利于排水和透气；管凸壁和管凹壁的连接使管子具有一定的伸缩和弯曲性，便于现场随地形放管；因其伸缩和弯曲性，不会受地陷影响而裂管或折断。主管和支管的进水口用塑料纱网封口防止沙石冲入管内。主管和支管的连接处用三通连接。

排水管放在沟的中间，在管的左右和上面都填放经水冲洗过的 4～10 mm 砾石，砾石面比地基面略高，呈龟背形。

(5)铺防沙网　在排水管砾石上面，铺盖一层防沙网，以铁线钉将防沙网固定，防止根层的河沙渗漏到砾石的间隙，造成排水管堵塞，降低透气和排水。防沙网多用塑料纱网或尼龙网，便宜而实用。

3. 铺设坪床

在地基和排水层以上是砾石层、粗砂层和根际层，要逐层进行铺设。

(1)砾石层　在排水层的基础上，铺上一层厚约 10 cm 经水冲洗过的 4～10 mm 的砾石，将整个果岭地基铺满。使用水冲洗过的砾石是为了减少石粉、脏物对石子间隙的堵塞，以便将来根际区多余的水迅速地排入排水管道内。

(2)粗沙层　在砾石层上铺一层厚度为 5 cm 的粗砂，沙粒直径为 1～3 mm。它能防止根际层的沙子渗流到砾石层，阻塞排水管。同时通过对根际区沙子的阻挡，有效地稳定了果岭结构。

(3)根际层　在粗砂层之上是 30 cm 厚的根际层，是果岭草坪草的生长层。根际层由沙和有机质组成，有机质与沙子的比例至少为 1∶10。沙粒直径一般为 0.25～0.5 mm，因沙子保水保肥力差，需要在沙中加入有机质进行改良，有机质的种类很多，如木屑、碎秸秆、泥炭、椰糠、蔗渣等，但需要经过完全腐熟分解并粉碎后加入。在铺放沙子混合物时，要分层边铺边浇水边压实，这样铺设的果岭以后不易变形。

(三)果岭草坪的建植

1. 草种选择

果岭草坪草必须具有耐低剪、耐践踏、茎叶细密、色泽一致等特性。中国北方地区常选用匍匐翦股颖,南方亚热带和热带地区以杂交狗牙根为宜。其他如细弱翦股颖、草地早熟禾、结缕草、细羊茅等也可用来建植果岭草坪。在亚热带地区的冬季,常可用多年生黑麦草、细羊茅、粗茎早熟禾等作为果岭草坪的补播材料。

2. 草坪建植

果岭草坪的建植多用播种法,也可用铺植法。具体的建植过程简要介绍如下。

(1)预浇水 在种植前预先浇湿果岭,有利于草根茎的恢复生长,减轻人或机械对果岭表面的挤压、破坏,有利于种植方式(点播、开浅沟等)的实施。

(2)施入基肥 为使新植的草能尽快恢复生长,在种前施含磷较高、氮适中、钾较低的缓效肥料。用手推离心式施肥车均匀地交叉两遍撒施,用耙沙机带一网格状的铁网拖耙数遍,使肥料能在 1~3 cm 表层与沙均匀混合。

(3)种植 可以采用多种方式进行种植。

①播种 用撒播机进行,播种均匀、快速、成苗一致。为确保均匀,播种通常需要进行米字型交叉 2~4 次。我国北方多选用匍匐翦股颖,播种量为 5~10 g/m^2,为了加快成坪,可以适当加大播量。结缕草的种皮有一层很厚的蜡质层,影响种子吸水发芽,通常在播种前 4 d 要进行催芽处理。

②点植 选取健康的草根茎(包括根状茎、匍匐茎),抖掉根部泥沙,切成 4~6 cm长的茎段,点插入沙土,茎段露出地表 2~3 cm,点与点之间不必整齐排列,间距 3~4 cm,越密成坪越快。为避免因种植工人行走踩出众多的脚窝,可取一块较宽的木板,将茎段放在木板上,人蹲在木板上逐步向前栽植和向前移动木板,栽过的部分都被人在木板上无意地压平,起到了磙压的作用。此法能较好地保护果岭的造型,但效率慢。在人工便宜、劳动力充足、无机械化种植时较常采用。

③条植 用小竹片或小木片在沙层上轻轻划沟,沟宽和深各 2 cm,把撕开的草茎放入浅沟内,再将沙轻轻地回覆,行距 4~5 cm,不宜过宽。栽植时工人最好也踏在木板上进行作业以便保护果岭,使栽植后果岭表层的沙能够保持原有的光滑性。

④撒植 把草根茎充分撕开,均匀地撒在果岭表面,撒植的密度以只露出少量沙地为宜。然后用铺沙机覆沙,盖沙厚度不露根茎,因栽后浇水,表面覆盖的沙子可自然下沉渗入根茎间,露出部分根茎。

⑤切压法 将草根茎均匀撒在果岭上,驾驶切压机将草切压入沙层。切压机由拖拉机加一个圆盘切刀和滚筒组成,圆盘切刀将草切压入果岭,滚筒在后随即压

实。操作方便,效率高。

⑥铺草皮 将厚度均匀的草皮有序地铺放在果岭上,草皮之间紧密相连,铺设后进行镇压、铺沙。采用铺植法可大大缩短工期,使新建果岭在短时间内投入使用,并且质量有保证。

(4)再浇水 种(栽)植后充分浇水以湿润种植层,但地表不宜形成径流。

(5)磙压 适度磙压可促使种子或草根茎与沙子充分接触,利于种子萌发或草根茎生根发新芽,并且能将种植时因人或机械走动留下的痕迹碾压平整,恢复果岭细造型后的表面形状。

(四)果岭草坪的养护管理

1. 剪草

(1)剪留高度 果岭草坪的质量,应达到表面平坦,无凹凸不平现象。有些草坪草由于留茬太高,往往容易产生垫状、海绵状鼓包,因此必须控制剪留高度。

苗期第1次修剪应在草坪草覆盖率达90%以上、苗高达1.0~1.5 cm时进行。苗期剪留高度控制在0.8~1.2 cm,以后高度逐步降低至需要的理想高度。成坪后的果岭草坪剪留高度一般在0.3~0.8 cm,在草坪密度有保证的情况下,剪得越低越好。

果岭环是果岭周围的草坪带,其剪草的高度介于果岭和球道之间,一般为0.8~1.2 cm。

(2)剪草频率 适当的剪草频率可以让草坪保持最佳的场地状态,增加草坪密度、质地。过高的剪草频率导致草坪草受损过度;过低的剪草频率会降低草坪密度和质地,容易产生“慢果岭”,导致无法确定球路和球速。正常情况下成坪后的果岭草坪每天剪草1次,时间在清晨视线可见之下进行。遇上重大比赛时,果岭每天需要剪2次草,第2次是在第1次完成后以90°的旋转角正十字交叉剪草,以提高果岭速度,迎合职业选手和低差点的选手。

在下列情况下可以不剪草:①铺沙过后的果岭。②连续下雨的雨天(除重大比赛外)。③封场保养日。营业过重的球场,为了让草坪得以休养生息、恢复生长,常常在一周中选择半天或一天封场停止打球,这一天可以不剪草。④冬季草生长缓慢或停止生长时。

(3)剪草方式 剪草时的行进路线和方向称为剪草方式。每天剪草的第1刀应正对着旗杆,直线剪过洞杯到果岭环,调头回来稍压第1刀的边缘少许继续剪第2刀,直至果岭的一半剪完后,再以与第1刀相反的方向将另一半果岭剪完(图5-15)。完成直线剪草后,绕果岭边1~2周,将漏剪的边缘草剪掉,也能使果岭剪草更加整齐。无论使用何种修剪机,都要保证在推球面上是直线运动,转弯时一定要离开推球面;在最后或开始时围绕推球面剪成圆形。须注意的是:修剪果岭环围一定要提高剪草高度。

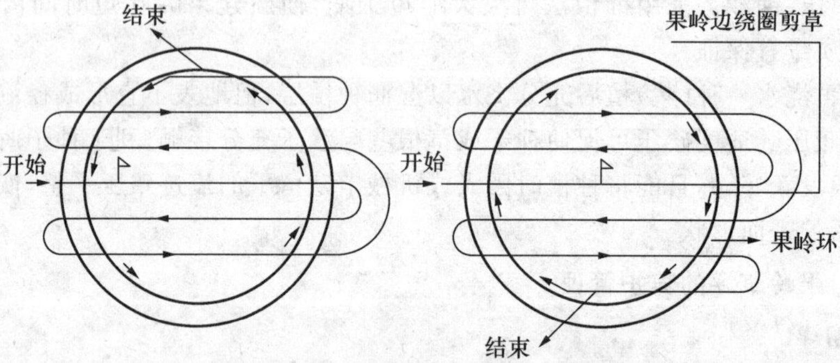

图 5-15 果岭剪草行走线路示意图

每次剪草用“米”字形交替进行。要避免在同一地点、同一方向进行多次重复剪草,否则容易产生草坪纹理。草坪纹理是剪草机对草坪施加压力,迫使草叶倒向剪草机前进方向而在草坪上产生的条纹,在阳光下,会形成深浅相间的不同颜色。草坪纹理会影响到球的顺利、均速滚动,因此要每次改变剪草路线和方向,以减少草坪纹理现象。

(4)剪草机 果岭草坪要求修剪相当精细,必须使用专用的修剪机,即滚刀型修剪机。通常使用的有 2 种,手推式果岭修剪机和坐骑式修剪机。普通手推式修剪机的剪幅为 0.53～0.56 m。坐骑式修剪机又叫三联式修剪机,有三组刀片,剪幅 1.5～1.6 m。使用坐骑式修剪机可提高工作效率,特别是在果岭间转移时很省时间,但它的修剪效果不如手推式修剪机理想。

(5)果岭草坪修剪的注意事项

①修剪果岭的工作人员必须穿平底鞋,以免破坏推球面。

②修剪前应仔细检查推球面,清除异物,如树枝、石子、果壳及其他球员遗留物等。否则,这些杂物会嵌入果岭,影响果岭效果或损伤剪草机刀片。

③修剪前应清除草叶上的露水,可用扫帚轻扫或用长绳横拖推球面的方法滴除。

④修剪前必须先修复球击痕。

⑤剪草机必须带集草箱作业,将碎草收集干净。

⑥修剪机须平稳、匀速前进,避免划伤草坪面。

⑦当果岭受雨水浸泡草层变软时,可提高剪草高度或减少修剪次数。

⑧经常检查剪草机,勿使汽、机油滴漏在草坪上。

2. 灌水

频繁的灌溉是果岭草坪日常养护必不可少的工作内容。果岭草坪因频繁修剪，草坪草容易形成浅根，吸水能力受到限制，同时沙质坪床本身的保水性能差，所以，果岭草坪易受干旱威胁，必须要有充足的灌水才能保证草坪草生长旺盛，具有较高的外观质量和较强的恢复力。在天气炎热或气候干燥的生长季节，果岭必须天天浇水。

灌水时间宜在晚上或果岭未使用时的清晨进行，一般不需要大水灌溉，水能渗透表层 15～20 cm 土壤即可。在炎热干旱的夏季，为了降温，在每天中午可喷水几分钟。

在我国的北方地区，冬季干燥而多风，这时无论果岭是否使用都应及时灌水或补水，否则草坪会因土壤干旱失水而死亡。冬季浇水应选在温暖的中午进行，浇水量以能使水渗入地下又不在推球面形成积水为度。万一在推球面形成冰层或遭受暴雪，要及时小心地加以清除。球场使用地埋伸缩式喷头时，要经常进行检查，避免喷头被冻住或被异物卡住，不能自由升降，造成局部缺水或积水。

3. 施肥

(1)施肥原则　果岭需施重肥来保持其积极的长势和良好的外观。总的施肥原则是重氮肥、轻磷钾。氮肥的施用量，比磷钾肥的 2 倍还多。一般情况下，春、秋两季结合打孔可施全价肥，平时追肥多为氮肥。微肥应参照土壤测试结果施用。

(2)施肥量　施肥量和施肥次数要根据果岭区草坪草的种类和生长情况、坪床的土壤情况、气候条件、肥料种类等因素而定。通常，在草坪草一个生长季内，每月每 100 m^2 草坪氮肥施用量为 0.37～0.74 kg，每 3 周施肥 1 次，选用缓效肥可减少施肥次数。在匍匐翦股颖果岭上，夏季较热时期或冬季来临前要减少氮的施用量。狗牙根草坪在生长缓慢的秋季也应减少施肥量。当夏季某些病害发生时，更应限制氮肥的施用，以免病害加重。

(3)施肥方法　果岭施肥一般用肥料撒播机撒施。结合铺沙进行时，可先撒肥后铺沙或将肥与沙混合后同时撒施。结合打孔进行施肥时应先打孔后施肥，肥料颗粒直接落入根系土壤为佳。施肥后应及时浇水，以免灼伤根系及茎叶。肥料进入草垫层后，可以加速枯草层的分解，减少其对果岭造成的不良影响。用肥料和沙混合撒施，除给草坪提供养料外，混入的河沙可积聚在果岭因自然下陷而形成的低洼处，保证了推球面的平整、光滑。果岭追肥一般不用叶面肥。

(4)微肥的施用　主要依据土壤测试结果进行。在沙床果岭中较易发生缺铁症，严重影响草坪色泽，可施用一定量的硫酸亚铁进行弥补。随着果岭使用年限的延长，还需施用其他微量元素。根据土壤 pH 的变化，可施用石灰或硫磺等加以调节。

4. 病虫害及杂草防治

(1)病虫害防治　果岭草坪由于经常践踏、强低修剪、频繁灌水及过度施肥等,往往会使草长势变弱而易受病菌侵害。在果岭管理中,定期喷洒杀菌剂是一项固定的管理内容。在易于生病的季节,果岭要每1～2周喷杀菌剂1次。但使用的杀菌剂不能单一长期使用,以防产生抗药性,影响杀菌效果。

虫害的发生与管理质量、气候有关。治虫的关键是及早发现、及早施药。特别是地下害虫大量发生时,很具隐蔽性,会给人以错觉,以为是病菌危害而错过治虫最佳时期。所以,当果岭出现原因不明的变黄、干枯、死亡时,应及时检查地下情况。一旦发现害虫,应立即施用杀虫剂。否则,可能会给果岭造成毁灭性的损坏。虫害发生时,杀虫剂可与杀菌剂一起使用,效果会更好。

(2)杂草防治　果岭草坪由于频繁的强低修剪,一般杂草难以繁殖生长。但有些低矮的阔叶杂草如繁缕、婆婆纳和白三叶,以及一些一年生的禾草如马唐、狗尾草、牛筋草、稗草、早熟禾等,有时会侵入果岭草坪,降低草坪的质量。偶有少量杂草发生时,可用人工拔除。出现阔叶杂草时,可用选择性除草剂杀除,但应避免重复大量使用。

5. 修补球疤

当球落上果岭时,会对草坪向下撞击,形成一个小的凹坑,叫球击痕。在雨季、地面潮湿、土壤松软时,容易造成球疤。它不仅会影响果岭的推球效果,也会影响果岭的美观,因此球疤要及时修补。球击痕的修复方法是用刀子或专用修复工具(如U形叉)插入凹痕的边缘,向上托动土壤,使凹痕表面高于推球面,再用手或脚压平即可(图5-16)。

专用修补球疤工具像U字形,尖而硬,用塑料、木、铁、不锈钢等材料制作(图5-17)。

图 5-16　修补球击痕示意图

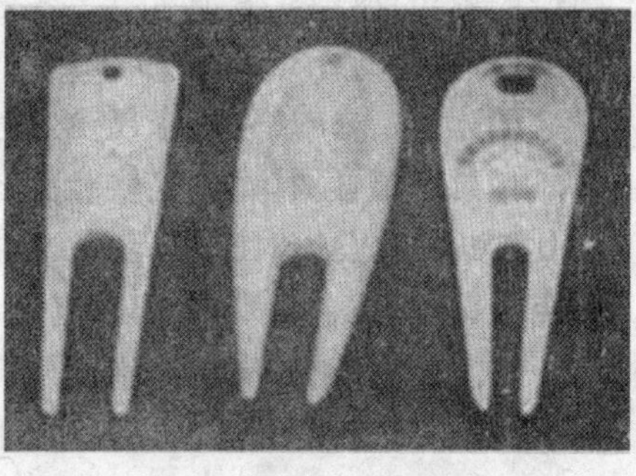

图 5-17　果岭球疤修补工具——U形叉

6. 打孔

由于常年比赛践踏，会使果岭部位的土壤坚实板结，影响草坪草生长，因此，必须每年进行打孔通气，以改善草坪质量。

打孔是用空心管或实心管，借助打孔机的动力垂直打入果岭土在土中留下孔洞，空心管提上来时会带上来圆柱形土条。孔洞的形成使水、肥、气、农药等更容易进入根系层，可有效改良土壤的物理性质，还可切断老根，促进新根的生长，防止草坪老化。根据果岭状况，每年通常打孔 2～3 次，孔深 4.6～10.2 cm，孔径 0.5～1.5 cm 不等。

打孔应在草坪草生长季节进行，当土壤过湿、过干或冬季低温时都不宜进行打孔。

7. 划草

划草是刀片垂直向下切入土表仅 1.3～2.5 cm 深、长 5～12 cm、宽不足 0.3 cm的小孔，是改善草坪通气透水的一种作业。它与打孔不同之处在于，不会带出土条，不用深度铺沙，对果岭破坏性小。划草能减缓土壤表层板结，利于水穿透硬壳状的表层、枯草层、草垫向下到达根部；更重要的是划草有助于根状茎和匍匐茎生长出新枝和根；当土壤表面潮湿、长青苔时，划草能提高表层土壤水分的蒸发和渗透。所以，每年划草的频率应高于打孔，具体次数视天气、土壤表层状况而定。

8. 切割

切割是三角形的刀片垂直向下切入草坪 5～10.2 cm 深的一种作业。它与划草的作用一样，但它比划草的深度要深很多，对土壤的破坏介于打孔和划草之间。每年切割的次数少于打孔 1 或 2 次。

9. 梳草

梳草是用梳草机清除草坪枯草层的一项作业，通过高速旋转的水平轴上刀片梳出枯草，就好像人用梳子梳头时梳出头发一样。梳草的次数取决于枯草层形成的速度。在每年春、秋季每 3～5 周可以进行轻、中度梳草，夏季深度梳草，冬季低温时不能实施梳草作业。

10. 铺沙和碾压

铺沙和碾压也是果岭养护的重要内容。

铺沙是将沙子或沙肥混合物覆盖在草坪表面的一种作业，目的是为了防治枯草层、保持果岭的平滑度和草坪的美观。当与施肥结合时，会提高施肥效果、促进草坪生长。通常情况下，修剪、铺沙、碾压可依次完成。

果岭铺沙频率很高，在打孔、梳草、划草、切割等工作后都要辅助铺沙。在冬季无法做更新草坪的特殊工作时，通过少量铺沙能促进草的生长。平时每3～4周薄而少量铺沙，每年铺沙至少12次。铺沙要用铺沙机进行，铺沙厚度一般为2～3 mm。铺沙厚度取决于铺沙的性质。打孔铺沙时应加大铺沙量，至少要填满孔洞，在浇水后，沙子下沉，还要再铺沙一两次，沙层比较厚。梳草铺沙，沙薄而少。铺完沙要用草坪刷刷梳草坪。

碾压可以使用果岭碾压机，生长季节每10 d进行1次。果岭碾压可强化修剪的花纹效果，并保持果岭表面草坪的致密和坪床的坚实(图5-18)。

图5-18 碾压

11. 补草

当果岭局部因病虫害、干旱、肥害、药害、剪草漏油等原因出现草坪死亡时，需要修补草坪。高尔夫球场应备有果岭草储备圃，以备果岭出现损坏时修复使用。修复果岭时应用换草器将斑秃、损毁部分整块切除，露出沙床，然后用换草器从草圃取出大小一致的草皮，铺回果岭，覆盖上一层沙，经浇水、碾压等管护后即可使用。经补草后果岭能很快恢复原状，对果岭推杆没有太大的影响。

换草器是一种取草的工具，在修补果岭时非常有用。取出的草块表面正方形，垂直根部为梯形，上宽下窄。

12. 染色剂

染色剂是短时期保持草坪绿色、不伤害草坪的一种化学剂。主要用在：①果岭叶面施肥、喷洒农药时，使用染色剂能使工作人员明显地区分喷洒与未喷洒的界线，不至于发生重复或漏喷现象。②当冬季举办大赛，果岭草坪颜色不尽如人意时，使用染色剂能给人一个较好的绿色视觉效果。

二、发球台

发球台为每一洞球手挥击第1杆的开球区域。因这块区域一般高于球道，呈台状，故称发球台。其常用的形状有近圆形、椭圆形、长方形、正方形等。

(一)发球台的结构

标准的高尔夫球场发球台是一座长方形锥体平台，其上设3组发球座，靠近球道的是女士发球座(红色)，中间是男士发球座(白色)，远离球道的是比赛用发球座(蓝色)。发球座是用防腐木材(也可用塑料棒材)做的一根木桩，大小为5 cm×5 cm×30 cm～8 cm×8 cm×40 cm，打入地下后，顶部与发球台草坪齐平，上面再涂上规定颜色的油漆。

如果男女运动员使用同一果岭，根据男女运动员球道长度设计要求，发球座设在同一平台上，男女发球座间差距为37 m。所以发球台最好分别建筑3个独立的发球座，其面积为5 m×5 m～10 m×10 m，高度以运动员能看到果岭标志旗为准，如球道长500 m，地形无大的起伏，则发球台有1～2 m高即可。若地形起伏大，果岭设在低处，则发球台不必筑台，直接平整出一块地，建植草坪设立发球座。发球台表面要有1%～2%的坡度，以利于排水。

发球台的坪床结构同果岭近似，但与果岭不同的是，在完成排水沟建造后，直接将沙和有机质混合物放到地基上，省去了砾石层和粗沙层。沙子混合物厚5～25 cm。一些球场为降低成本，常省去下层排水盲管，减少滤水沙层的厚度，选用低养护费用的草坪品种。发球台的喷灌系统是由一至数个电磁阀控制的、能覆盖整个发球台浇灌的喷头、管道、补水插座组成的。

(二)发球台草坪的建植

发球台草坪要求平滑、致密、坚实、均匀、有弹性、草层低，以便为球手提供一个良好的打球环境。

1. 草种选择

发球台的草种要求具有的特点包括耐践踏、恢复能力强、能耐0.8～1.5 cm的低修剪、能形成密集的草坪。

冷季型草种可选用匍匐翦股颖、细弱翦股颖、草地早熟禾、一年生早熟禾、多年生黑麦草、紫羊茅等；暖季型草种可选用狗牙根、结缕草、海滨雀稗等，其中结缕草的养护费用最低。

2. 种植

发球台草坪的建植采用直播法、铺植法均可，具体操作方法与果岭一样。

(三)发球台草坪的养护管理

1. 剪草

(1)剪留高度　剪留高度要求足够低,以保证放在球座上的球在理想的高度,叶片的生长不会阻碍杆面与球的接触,相对较低的剪草高度也能保证球手保持稳定、踏实的击球姿势。所以,发球台剪草高度介于果岭和球道之间,为 0.8～2.5 cm,最常用的范围是 1.0～1.8 cm。

(2)剪草频率　每周 2～4 次,草屑清理与否均可,清理最为理想。

(3)剪草方式　通常采用交叉两个方向轮流进行。每次剪草前仔细检查、清理球手遗留下来的鞋钉、被打断的球座和其他杂物;并把被打掉草皮的地方补沙填平。

(4)剪草机　剪草机为三联座式或手推式,刀片组比果岭机少,为 7～9 片。长期使用三联机会使发球台边缘逐渐下沉,原有的平坦台面日久形成龟背式,中间高四周低。而使用手推式不会出现这种现象。

2. 施肥

使用频率高、受践踏严重的发球台,相应的施肥次数和数量都要多于其他发球台,以促进草坪的恢复。一般每 30～45 d 施肥 1 次,保持草坪有足够的密度和美观的颜色。

3. 补沙

草皮痕是球手挥杆时,杆头将草皮削去,留下的一个无草的、内凹的痕迹。修复的措施除了施肥、浇水外,补沙最简单易行。补沙能使裸露的根茎受到覆盖,避免阳光的暴晒,减少水分蒸发,促进根状茎、匍匐茎的恢复生长,保持台面的平坦。补沙多用单纯的沙子,有时也用混合了有机物的沙子。

4. 打孔、切割、梳草、铺沙

打孔、切割、梳草、铺沙的作用和程序与果岭相似。使用的机器不同于果岭,打孔机多采用空心管而极少用实心管,并且管粗而长;切割、梳草的刀片大;铺沙较果岭厚。

三、球道

球道是位于发球台与果岭之间的草坪区域,草坪修剪整齐并且剪留高度低于周围高草区。在上果岭之前的正常击球都应落在球道内。球道是高尔夫球场内面积最大的运动区域,18 个球道的总面积可达 12～24 hm^2。球道的长和宽是根据球洞的设计难度而变化的,长度一般为 137～492 m,宽度常在 32～55 m,也有超出该范围的。

(一)球道的坪床建造

1. 测量和定桩

根据球道中心线和永久水准点,测量和计算出各个桩的坐标,每个坐标构成了定桩的平面图,从这些坐标能够在现场准确地定位出球道和高草区的特征。

2. 清理场地

在球道区原覆盖的树木都必须清除掉;在弯曲或转折点,会保留几株树木作为障碍或指示树;在球道边缘和高草区内缘,保留一些重要的树木作为障碍和球洞的隔离;如果球场建在林木地,高草区外边缘的树木、灌木尽可能不要破坏掉,它能形成一个自然的林木景观和有效的分隔林带,并且保护了水土,可防止水土流失。

3. 粗造型

按照设计图和现场的定桩,用大型推土机、挖土机、运载机等对需要填方或挖方的区域进行原始的土地平整、造型。除留存点缀景观的自然岩石和作障碍物的灌木树木植物外,在表土 15 cm 以上的石块、树桩、树根尽可能地清理。在填方的区域,一定要做好压实工作。当球道内有管理通道穿过时,道路两侧的坪床应略高于地面,这样在暴雨时可避免路面积水灌入球道。高于地面的草坪对路面还有隐蔽作用,从远处看时可消除球道被路面分割的感觉。

4. 排水系统

在北方和干旱区域,球道草坪常建在很少或未经改良的自然土壤上,球道区一般仅采用地表排水。依地形合理划分排水区域,汇集到排水井或直接排入水塘。汇集面积不宜过大,尽量减小地表径流。分水岭设计以原地形为基础,避免直硬线条。分水线的平面和立面投影最好都是平滑的曲线,这样的坪床才更优美、自然。

在一些比较陡峭的山坡,可修建拦洪渠、明沟用于排水,一般建在打球者看不到的高草、灌木丛中,出水口流向场内的湖泊。

球道上最理想的排水系统是在每个斜坡底设置集水井,在每个集水井斜坡面上,按鱼脊式铺设排水管道,这样整个球道形成了一个密布排水网的综合排水系统。主管、支管、侧向管、集水井可分别采用不同口径的多孔管,各排水管铺设深度在地面以下 0.5～1 m 处,多孔管四周铺放砾石,砾石上填上粗沙,其上要有至少 15～20 cm 厚的种植层,大量多余的水能通过表面、根层、心土层,多层次流向排水管,渗水、排水效果最好。

5. 灌溉系统

自动喷灌系统是目前较先进、最高效的球场喷灌系统,它能节省人力、省时、方便、易于控制,有效配合草坪上喷灌的需要。

球道上喷水,一般独立成一个系统,或与高草区组成一个系统,场地内设有输水管道和喷头。每个电磁阀控制 4～6 个喷头，每个卫星控制箱则管理 20～25 个电磁阀，管辖面涉及整个球洞，包括果岭、发球台、球道、边坡，最终由办公室内的电脑调控分布在球场各处的卫星控制箱。每天由球场负责人将浇水的日期、时间、地点输入到电脑，由电脑通过自动感应线路传输到卫星控制箱，再通过电磁阀控制喷头喷水。

6. 细造型和土壤准备

由于排水、灌溉工程对整个球道和高草区的开挖和回填，原有的造型会受到破坏。一般在完成排水喷灌工程后，用小型造型机、耙拖机将整个区域重新细致浅推、耙、拖，使球道和高草区的地表能有一个平顺的造型出现。

球道、高草区的土壤准备有两种类型。一是利用现有的地表土，根据土壤分析结果，将有机肥、调整 pH 值的农用石灰或硫磺施入土层，只需浅耕、平耙、拖顺、清理地面上各种杂物、石头，最终使表土平整、顺畅，有良好的表面排水造型；二是在原土上铺放 5～10 cm 的新土作为种植层，新土有纯沙、沙＋有机质、肥沃的腐殖土等多种类型，在铺放时球道的土层厚度高于高草区，注意保护喷头、阀门、集水井等设施。

(二)球道草坪的建植

1. 草种选择

球道草种通常需要具有以下特点：密度高、均匀一致、耐践踏、耐低修剪、较强的抗逆性等。在确定草种时，还应考虑球场草种的整体性、层次分布、颜色比较、管理流畅性等因素，大部分球场的球道与发球台、高草区选择同样的草种，以便于管理。

适合在北方和过渡地带作球道草种的有匍匐翦股颖、细弱翦股颖、草地早熟禾、一年生早熟禾、细叶羊茅、扁穗冰草等；适合在南方和过渡地带作球道草种的有狗牙根、结缕草、野牛草、海滨雀稗等。用于南方覆播的草种常用一年生和多年生黑麦草。

2. 种植

球道草坪建植可采用直播法或铺植法。

对于用匍匐茎繁殖的草种多采用条播、撒播、铺草皮 3 种方法相结合进行建植，做法如下：先在集水井、阀门盖、喷头、果岭环外、发球台坡面、沙坑边缘、陡峭的斜坡等地方用草皮围圈铺植保护，防止浇水、下雨对这些地方的侵蚀和破坏；然后在起伏不大的球道边坡上撒草茎(或播种)，用切压机将草茎切埋入 3～5 cm 的土层内，磙压一遍；在机械无法到达的坡面区域，用人工进行条植，行距越密成坪越快。

球道草坪很少采用大面积的草皮铺植，虽然铺植法有成坪快、保持造型好的优点，但因球道面积太大，进行草皮铺植成本太高，使投资者很难接受。

(三)球道草坪的养护管理

1. 剪草

(1)剪留高度 成坪后的球道草坪剪留高度为 1.3～3.2 cm,但较理想的剪留高度是 1.3～1.9 cm。剪留高度因草种不同而异,狗牙根可剪至 1.3 cm,一般剪留高度 1.5 cm,冬季上升到 1.8～2.0 cm。草地早熟禾多数品种只能低剪到2.5 cm,否则草坪密度会不理想。匍匐翦股颖、结缕草通常剪留高度 1.8 cm 左右。

排水较差的球场,剪留高度会比常规稍高。冷季型草种在炎热时会将剪草高度提高,以度过不良气候。

(2)剪草频率 修剪频率可视草的生长情况而定,一般每周两三次。在大型比赛时,则每天 1 次或 2 次交叉重复,多次重复能形成一个美观的球道纹路。

(3)剪草方式 修剪时剪草机的行进路线采用纵横交叉或 45°角斜向交叉,每周轮换 1 次或每次轮换,既能促进草坪的直立生长,又能剪出非常漂亮的草坪纹路(图 5-19),还能为球手提供一个准确的击球方向。在球道剪草时,有些球场会在球道和边坡高草区之间围绕着球道留出球道环,剪草高度介于球道和高草区之间。修剪球道要根据球道的形状来确定修剪模式。沿球道的轮廓线修剪时,一定要修剪到位,并保证轮廓线的平滑、清晰、自然,球道内草坪条纹清晰美观。

图 5-19 美国 Winged Foot Golf Club 球道剪草纹路

(引自《草坪科学与管理》,胡林,2001)

球道剪草时,剪草机一定要保持合理的前进速度,否则会影响修剪质量;应避免有露水时剪草,以免剪草机的轮子在草叶上打滑或拖动,影响剪草效果;剪草机转弯时要减慢速度,以免剪草机轮挤伤草坪;避免剪草机轮对草坪的过度磨损、镇压等。

(4)剪草机 球道草坪修剪一般用大型滚刀式联合修剪机,有 3 联、5 联、7 联、9 联等,最大剪幅可达 6.1 m。对于大型球场,7 联或 9 联剪草机能大幅度地提高工作效率和缩短作业时间。

2. 施肥

施肥可采用缓效草坪专用肥，一年施用 2 次，选用速效肥料时，应酌情增加施肥次数。冷季型草坪草氮的年需要量为 10～20 g/m^2，磷肥 6.5～13 g/m^2，钾肥 5～9.5 g/m^2。暖季型草坪草由于生长期长，施肥量要大一些。具体施肥量应根据草坪草生长状况确定。

3. 灌水

灌水可以保证草坪草正常生长，也可提供均匀一致的场地，保证击球质量。球道的灌水系统多采用自动喷灌，能保证经常灌水即可。

4. 病虫害防治

不同草坪草种，施用不同杀菌剂来控制病害。翦股颖和一年生早熟禾需要有规律地施用杀菌剂，狗牙根等其他类型的球道草坪可不施用杀菌剂。对虫害的防治，要全场统一进行，不能治一块留一块，否则治不胜治。

5. 打孔

常用打孔解决球道土壤紧实的问题。打孔机多采用空心管，极少采用实心管。空心管有筒状、匙状两种。筒状垂直打孔；匙状旋转式翻转打孔，速度快，孔口密度小，深度浅。打孔后通常进行拖耙，打碎土条。

球道打孔每年 1～3 次，暖季型草多在 4～10 月份进行。

6. 划破草坪

球道划破草坪操作简单，不取芯土，只垂直切断草根层，对表层土壤无大破坏。工作程序为：剪草→划破草坪→滚压→施肥→浇水。磙压可将划破草坪时翘翻的草坪切口压平，使球道保持原有的平滑。划破草坪的深度为 5～8 cm。

7. 梳草

梳草可有效去除枯草层。球道梳草每年 2～3 次，时间在 4～10 月份，每次一遍或两遍交叉。暖季型草在盛夏时梳草可深度两遍交叉进行，此时温度高、雨水多，草恢复极快。在冬季和初春梳草对草坪伤害极大，不宜采用。梳草程序：梳草→收草→清洁(吸草)→剪草→施肥→浇水。

8. 铺沙

在条件允许情况下，每年进行球道全面性铺沙一两次，可结合打孔、切割或梳草进行，也可单独进行。特别是在初秋(北方)或初冬(南方)，枯草层厚，又无法进行打孔、梳草作业时，铺沙可以加速枯草的腐烂，更新草坪生长。

球道铺沙厚度每次 4～10 mm，铺沙材料为纯沙或混合了有机物的沙。

9. 补沙

球道上的草皮痕与发球台上的草皮痕一样需要进行修复，球童、球手和球场维护人员都有责任随时随地补沙修复草皮痕。在5杆洞和拐腿洞，经常增设小沙盒，补充沙源。

10. 染色

使用染色剂染色是短时期保持草坪绿色、不伤害草坪的一种化学方法。主要用在：①冬季举行大赛而草坪绿色达不到良好的视觉效果时，喷洒染色剂进行草坪染色；②草皮痕补沙时，为了与草坪颜色接近，在沙子里掺入染色剂，使沙子的颜色变绿或变蓝。

四、障碍区

障碍区是高尔夫球场每个洞除果岭、发球台、球道之外的所有区域，位于球道两侧，面积较大，是错误击球可能落入的区域。该区域常设有沙坑、草坑、水池、障碍树等。它包括剪草的草坪地带及不修剪的高草、灌木丛、树林等，实际上是球道间的间隔地带。

设置障碍区的目的是增加运动的难度、有效地防止水土流失、减少养护费用。

(一)障碍区草坪的建植

障碍区的坪床一般不做特殊处理，在原土施入有机肥改良后即可进行播种建坪。

障碍区的草种选择以适应当地气候条件，又可粗放管理的草种为主。在当地城乡绿化中应用的大部分草坪草种和品种都适于高尔夫球场的障碍区。在我国北方常用多年生黑麦草、高羊茅、结缕草、野牛草等；在南方可选用普通狗牙根、沟叶结缕草、细叶结缕草、假俭草等。大部分球场障碍区草种与球道草种一致，这样比较方便管理。

障碍区草坪的建植方法与球道草坪相似，种植时间与球道同时，便于现场施工及种后统一管理，生长同步也有利于球场草坪的整体一致性。

(二)障碍区草坪的养护管理

1. 剪草

一些球场的障碍区草坪仅保持一种修剪高度，而另一些球场则将障碍区细分两级：①半障碍区，球道两侧剪草高度高于球道的草坪。②远障碍区，半障碍区外边缘有密林、灌木丛分布的留草最高的草坪。

(1)剪留高度　障碍区草坪管理粗放，质量要求不高。半障碍区留茬高度为3.5～7.6 cm，远障碍区的留茬高度为7.6～12.7 cm，再远处甚至可以不修剪。在管理水平高的球场，在靠近球道的地方常采用球道草坪的管理模式，保持合理的修剪高度。

(2)剪草频率　在半障碍区每周修剪1次，生长缓慢的季节，则数周1次或停剪。远障碍区可不进行修剪，丛状生长的草坪，每年可修剪1次。

(3)剪草方式　一般为纵向(与球道走向一致)修剪，效率高。横向、斜向受地形、宽度、时间的影响，很少使用。

(4)剪草机　在半障碍区修剪时，用到的剪草机有牵引五联或七联滚刀式剪草机、三联剪草机、旋刀式剪草机等，几种剪草机相互配合、协调完成整个剪草区域。五联机和七联机主要修剪宽阔、平坦地带的草坪，旋刀式剪草机在粗糙不平地带，三联机在缓坡顶、树头绕圈、沙坑边缘等地较为灵活，甩绳式剪草机则剪掉路边、树木周围、各种设施边缘的草。

2. 灌水

障碍区草坪一般很少灌水。安装了喷灌系统的半障碍区，浇水与球道同步。由于球场形状的不规则性，实际上在建造时，球道喷头浇水范围也部分覆盖了半障碍区草坪，两者没有明显界线。

3. 施肥

在管理水平要求较高的高尔夫球场，半障碍区依然投入相应的资金进行养护，每年施肥1～3次，以保持一个整齐、致密、适合剪草的生长状态，为球员提供一个加大了挥杆难度、需要相应技术才能击出球的高草草坪。在远障碍区不进行施肥，随其自然生长。

4. 打孔、切割

半障碍区每年仅作1次打孔和切割(图5-20)，可以和球道同时进行。由于地形变化过大，采用匙形管旋转打孔，不宜采用垂直空心管。

5. 树叶的清理

对落在障碍区的树叶，每周清理1～2次，吹风机、吸草机、收草机(图5-21)等机械相互结合使用大大地提高了实效性。收集的草屑、树叶等粉碎后可做堆肥。

图5-20　边坡切割

图5-21　收草机

第三节 庭院草坪

一、概述

庭院草坪是指居民区、学校、工厂、机关等单位建筑物的四周或楼群之间的小面积草坪。庭院草坪的主要功能是为人们提供一个安静、舒适、整洁的生活环境，提高人们的居住、学习及工作的环境质量。居民区草坪既是小区的景观部分，也是人们进行户外活动的重要场所，与人们的日常生活息息相关。校园内的草坪不仅美化了学生的学习环境，宜人的绿色还有利于保护学生的眼睛，促进师生的身心健康，提高教学效果。工厂、机关的草坪为员工提供了一个优美、整洁的工作环境，有利于消除工作后的疲劳、提高工作效率。另外，草坪还可以降低噪声、防止尘土飞扬，使工厂制品和机械设备少受污染和腐蚀。

庭院草坪的布局受建筑规划布局的制约，要根据建筑物类型、楼房高低、间距大小及其他附属设施等因素综合考虑。要确保草坪在建筑物间的覆盖面积，以起到防尘、调节小气候的目的。草坪在功能和景观效果上，应与大小不同的树木、地被类植物、假山、栅栏、自行车棚、停车场、游乐场、排水沟、电线杆等相互协调配置，达到全面的绿化和美化，保证整体景观效果。

庭院草坪按照使用特点可分为观赏型庭院草坪、开放式游乐庭院草坪等。观赏型庭院草坪的主要功能是用于观赏，有时采用封闭形式，或有绿篱环绕，人们一般不能进入草坪绿地活动。开放式游乐庭院草坪可供人们散步、休闲、游戏或开展其他户外活动，多采用自然式布置，结合道路、桌凳等来安排草坪的区域，是庭院草坪的主要形式。

二、庭院草坪的建植

(一)草种选择

用作庭院草坪的草坪草种或品种很多。常用的有草地早熟禾、翦股颖、高羊茅、狗牙根、多年生黑麦草和结缕草等，只要它们适合当地的环境条件均可选用。

在楼群或树下遮荫较重的区域，应选择耐阴草种或品种。如冷季型草坪可选紫羊茅与草地早熟禾等混播，暖季型草坪可选钝叶草、地毯草。对于开放性庭院草坪，由于易受人为践踏和破坏，应选择耐践踏、再生能力强的草种。冷季型草坪草如高羊茅、草地早熟禾、多年生黑麦草等，暖季型草坪草如结缕草、狗牙根、假俭草（适于酸性土壤）等。

（二）草坪建植

庭院草坪的建植方法有很多，可因草种不同而选择不同的建植方法。大多数冷季型草种用种子直播最为经济；某些暖季型草种，如野牛草、假俭草，种子难以获得、成坪慢，可选择营养繁殖的方法。在经济条件允许的情况下，直接用草皮铺设的方法，成坪快、质量高。

建坪时应注意使坪床表面略低于周围的路面，以防止雨后路面积水。

三、庭院草坪的养护管理

（一）剪草

应遵循草坪修剪的 1/3 原则。

草地早熟禾、细羊茅、多年生黑麦草草坪或它们的混播草坪，修剪高度可控制在 4～6 cm，一般每周修剪 1 次。高羊茅或地毯草草坪，修剪高度应稍高一点。普通狗牙根、假俭草、钝叶草草坪，修剪高度为 4 cm 左右。而杂交狗牙根和结缕草草坪，修剪高度可低至 2.5～3.0 cm。

（二）施肥、灌水

最佳氮肥施用量每年每公顷 90～180 kg。在施肥上应注意以化肥为主或施用无味的有机肥，避免施用有异味或臭味的有机肥，以免影响草坪上空的空气质量和游人的情趣。

一般条件下不浇水，干旱季节每周浇水 1 或 2 次。可采用地埋式或移动式灌溉设备。

（三）病虫草害控制

庭院草坪中防治马唐和其他杂草的典型处理方法是施用芽前除草剂，液体的、颗粒型的芽后除草剂也较为常用。阔叶杂草可以用萌后选择性除草剂防除。庭院草坪病害，如褐斑病、锈病及其他病害可用杀菌剂进行防治。害虫如蛴螬、长蝽、黏虫等可应用杀虫剂来控制。

对于病虫害应预防和根治并重，施用杀菌剂、杀虫剂时应格外小心，不得有异味漂移或危害草坪上游玩的人们。

（四）其他养护措施

为改善土壤透气性，在大片草坪上可进行打孔或划条，但强度不像运动场草坪那样大。打孔通气在开放性游乐庭院草坪管理中已经越来越普遍。庭院草坪上有条件的可采用梳草或垂直修剪去除枯草层,小面积草坪可以人工用耙子将枯草耧出。

一些单位草坪面积较小,缺乏草坪管理技术人员,同时草坪修剪机械、灌溉设备及其他养护设备投资较大,因此,可以考虑把草坪绿地管理委托给专门的草坪养护公司来维护,既节省资金又可以保证草坪的质量水平。

第四节 公园草坪

一、概述

公园是人们休闲时游玩或进行文娱活动的场所,也是少年儿童接受科普教育的理想场地,此外,还具有防灾、避难、改善和美化环境的作用。公园内的草坪配置是公园造景的重要组成部分。草坪类型多种多样,功能各异。一般有供人们玩耍、休息、散步的游憩草坪,有位于公园正门区或公园中心供游人欣赏的观赏草坪,还有树荫下供游人休息、野餐等遮荫较重的林下草坪,以及在斜坡地或水湖岸边为保持水土而建植的坡地草坪。不同位置的草坪具有不同的功能,其质量要求和养护管理要求也各有差异。

二、公园草坪的建植

(一)草种的选择

公园内的观赏草坪区,可以建植成单纯草坪或缀花草坪。应选用叶片纤细、生长低矮、绿色期长、较抗病的草坪品种。北方地区可选用草地早熟禾中的某些品种,匍匐翦股颖可也以形成优异的观赏草坪。南方地区可选用杂交狗牙根、沟叶结缕草等。

公园内的游憩草坪,由于面积较大,在建植时大规模的土壤更新往往不太现实。在草种选择时,应选比较耐贫瘠、耐践踏、耐粗放管理的草坪草种。北方地区不但可选择高羊茅、草地早熟禾、多年生黑麦草等冷季型草种,还可选择野牛草、结缕草等暖季型草种。在南方地区可选用假俭草、沟叶结缕草、日本结缕草、钝叶草、狗牙根等。

公园内遮荫的林下草坪区,是游人活动较多且较为集中的区域。此处草坪不但受遮荫影响，而且受践踏较重，土壤易板结，障碍物多，不便修剪。在草种选择上应考虑耐阴、耐践踏、繁殖力强，受损后恢复力强的草坪草种。在北方地区可将紫羊茅、草地早熟禾、高羊茅和多年生黑麦草按适宜比例混播，在使用频繁的地段可选择草坪型高羊茅。在南方地区可选用沟叶结缕草、日本结缕草、钝叶草等。

（二）草坪建植

公园草坪可因草种不同而选择不同的建植方法。大多数冷季型草种用种子直播最为经济；某些暖季型草种，如野牛草、假俭草，种子难以获得、成坪慢，可选择营养繁殖的方法。在经济条件允许的情况下，公园内的观赏草坪区可直接用草皮铺设的方法，成坪快、质量高。

三、公园草坪的养护管理

（一）剪草

修剪是为了维护优质草坪，保持草坪平坦、整洁，提高草坪的美观性，以适应人们观赏和游憩的兴趣和需要。

草坪修剪要遵循 1/3 原则。新建草坪在草长到 7～8 cm 高时，进行第 1 次修剪。

修剪的时间、次数应根据不同草种生长旺盛状况及用途不同而定。冷季型草坪草在春季约 10 d 修剪 1 次，4～6 月份修剪 6～10 次；在夏季 7～8 月份修剪 4～6 次；在秋季 9～10 月份修剪 3～4 次，全年共需要修剪 15～20 次。

一个公园通常包括三类质量水平和管理强度的草坪区域。高质量草坪区，要求经常修剪，1 周修剪 1～2 次，剪留高度在 3～5 cm；中等质量草坪区，平均 1 周修剪 1 次，剪留高度在 4～6 cm 之间；有限使用区，需要最小的维护，每年修剪 2～4 次，剪留高度与高尔夫球场障碍区或路边草坪相似，为 8～12 cm。

（二）灌水

公园草坪中要安置喷灌系统，而且应该是伸缩式的，喷灌强度较小，一般呈雾状喷灌。雾状喷灌不仅能保证草坪草的植株正常生长的需要，同时也能使公园的空气保持湿润，有利于树木和其他花卉植物的生长。已建成的草坪每年越冬时，为保证草坪能安全越冬和明年返青，在初冬要灌封冻水，灌水深度要达到 20 cm。早春要灌返青水，灌水深度要达到根系活动层以下。

（三）施肥

秋季施肥能促进新草坪草的生长和原有植株的恢复。除非土壤肥力太低，一般春季不施肥，以减少修剪次数。夏初少量施肥可以使草坪更绿，提高夏季耐践踏性。暖季型草坪的施肥应安排在践踏最严重的时候。

草坪追肥应采用含氮量高，并且含有适量磷、钾的复合肥料，肥料中氮、磷、钾的比例为 5∶3∶2，也可以追施尿素或含 50%氮的缓效化肥。追肥的施肥量为 10～20 g/m^2，一般情况每年追 2～3 次肥。对于新建的草坪，因根系的营养体还很弱小，所以应采取少量多次的办法进行追肥。

有机肥多用于基肥或表施土壤，一般 1～2 年施用 1 次。每次施用 1 kg/m^2。施用的有机肥一定要腐熟、过筛，并在草坪干燥时施用，当草坪枝叶过于茂密时，应先修剪，过 1 d 后再撒施，施肥后应拖平并灌水。

(四)防除杂草

杂草不但危害草坪草的生长，同时还会使草坪的品质、艺术价值或功能显著退化，尤其是在公园中，杂草将大大影响草坪的外观形象。

化学除草剂能有效地防除杂草，如 2,4-D 类，二甲四氯类化学药剂能杀死双子叶杂草，而对单子叶植物很安全。用量一般为 0.2～1.0 mL/m^2。另外，还有许多除草剂如有机砷除草剂、四胂钠等药剂，可防除一年生杂草。

在公园草坪上施用化学除草剂，一定要严格掌握使用剂量，避免重复。使用时要注意不要将除草剂喷洒到其他的树木、花卉上，以免其他园林植物受到药害，并且一定要注意人身安全。

(五)病虫害的防治

在草坪草发生病害时，应及时使用杀菌剂在草坪植株表面喷洒，常用药剂有代森锌锰锌、多菌灵、百菌清、普力克、福美双等。要交替使用效果相似的多种杀菌剂，以防止抗药菌丝的产生和发展。

喷药次数可根据药液的残效期长短和发病情况而定，一般情况下可以 7～10 d 喷 1 次药。

(六)草坪的休养生息

对公园中的游憩草坪，尤其是游人活动频繁的草坪，在早春草坪草返青前，应预先采取措施加以保护。例如：设置标志暂停开放；也可以采取轮流开放的办法，让草坪自然得到恢复，待草坪草生长良好后再恢复开放使用。

对使用强度大的草坪，应该制订特别的管理方案，包括每年施用化肥，必要时覆播、打孔通气等。对践踏严重的区域实行草坪更新是公园草坪管理中的重要环节。

第五节 护坡草坪

一、概述

护坡草坪是指建植在高速公路两侧、河湖水库堤岸边的平地或坡地上，主要以水土保持为目的的保护性草坪，也常称为设施草坪，是管理较为粗放的草坪。

随着社会的发展，人们生活水平的提高，外出旅行的人越来越多。公路已不再仅仅是一种交通设施，它已成了人们生活环境中的一部分。公路边坡绿化与景观建设，不但可以保护路基和沿线公路设施，而且可大大改善公路沿线的生态环境和景观质量，这对解除司机及旅客的疲劳、减少事故发生率起着重要的作用。随着近几年我国高速公路建设的快速发展，沿线的绿化和护坡已经越来越受到重视，其中草坪占有重要的地位。

公路堤坝边坡植被立地条件较差，与其他区域相比，草坪建植、施工难度大，成坪后维护困难。在地形起伏的地区，土壤侵蚀强度大，易滑坡，土层薄，蓄水少，加之地势陡，降水与灌溉水易流失。与普通地面土壤相比，边坡土壤水分状况差，不利于植物生存。路基堤坝土壤多数情况下是生土，有机质含量低，速效养分贫乏，结构性差，不利于植物特别是幼苗的生长。

二、护坡草坪的建植

(一)草种的选择

与其他草坪相比，护坡草坪的外观质量如色泽、质地要求相对较低，重要的是草坪要有发达致密的根系、较强的适应性和抗性，以及耐粗放管理的特点。在选择草种时主要依据以下几点。

1. 选择适合当地土壤、气候条件的草种

当地野生草种往往是最好的选择。它是在本地土壤与气候环境中长期进化的结果，对当地的生态环境最适宜。

2. 选择根系发达、发芽快、分生能力强的草种

草坪草的根系直接关系到固土能力。地下部生物量越大，根系分布越深，固土效果越好。发芽易、出苗快、分生能力强的草种，能减少土壤裸露时间，在短期内覆盖地面，快速形成致密的植物群落，从而减弱降水的侵蚀能力。

3. 选择抗性强、耐瘠薄的草种

公路堤坝边坡土壤瘠薄、土壤水分条件差，因此要选择耐瘠薄、抗干旱的草种，同时还应对病虫有较强的抗性。冷季型草坪草中高羊茅抗性最强，暖季型的狗牙根和结缕草抗性最好。

4. 选择垂直生长缓慢或生长低矮的草种

草坪草生长太快、太高，会影响景观，增加修剪次数，养护费用也随之提高。因而，选择植物类型时应选择垂直生长缓慢或生长低矮的地被植物。

5. 按坡向方位选择草种

南向坡应选用喜光耐旱的草坪草，如高羊茅、无芒雀麦、偃麦草等；而北向坡应选用不耐旱的草坪草，如多年生黑麦草、草地早熟禾、紫羊茅、假俭草等。

在温带和寒带用于公路堤坝护坡草坪的草种有草地早熟禾、细羊茅和黑麦草及其混合配方；半干旱地区有野牛草、冰草和格兰马草；在热带和亚热带地区有普通狗牙根、假俭草和结缕草等；高羊茅可分布于亚热带和温带之间的广大过渡地带。

一、二年生和短期多年生草坪草，通常具有发芽易、出苗快、苗期生长迅速，能在短期内覆盖地面等特点，但是寿命短；长期多年生草坪草，往往发芽难，具有出苗慢，苗期生长缓慢，但寿命长，成长后覆盖能力强等特点。因此，根据建植草坪的地点和季节，挑选这两类草坪草中的相宜草种的优良品种，加以组合，互补长短，是解决坡地草坪建植的有效途径。

(二)建植时间

陡坡建植草坪，土壤水分往往不足；而雨量稍大，则会造成径流冲蚀，这是一对经常发生的难题。解决办法在于利用雨季。抓住雨季，迅速建植草坪，建植了草坪就能增加土壤含水量，停止水土冲蚀。

利用雨季建植草坪，应根据不同地区的具体情况加以实施。在干旱与半干旱地区，雨季前夕应努力抢种；雨季之中，则要“顶雨建植”。在湿润地区：①雨季前1～1.5个月，努力抢种、抢栽、抢铺。在雨季到来时，“保护草种”已迅速覆盖地面达到或超过70%，可有效防止日降水量≤50 mm的水土冲蚀。有了这种环境，建坪草种就能在较好的环境条件中发芽、出苗、成长；栽植的分株、铺植的草皮也易于成活、成长。②雨季中顶雨铺草皮或分株栽植。③抓住雨季才过，土壤墒情尚丰之时，抢种、抢铺、抢栽植。另外，如果采用喷播法建植草坪，应在雨季前或雨季尾进行较好。

(三)建植方式

护披草坪在建植时，一定要注意对坡体的保护。下面介绍几种护坡草坪建植方式。

1. 台阶种植

台阶种植是我国民间传统方式之一。凡能起台阶的坡地，都可以起台阶，变“一面坡”为若干个台阶的平面，不论种、栽、铺都行，管理也方便。天长日久，台阶逐步又变成斜坡。

2. 菱形种植

菱形种植也是我国民间的传统方式之一。在坡地上按斜线交叉种草，将整个斜坡分割成一块块小的菱形。一旦出苗或成活，就可以产生分导水流，起到防止冲蚀的效果。长期多年生草按斜线栽植，形成菱形，再撒上稀稀的“保护草种”，效果较好。

3. 喷播

把草种、肥料、保水剂、黏合剂等混合在一起，用高压水或压缩空气将混合物喷向地表。由于几道工序同时完成，通常效率较高。在坡度较大的地方更为适宜。自我国引进喷播法至今，得到的经验认为，在各地草种适宜的播种季节，只要没有中到大雨或持续干旱，建植效果都不错。

4. 铺植

某些坡陡、侵蚀严重的地方可直接用草皮建植，即把培育好的草皮切成 30 cm×30 cm 的方块，一块一块衔接，铺成草坪。注意在坡度较大的地方，每块草皮铺后应用木桩或竹签加以固定，直到根系扎入土壤为止。

5. 工程护坡建植

在坡度大于 45°，土壤条件较差的地段，应首先采用工程固土，即在边缘用石块或水泥砌成网格，网格砌成菱形或拱形，网格中栽植草坪植物(图 5-22)。

(a) 菱形护坡　　(b) 拱形护坡

图 5-22　工程护坡与生物护坡相结合

另外，空心混凝土预制块也可以用于护坡工程。空心混凝土预制块的形状有长方形、六棱形、圆形、正方形和椭圆形等多种。具体的植草施工步骤如下：

(1)修整坡面。尽量降低坡度。若为路基则延伸坡脚；若是路侧高坡，剥削坡顶，延长坡面纵线。如为无土基岩，应在坡面炸出若干凹坑，用于承载土壤，使能覆盖一定厚度的土壤。

(2)加固坡脚。用块石或毛石浆砌至一定高度，墙面上每隔一定距离要预留排水孔，以便排泄坡面多余的水。同时筑好坡顶和坡脚的排水沟。

(3)铺砌空心块。为使空心块整齐美观，应拉施工线，按设计严格施工。

(4)填充营养土。空心块内填充配有基肥的营养土至框高的1/2～3/4。

(5)播种或移栽草坪草。播种后覆以1～2 cm细沙或营养土，以种子不露出土表为宜。移栽育好的草苗可呈梅花形分成5～7丛栽入。

(6)喷水保苗。根据当地降水量情况，要保证种子发芽的水分，待苗出齐后进入正常管理。

用空心混凝土预制块进行工程护坡，既节省了50%～70%的混凝土材料，又增加施工速度，降低工程投资。空心材料的重量比实体材料轻，降低了坡面承重负荷，提高了护坡的稳定性和安全性。草坪草或防护植物生长后，具有拦蓄雨水、降低地表径流的生态防护效益。工程护坡与生物护坡紧密结合，具有广阔的发展前景。

6. 植生带法

将草坪草种子均匀固定在两层无纺布或纸布之间形成的草坪建植材料，称为草坪植生带。在降水量大的地区为防止种子直播后被雨水冲跑，可用铺设植生带法建植草坪。

在实际应用过程中，各地区针对不同的土壤肥力、降水等情况，对植生带法加以改良形成了一些新型植生带，现简要介绍如下。

(1)稻草种子带。由普通植生纸附着在单层稻草帘上制成的草坪建植材料，与普通植生带相比，稻草具有更好的保温、保湿和防止暴雨冲刷的效果，其抗拉力的性能也更好些。

(2)草种附着袋。该袋是在普通制袋材料的基础上，在袋内附着植生纸制成(图5-23)，袋内可在施工现场装土。因重量较重，且对坡体整理的要求不高，可以任何角度垒起，是塌方应急工程的最适材料。

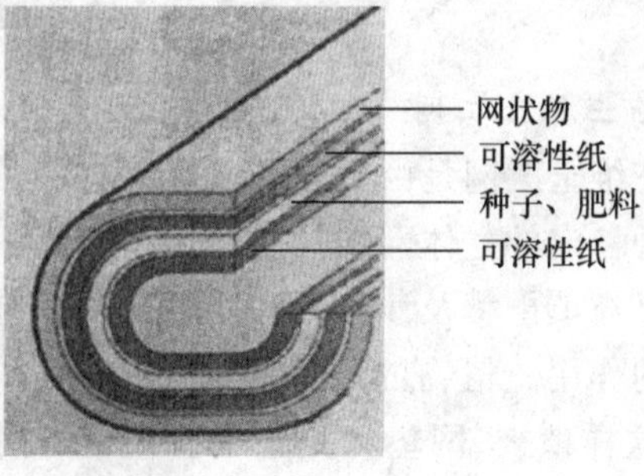

图5-23　草种附着袋

(3)肥料袋植生网。是在普通植生纸的基础上,增加特殊肥料带和尼龙网等韧性网(图 5-24),因这种网带有缓释肥料袋,因此,在土壤贫瘠、干旱的地区,比普通植生带具有更好的出苗率。铺设方法见图(图 5-25)。

图 5-24 肥料袋植生网

(引自《实用草坪栽培与管理》,龚束芳,2001)

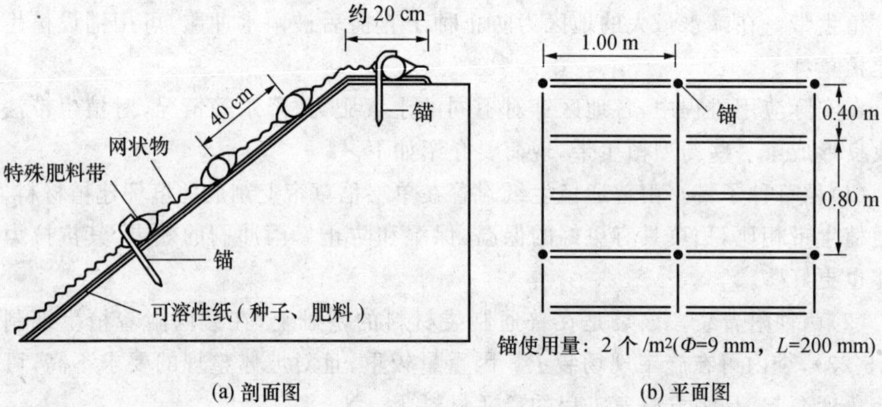

图 5-25 肥料袋植生网铺设图示

7. 三维土工网

三维土工网是由单层或多层塑料凹凸网和高强度平面网经热熔后黏结而形成的一种稳定的立体网结构。面层外观凹凸不平,材质疏松柔韧,留有 90%以上的空间可充填土壤及沙粒。底层平面网具有延伸率低,强度高的特性,起着防止坡体下滑的作用。植物的根系可从整个土工网中均衡地穿过,深入地下可达 0.5~2 m,这样植被、网垫和泥土三者形成一种牢固的复合力学嵌锁体系,这种复合体系具有较好的柔性,当边坡出现沉降时可随之沉降,不会造成架空,是一种永久性的边坡防护方式。三维植被网的施工方法如下(图 5-26)。

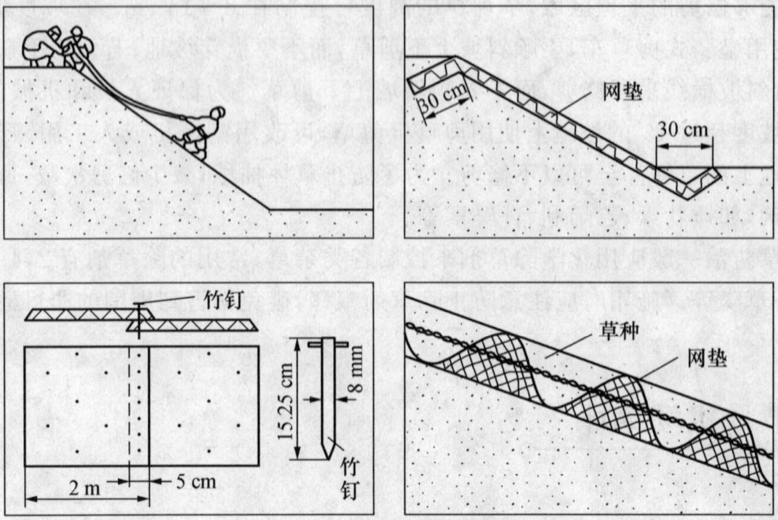

图 5-26　三维植被网的施工示意图

(1)修整坡面。预备铺设植被网的坡面要修整平并进行降低坡度处理。

(2)预铺营养土。根据坡度和坡面的光滑度铺上 5～10 cm 肥土或有一定肥力的自然土,修整平滑。

(3)固定三维植被网。将植被网置于坡面上,搭接宽度不少于 5 cm。用专用固定钉沿网四周以 1.0～1.5 m 间距固定。加固网的上下部,每幅网的上下部各留 1 m 左右埋入深 25 cm,宽 45 cm 的沟内,回填土或块石压紧。

(4)在网垫上均匀覆一层细土,厚度约为半个网高。

(5)将草种均匀地撒在网垫上,边坡靠上部分应适当增加草种用量。播撒完毕后,用扫帚轻扫一遍,以保证草种全部落入网垫内部。

(6)将营养土填入植被网,土的厚度以稍盖住网垫为宜。

(7)轻压。用长竹竿等轻击植被网表面,使种子和土粒紧密接触。

(8)覆盖。用草帘、稻草或麦秸等进行覆盖,覆盖物应均匀且不宜过厚,以盖住坡面为宜。

三、护坡草坪的养护管理

护坡草坪的养护管理一般较为粗放。除播种时施用化肥外,护坡草坪尽量少施用化肥。多数情况下,两年中每公顷施用 45 kg 氮素即可保证正常生长。在一些地方,一旦草坪建植后,则很少施或不施化肥。护坡草坪一般不灌溉。

在能够修剪的平坦区域,草坪草的高度可控制在 8～15 cm。在坡度低于 15°时,若使用坐骑式剪草车,要顺斜坡上下剪草,而不要横穿坡地;若使用手扶式剪草机,要沿斜坡横线来回修剪,而不要顺斜坡上下剪草。为保证人员和机械的安全,禁止在坡度超过 15°的坡地上使用剪草机剪草,可改用割灌机或人工用镰刀割草。有些坡地上的草坪甚至可以不修剪。为了防止草坪抽穗,减少修剪次数,可施用生长调节剂,如矮壮素、乙烯利、青鲜素等。

杂草防治一般应用化学除草剂来控制各类杂草,常用的除草剂有 2,4-D、二甲四氯、环草隆等。施用时应注意防止除草剂飘移,避免伤害到周围的非目标植物。

第六节 机场草坪

一、概述

机场草坪是指应用于各类军用、民航机场、备用机场和需紧急着陆的机场中具有特殊使用特点的大面积草坪。随着国防和民用航空事业的不断发展,飞机场绿化将成为航空事业的重要内容之一。飞机场草坪是城市大面积绿化的重点工程。大部分机场除跑道之外,全部用草坪覆盖。一些小型机场甚至完全由草坪构成。

飞机场是一个国家或城市的窗口,机场环境的美化反映了城市的风格特点和文明程度。机场草坪,特别是负重强度大的飞机着陆的跑道草坪,必须具有强的承压性和抗断裂性。由于飞机具有高速、冲击力强、重量大、安全保险性要求高的特点,因此,机场草坪要求美观与安全相统一,其中安全功能特别重要。机场草坪的景观设计中,要求宽阔、平坦,不能加入任何乔灌木。飞机场低矮的草坪,减少了鸟类栖息的可能性,从而避免飞机起降与鸟类相撞的恶性事故。绿色的草坪表面,广阔的视野可以减轻飞行员的视觉疲劳,减少事故发生的几率。在飞机起飞和降落时,不但噪声大而且尘土飞扬,会使周围环境受到较大污染,当机场有大面积草坪覆盖的情况下,可以降低噪声,减轻空气尘埃的污染,延长飞机的使用寿命,保证安全。

二、机场草坪的建植

土壤是建植优质机场草坪的重要因素。机场草坪既要能承受强大的负重,又要能维持土壤的承压结构，不使地面变形和草坪断裂，保持机场地面的坚固和平整。因此，建植机场草坪，要求土壤基础紧实，坪床土壤结构通气性好，肥力高，排水良好，使草坪草能快速生长形成茂密草层和强大根系。通气性好、含腐殖质高的沙壤土是建植机场草坪的优良土壤。

飞机场草坪宜选用植株低矮、茎叶繁茂、根系发达的草坪草，在地表应形成至少 10 cm 厚度的密集草根层。选用的草坪草必须具有较强的耐践踏性、快速的再生性和极高的密度。另外，还需耐瘠薄、耐干旱和耐粗放管理，以降低草坪的养护投入。

机场草坪建植多采用混播的方式。因混播可利用组合中各个草种的优良特性，容易形成密集草丛和强大根层，建成耐践踏的草坪。冷季型草坪草可选用草地早熟禾、匍匐翦股颖、匍匐紫羊茅、多年生黑麦草、无芒雀麦等。草地早熟禾与多年生黑麦草应避免选择易抽穗的品种，以减少鸟类采食和栖息的可能。暖季型草坪草种可采用野牛草、狗牙根、结缕草、假俭草、苔草等。

三、机场草坪的养护管理

(一)剪草

大部分机场草坪管理较为粗放，修剪高度为 5～8 cm，每年修剪 3～5 次，一般不超过 10 次。对于使用频率高、直接以草坪作跑道的机场草坪，管理强度需适当增加，但留茬高度也不低于 5 cm，并注意要清除修剪后留在草坪上的草屑。机场边缘的草坪留茬高度可以提高。可用割灌机修剪或不修剪。有的机场草坪为了防止草坪草抽穗，减少修剪次数，还可以喷洒生长调节剂来抑制草坪草的生长，控制草坪高度。

(二)施肥

机场草坪施肥应根据土壤肥力和草坪草生长情况而定。管理粗放的大面积草坪一般每年施肥 1 次，冷季型草坪草可于每年初秋施入，而暖季型草坪草于初夏时施用。尿素必须在水分充足的条件下施用，厩肥一般不宜使用。有条件的地方可以施用缓效肥为主，来延长养分的供应时间，保证草坪质量。

(三)覆沙镇压

为了保持良好的土壤结构，对于较黏重的土壤，每年都应进行几次覆沙改良，直到土壤结构能长期处于良好状态为止。在寒冷地区草坪霜冻后土壤还需要镇压，使草坪表面平整，利于来年春天草坪根系恢复正常生长。

(四)其他养护工作

机场草坪频繁利用常造成草坪稀疏或缺损斑裸,应及时通过补播或草皮块铺植来修补。杂草应用化学除草剂清除,但除草剂应尽可能只施在杂草生长的地方。利用强度高的草坪,在干旱时必须适量灌溉。

复习思考题

1. 简述足球场对草坪的质量要求。
2. 简述足球场草坪养护管理的技术要点。
3. 简述高尔夫球场果岭、发球台和球道对草坪的质量要求。
4. 简述高尔夫球场果岭草坪养护管理的技术要点。
5. 建植公园草坪时如何选择草种?
6. 建植护坡草坪时如何选择草种?
7. 护坡草坪的建植方式有哪些?
8. 机场草坪与其他绿地草坪相比具有哪些特殊性?

技能训练

技能训练 5-1 草坪追施粒肥

一、训练目的

了解追肥对补充草坪养分、促进草坪健壮生长的重要作用;学会追肥肥料种类的选择、搭配及施用方法,能制订施肥方案。

二、训练场所、用具及材料

(1)训练场所:应用中的草坪地。

(2)用具及材料:适宜的肥料种类及数量、化肥称量器具、化肥分装器具或施肥机具等。

三、训练内容

观察检测草坪草缺素状况，了解不同肥料的肥效，正确使用追肥。

四、训练步骤方法

(1)实地选择一块有缺素症的代表性草坪。

(2)测定该草坪的生长发育状况；评估其缺肥水平；确定肥料施用总量及各元素比例。

(3)按要求称取肥料，并混合均匀施于坪面上。

(4)施肥后及时进行浇水。

五、考核标准及配分

本项技能满分 100 分，要求达到 60 分以上。

(1)正确分析缺素原因。 30 分

(2)肥料选择及使用符合要求。 40 分

(3)实训报告上交及时，内容全面，结果准确。 30 分

技能训练 5-2 剪草机的使用

一、训练目的

了解旋转式剪草机的简单构造，熟悉旋转式剪草机的使用步骤及注意事项。

二、训练场所、用具及材料

(1)训练场所：应用中的草坪地。

(2)用具及材料：旋转式剪草机、汽油、机油等。

三、训练内容

观察了解旋转式剪草机的简单构造，正确使用剪草机修剪草坪。

四、训练步骤方法

(1)检查。启动前一定要先检查机油、汽油是否充足，场地内是否有石头等硬

物,空气滤清器是否干净,刀片是否损坏,螺栓是否锁紧等。然后根据草坪修剪的1/3原则,调整好剪草高度。穿戴好长裤、保护鞋和防护眼镜。注意!必须先检查,后开机。

(2)启动。首先将化油器上的燃油阀门从“1”推至“2”的位置;再将节流杆(油门)推至阻风门位置;然后提起启动索,快速拉动。注意!不要让启动索迅速缩回,而要用手送回,以免损坏。

(3)剪草。将离合器杆靠紧手柄方向搬动时,剪草机会自动前进;松开离合器杆时,剪草机会停止。剪草时,要将节流杆置于“高速”的位置,以发挥发动机的最佳性能。注意!行进间不能进行换档。

(4)关机。缓慢将节流杆推至“停止”的位置,再将化油器的燃油阀门从“2”推至“3”的位置,即可关机。

(5)清洁机具。剪草作业结束后,应将剪草机清理干净,长时间不用时,还应将刀片等部位上油保护。

五、考核标准及配分

本项技能满分100分,要求达到60分以上。

(1)每个环节正确操作,符合要求。 70分

(2)实训报告上交及时,内容全面,结果准确。 30分

第六章　草坪质量评价

知识目标

- 了解草坪质量评价的知识。
- 掌握草坪外观质量评价的标准和方法。
- 掌握草坪功能质量评价的标准和方法。
- 熟悉草坪质量综合评价方法和 NTEP 草坪质量评分法。

技能目标

- 能通过草坪质量综合评价方法和 NTEP 草坪外观质量评价方法对草坪进行质量评分。
- 建立草坪质量概念，树立为提高草坪质量实施科学养护管理的意识。

第一节　草坪外观质量评价指标

草坪的颜色、密度、质地和草坪的均匀性是评价草坪外观质量四个最重要的指标。它们是四个相对独立的变量，从不同的方面反映了草坪的质量特征。通过给各个草坪质量要素分配权重系数而后加权平均的方法来得到草坪质量总分的评价。权重系数的分配是根据各个要素的相对重要性而确定的，其分配方法取决于草坪建植和使用的目的以及草坪生长的环境。

一、密度

草坪密度是指单位面积上草坪植物个体或枝条的数量，是草坪质量最重要的指标之一。高密度的植株对优质草坪而言是很需要的，因为它可以增强草坪对杂草侵袭的竞争力。它与草坪强度、耐践踏性、弹性等使用特性密切相关。

草坪的密度随不同的草种、不同自然环境和不同的养护措施而有很大的不同。草坪滋生芽的密度与草坪草种和品种有关。同一种内，不同的变种或品系，其密度也有差异。同一品种播种量不同，密度也表现不同。增加播种量，可以使密度增加。同时，任何一种草坪品种的滋生芽密度也与草坪种植方式、环境条件及一年中的不同时期有关。对于没有匍匐生长特性的草种而言，草坪播种时的播量及播后的不同时期对草坪的密度也是很重要的影响因素。但是，草坪最后的密度取决于养护管理水平和环境条件。即使是大播种量，也会因种间竞争而固定在某一密度范围。充足的土壤水分、较低的修剪高度和施用氮肥通常会增加草坪的滋生芽密度。修剪低矮、管理适当的翦股颖和狗牙根草坪密度非常大。在结缕草中，沟叶结缕草密度最高，细叶结缕草低。有报道，在匍匐翦股颖果岭草坪上，草坪的滋生芽密度高达 1 700 株/m^2。密度也是草坪草对各种条件适应能力的尺度，不耐遮荫的草坪草种在树下不能形成高密度草坪，稀疏的草坪很难成为优质运动场草坪。一个种不能抗病或适应外界刺激，那该种也不可能形成高密度草坪。而具有强壮匍匐茎、地下茎的草坪草则可形成一个较好的草坪。

二、质地

草坪质地主要是指草坪草叶的宽窄与触感的量度，一般多指草坪植物叶片的宽度。通常认为草坪植物的叶片越窄草坪质地越好（图 6-1），但也有人对此提出异议。

1.5～3 mm 宽是大多数人所喜爱的草坪草质地。具有良好质地的草坪草，如草地早熟禾等具有狭窄的叶，而高羊茅和地毯草则为质地粗糙的草种类型。紫羊茅和粗茎早熟禾是细质地的草坪草。宽叶的草坪草通常触感硬，窄叶的质地较软。但是，羊茅则叶细且硬，沟叶结缕草与细叶结缕草也有相似的倾向。野牛草叶片细，但由于叶片上被有大量的毛，触感不好。钝叶草叶片宽但触感很柔和。

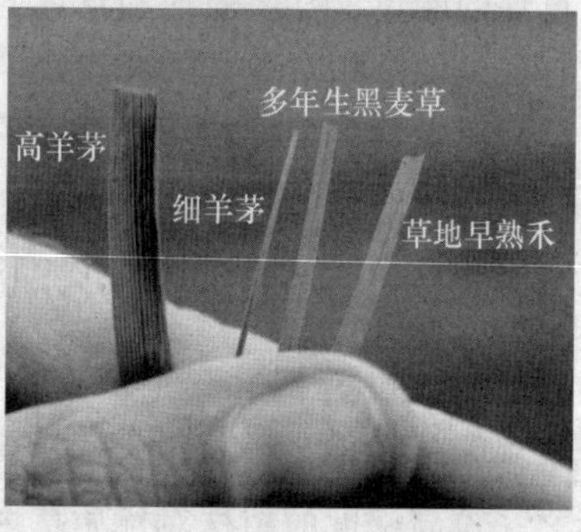

图 6-1 草坪草叶片的质地

养护管理措施，如修剪高度、施肥水平、表层覆沙等都会影响草坪草的质地。例如，匍匐翦股颖和一年生早熟禾当修剪高度从 3.8 cm 下降到 0.8 cm 时，叶片的宽度会降低 50%。叶片的质地也会随着植株的密度和环境胁迫而发生变化。对同一品种来说，密度和质地有一定相关性，密度增加，质地则变细。质地也影响草坪种间混合播种时的兼容性。在进行草坪混播和混合配方时，要使用叶片质地相近的草种和品种，粗质地草种不宜同细质地的草种混合播种，因为两者相结合外观表现不一致，会破坏草坪的均一性。

三、颜色

草坪颜色是草坪植物反射日光后对人眼的颜色感觉。草坪颜色可反映草坪植物的生长状况和草坪的管理水平。同时在很大程度上决定了人们对其喜好的程度。

草坪颜色是表征草坪总体状况最好的指标之一。不同草坪和品种在颜色上深浅不一，从浅绿、深绿到浓绿。在草坪草发育的早期和晚期，这些差异将更为明显。一年生早熟禾和草地早熟禾在夏季难以在颜色上把它们区分开来，但早春一年生早熟禾的浅绿色很易与草地早熟禾的暗绿色区别开来。假俭草和结缕草的某些品系，秋季叶呈红色，使草坪别具一格。

草坪颜色失绿可能是缺乏营养、病害、虫害、线虫危害、过量的水分、枯萎或其他的环境胁迫的反映。不正常的暗绿色可以是施肥过量或草坪草将发生萎蔫或是患某些疾病的早期征兆。修剪质量也可以影响草坪的颜色，修剪不当，引起叶片顶端参差不齐。修剪频率过低，一次修剪量过多，草坪草只留下钝老的叶片，将给草坪草留下一个参差不齐的茎叶末端，使草坪出现灰白色到灰褐色的坪面。生长抑制剂对草坪生长的控制、修剪次数的减少、草坪含枯叶比率很高、新鲜嫩叶减少，均使草坪魅力降低。

草坪草的颜色是很难定量测定的。因为草坪中含有大量绿色的、棕黄色的、褐色的草叶。草茎以及草屑并不是单一的、均匀的绿色，叶绿素含量指标是在每单位平方分米的面积中测定叶绿素的毫克数的定量指标。这个指标在测定某些植物营养的反应时是有数的，但不能反映诸如修剪、灌溉或遮荫对草坪颜色的影响。草坪草的颜色评价与个人喜好有关。例如，美国人喜欢深绿色，日本人喜好淡绿色，英国人则喜好黄绿色。在我国，大多数人比较喜欢深绿色。

四、均匀性

草坪的均匀性是草坪外观上均匀一致的程度，是对草坪表面的总体评价。高质量的草坪应是高度均一，不具裸露地、杂草、病虫害斑块，生育型一致的草坪。它包括两个方面：一是组成草坪的草坪草地上枝条；二是草坪表面的平坦性的表现特征。因此，草坪的均一性受草坪质地、密度、组成草坪的草坪草种类、颜色及修剪高度、质量等条件的影响。

上述的草坪质量要素中的任何一个都会随着草种、品种及栽培措施的不同而变化。任何单个的要素都不能反映草坪的整体质量。例如，草坪仅有高的滋生芽密度并不能说草坪的整体质量就高。同样，某个质量要素的相对重要性是随着草坪建植和使用目的而变化的。由于草坪质量的这些特殊性，到目前为止，草坪质量的表观评分法仍然是最实际、快速并能反映草坪质量的评价方法。

图 6-2 是草坪表观质量评价指标。

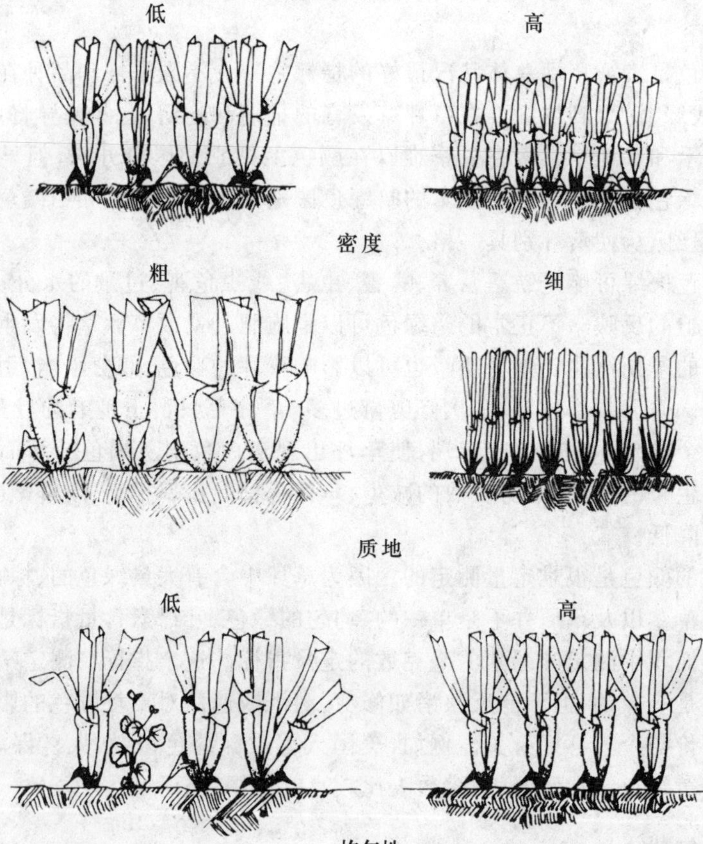

图 6-2 草坪表观质量评分指标

由于表观视觉评分方法具有一定的主观性，所以质量评定最好由几个评价者相对独立地做出。最终的评分等级取这几个评价者结果的平均。这种方法的可靠性与评价者的经验和技艺有关。视觉评分法在一个测试区中有一定的定量性，但要比较不同的地方、不同的年份、不同的评价者之间的结果在某种程度上来说是不太可靠的。尽管有这种限制，到现在为止还没有更好的定量方法可以替代这种方法，所以，在草坪质量评价中，它还会作为主要的方法继续使用。

第二节 草坪功能质量评价指标

草坪的评价依利用目的而不同。作为运动场草坪要考虑其运动功能。如高尔夫球场对草坪的密度和均匀性要求甚高，叶宜细而柔软，对平滑度也颇为重视。足球、橄榄球等比赛场的草坪，有鞋底尖钉的践踏；赛马场的跑道，有马蹄踏铁的践踏，因此，这类草坪的耐践踏性是很重要的。草坪的功能质量不仅受以上讨论的外观特性的影响，而且也受到草坪的刚性、弹性、回弹力、再生力等的影响。

一、刚性

刚性是指草坪叶片对外来压力的抗性，它与草坪的耐践踏能力有关，是由植物组织内部的化学组成、水分含量、温度、植物个体的大小和密度所决定的。结缕草和狗牙根草坪的刚性强，可以形成耐践踏的草坪。草地早熟禾和多年生黑麦草草坪刚性则差一些。而匍匐翦股颖和一年生早熟禾刚性更差。粗茎早熟禾最差。

刚性的反面是柔软性。只要具备一定的耐践踏能力，柔软则也许是某些草坪所希望的特征。这主要取决于草坪的用途和使用强度。

二、弹性

弹性是指草坪叶片受到外力作用下变形、在消除应力后叶片恢复原来状态的能力。这是草坪的一个重要特性指标。因为大多数情况下，由于管护和使用等活动的原因，草坪不可避免地有不同程度的践踏。初冬季节，在清晨有霜冻发生时，草坪叶片的弹性急剧降低，应禁止一切草坪上的活动，因为此时践踏草坪的脚印造成的损伤是无法恢复的。当温度升高以后，草坪草的弹性会得到恢复，早上喷灌可加快这一进程，尤其在高尔夫球场果岭上。

三、回弹力

回弹力是草坪吸收外力冲击而不改变草坪表面特性的能力。草坪的回弹力部分受草坪草叶片和滋生芽特性的影响，但主要受草坪草生长介质特性的影响。如草坪上形成的枯草层和类似草垫层的物质能增加草坪的回弹力。土壤类型和土壤结构也是影响草坪回弹力的重要因素。高尔夫场果岭的草坪应具有足够的回弹力，以保持住一个恰当的定向击球。足球场草坪的回弹力对防止运动员受伤是非常重要的。

图 6-3 是草坪功能质量评价指标。

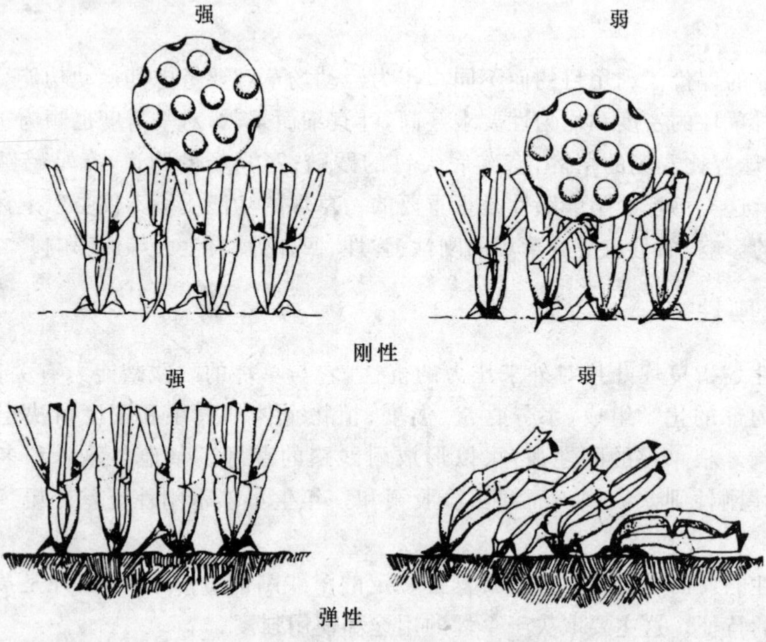

图 6-3　草坪功能质量评价的指标

四、再生力

再生力是指草坪受到病害、虫害、踩压及其他因素损害后，能够恢复覆盖、自身重建的能力。它受植物遗传特性、养护措施、土壤与自然环境条件的影响。土壤板结，施肥、灌溉不足或过量，温度不适宜，光照不足及土壤存在有毒物质和病害都可影响草坪草的再生能力。有利于草坪草生长的环境条件也有利于草坪草的再生与恢复。

由此可见，运动场草坪对功能质量如刚性、弹性、回弹力和再生力有特殊要求。通常所说的耐践踏性是以上几个指标的综合反映。

五、平滑度

平滑度是草坪的表面特征，是运动场草坪品质的重要因素，对果岭而言尤其重要。果岭上应该没有使球滚动发生偏移的障碍和凹陷。平滑度差的草坪将降低球滚动的速度和持续时间。草坪草叶片生长特性和平滑度可以根据表观评估看球滚动的距离及是否偏向来评价。关于草坪平滑度，还没有完善、快速、准确的测定方法。但有一些试验性的方法用于测试草坪表面的摩擦度。较准确的方法是斜面法。这种方法是在一定的坡度、长度和高度的助滑道上，把球向下滚动，记录滑过草坪表面球运动状态以确定草坪平滑性。该方法仅限于测试有相似的、均匀坡度的草坪果岭表面。它对风速的影响和方向很敏感。然而，具有相同表面的场地是很难获得的，试验用球也不可能完全一致，因此这种方法也有一定的局限性。

六、生长型

生长型是描述草坪草枝条生长特性的指标。包括丛生型、根茎型和匍匐茎型三种类型。严格地说，生长型并非草坪质量的独立指标，而是影响草坪质量的一个重要因素。

丛生型草坪草主要是通过分蘖进行扩展，在播种量充足的条件下，能形成一致性强的草坪。但在播量偏低时，则形成分散独立的株丛，导致不均一的坪面。多年生黑麦草、高羊茅、早熟禾均属此例。

根茎型草坪草是通过地下茎进行扩展，由于根茎末端是在远离母株的位置长出地面，地上枝条与地面趋于垂直，因此强壮的根茎型草坪草可形成均一的草坪。

匍匐茎型草坪草是通过匍匐茎的地上水平枝条扩展。匍匐茎在某些部位常产生与地面垂直的枝条，因此，在修剪高度较高的条件下，修剪会产生明显的“纹理”现象，进而影响草坪的质量。

叶片的直立或水平伸展对草坪质量也有一定影响。直立型草坪草能形成小波状起伏的草坪，因此，草坪外观不乱，不改变足球的旋转方向，对于运动场草坪来说是较为理想的。狗牙根、匍茎翦股颖是匍匐型的草种，其抗修剪性强。草坪中出现斑秃时，在含有匍匐茎草种的情况下，可因匍匐茎的扩展而得到修复。

七、生长速率

生长速率指生长期间草坪草干物质积累的快慢。生长期内草坪草干物质产量并不真正代表草坪的质量。干物质产量可以反映草坪滋生芽的生长速率以及它对肥料施用的反应或环境要素状况的反应,但它并不是草坪叶片质地、滋生芽密度的可靠指标。一块草坪可能有很高的干物质产量,但其滋生芽的密度、草坪草叶片质地以及根系却很差。生长速率快,并不表明草坪就具备抵抗杂草侵袭后从损害中恢复的能力很强。实际上,具有中等程度的生长速率比具有快速生长速率的草坪处于更健康的状况。因为过多滋生芽的生长消耗了植物碳水化合物的积累,削弱了根系生长及再生的潜力。

在某些情况下,还包括其他的草坪质量测定项目。如根系深度、根量、植物组成、植株高度、修剪量、病害和裸地斑块的比例等,也可以提供关于草坪质量及活力的附加信息。

第三节 草坪质量评价方法

一、草坪质量评价概述

草坪质量是评价草坪优劣的综合指标。无论是草坪品种评价还是养护管理措施对草坪质量影响的田间试验,都涉及草坪质量评定。草坪质量的优劣似乎是一目了然的事情,而事实上并非如此。草坪质量评价实际上是一个复杂的、困难的问题。它是随着草坪的种类、一年中的不同时期、个人的主观喜好、草坪的使用目的不同而不同的。因此,评定方法到目前尚未完全统一。

首先,草坪质量不但是草坪生态功能的反映,而且也是景观质量的反映。草坪不仅提供绿量、氧气等,也给我们提供舒适和美的环境。而舒适和美是带有很强主观性的。草坪质量不能用和其他农作物一样的方法来衡量,正在生长的草坪的质量也不能以产量、颜色、果实或饲料的营养来衡量。

其次,草坪质量应根据草坪的用途和目的要求来评定。草坪的建坪目的不同,功能就不同,质量要求也不尽相同。就某种使用目的而言,可接受的、甚至是优质的草坪,对另外的使用目的草坪而言则可能是低劣的。这些要素的相对重要性与草坪的使用目的有关。例如,草坪的平滑性对高尔夫球场果岭区和草坪保龄球进球区来说是非常重要的。以水土保持为目的的设施,草坪要求草坪草具有发达的根系和较强的固持土壤能力,适应性广,抗性强,耐粗放管理。观赏草坪则要求在外观上均匀一致、坪面平整、生长致密,颜色漂亮。运动场草坪应具有耐践踏、耐频繁修剪、缓冲性能好，并应满足不同运动项目的特殊要求。足球场草坪应具备高的回弹力、抗践踏性强和损坏后再生能力强等性质。高尔夫场球果岭上的草坪应平滑一致，对多方向来球和推球无阻碍作用。当你在高速公路上以 80 km/h 以上速度行驶时，高羊茅草坪看起来就非常漂亮。但在庭院中，则以草地早熟禾草坪更好一些，因为高羊茅质地粗糙，植株不大致密。而污染严重的地方的草坪，则需要具有抵抗和净化污染的能力。

因此，草坪的质量与所需草坪的功能和使用目的密切相关，这也是草坪质量评定的基础。尽管草坪质量评定方法在特定条件下重点不同，然而构成草坪质量的基本因素是一致的。这就为草坪的客观评定提供了可能。评价一块草坪质量的高低，一般考虑外观质量或功能质量。

二、草坪质量综合评价方法

在草坪质量评价中要选择几个能反映草坪本质的指标进行综合评价，才能得出草坪质量的优劣和等级。草坪质量的评价因草坪的利用目的不同所采用的评价指标也不相同，各指标在不同用途的草坪评价中的重要性也不相同，指标的分级也不同。陈志一(1983)提出采用“统一评估、项目加权、分类比较”的方法，解决不同利用目的草坪的质量评价。“统一评估”，即不论是何利用目的的草坪都按相同的质量项目、相同的方法、相同的标准统一评估；“项目加权”，即依据草坪不同的利用目的，对各质量指标按重要程度予以相应的权重，然后加权后衡量；“分类比较”，就是依据不同利用目的对草坪分类比较，评定优劣。

(一)评价指标的测定方法

1. 草坪颜色

(1)目测法　包括直接目测法和比色卡法。

直接目测法就是观测者根据主观印象和个人喜好给草坪颜色打分，评分方法有五分制、十分制和九分制，其中九分制较常用。在九分制中，9 分表示墨绿，1 分表示枯黄。

比色卡法是事先将由黄到绿色的色泽范围内以 10%的梯度逐渐增加至深绿色，并以此制成比色卡，把观测的草坪颜色与比色卡做比较来确定草坪颜色等级。在用目测法测定草坪颜色时，可在样地上随机选取一定面积的样方，以减少视觉影响，同时测定时间最好选在阴天或早上进行，避免太阳光太强造成的试验误差。

(2)实测法　包括叶绿素含量测定法和草坪反射光测定法。

叶绿素含量的测定多采用分光光度计法。

分光光度计法测定叶绿素含量的两个主要影响因素是叶绿素提取的溶剂和含

量测定的波长。

用叶绿素含量表示草坪颜色的方法有两种：单位面积土地上叶绿素的含量和单位鲜重的叶绿素含量。

单位面积土地上叶绿素的含量即叶绿素指数(CI)。叶绿素含量依表示方法不同其含义和数值也不同,用叶绿素指数表示的叶绿素含量一般是指地上茎、叶的叶绿素总含量,是草坪颜色的整体表现；

单位鲜重的叶绿素含量是叶片叶绿素含量与叶鲜重的比值,它主要侧重于对草坪的个体颜色的反映,但为了研究方便,一般情况下多用单位叶片鲜重的叶绿素含量来反映草坪颜色。

2. 草坪密度

密度的测定方法有目测法和实测法两种。

草坪在生长发育过程中个体间存在种内竞争,因此草坪密度会随草坪建植后的时间而变化,随着竞争的缓和,草坪密度逐步稳定，草坪密度的测定应在草坪建植后密度稳定时进行。

(1)目测法　是以目测估计单位面积内草坪植物的数量,并人为划分一些密度等级,以此来对草坪密度进行分级或打分。草坪密度的目测打分多采用五分制,其中1表示极差,3表示中等,5表示优。

(2)实测法　是记数一定面积样方内草坪植物的个体数。通常样方面积为50～100 cm^2。同时为了保证其准确性和代表性,要多次重复。由于草坪种植密集,进行草坪密度实测的工作量非常大,试验的重复次数可根据实际情况而定。在样方选定后,将地上植株齐地面剪下,记数其地上植株或茎、叶数。密度实测值的表示方法有单位面积株数、茎数或叶数。在一般情况下,草坪密度多用单位面积枝条数来表示。

3. 草坪均一性

草坪均一性在不同用途草坪的评价中侧重点各不相同,在以观赏为主的草坪的评价中多侧重于草坪草叶的外部形态、颜色和草种的分布状况在草坪外貌上的反映;而运动场草坪则侧重于草坪表面的平坦性。

在观赏草坪中,草坪的均一性可用某一草坪草类群在单位面积中所占的比例,以及这一比例在不同样方中的变异程度来表示。具体的测定方法有样方法、目测法和均匀度法。

(1)样方法　就是计数样方内不同类群的数量,然后计算各自的比例和在整个草坪中的变异状况。在测定中样方多为直径10 cm的样圆,重复次数依草坪面积而定。为了准确的计算样方的变异程度，一般应在30次以上。但是样方法重复次数较多，工作量大，在实际应用中具有一定的局限性，许多研究中多用目测法测定草坪均一性。

(2)目测法　一般采用九分制进行打分：9 分表示完全均匀一致，6 分表示均匀一致，1 分表示差异很大。

4. 草坪质地

国内草坪质地的测定方法较统一，多用草坪草叶的最宽处的宽度来表示，在叶宽的测定中要选叶龄与着生部位相同的叶片，测量叶片最宽处重复次数要大于 30 次。

5. 草坪盖度

盖度是与密度相关的指标，但密度不能完全反映个体分布状况，而盖度可以表示植物所占有的空间范围。

盖度测定方法有目测法和方格网针刺法。

采用目测法首先要制作一个面积为 1 m^2 的木架，用细绳分为 100 个 10 cm×10 cm 的小格，测定时将木架放置在选定的样点上，目测计数草坪植物在每格中所占有的比例，然后将每格的观测值统计后，用百分数表示出草坪的盖度值。盖度值分级评价可采用五分制，盖度为 100%～97.5%记 5 分；97.5%～95%记 4 分；95%～90%记 3 分；90%～85% 记 2 分；85%～75%记 1 分；不足 75%的草坪需要更新或复壮。

在国内的许多研究中，用格网针刺法做草坪盖度的研究。一般样方为 1 m×1 m 的正方形样方，将样方分为 100 个格，然后用针刺每一格，统计针触草坪植物的次数，以百分数表示盖度，一般重复 5～10 次。

6. 草坪高度

草坪高度是指草坪植物顶部(包括修剪后的草层平面)与地表的平均距离。一般采用人工测量，样本数应大于 30。草坪的修剪高度影响草坪的外观质量。不同草种所能耐受的最低修剪高度不同。这一特性在很大程度上决定了草坪草种的使用范围。

(二)草坪质量综合评价步骤

1. 确定评价指标和各指标在不同用途草坪中的权重

不同用途的草坪的评价指标各不相同，即使相同的指标在不同用途的草坪质量评价中其权重也不相同。草坪质量评价的指标和权重可通过研究资料，统计分析获得，也可通过专家评定来确定。专家评定也就是召集一些草坪研究的专家共同商讨草坪质量评价的指标和指标的权重，或者是先确定一些不同用途草坪质量评价的可能指标，然后将这些指标分发给各个草坪专家，让各专家独立确定不同用途草坪质量评价的指标和指标的权重，然后集中专家的结果，统计分析确定草坪质量评价的指标和各指标的权重。刘建秀(1993)提出了不同用途的草坪质量评价的指标及权重(表 6-1)。

表 6-1 草坪质量评价指标的权重

草坪类型	10 个草坪用指标的权重									
	密度	质地	叶色	均一性	绿期	草层高度	盖度	耐践踏性	成坪速度	草坪强度
观赏草坪	0.20	0.15	0.20	0.15	0.10	0.05	0.10	0	0.05	0
休憩草坪	0.10	0.10	0.10	0.10	0.10	0.10	0.10	0.15	0.05	0.10
远动草坪	0.10	0.05	0.10	0.10	0.10	0.10	0.05	0.20	0.05	0.20
保土草坪	0.10	0.05	0.10	0.10	0.10	0.05	0.10	0	0.20	0.20

2. 确定草坪质量评价指标的测定方法

草坪质量评价指标的测定方法对草坪质量评价的真实性和准确性有重要的影响。指标的测定方法必须统一、标准、具有科学性和实践的可行性,同时测定程序要规范。对一些无法用已有的标准仪器测量的指标可采用大家公认的仪器或装置进行测定。

3. 确定草坪质量综合评价的标准

草坪质量综合评价的方法不同其评价的标准也不同。在加权评分法中要确定评价指标的分级和加权平均数的分级。在模糊综合评价法中只需确定各指标的分级。确定草坪质量综合评价的标准受主观影响较大。在确定中要尽力包括从差到优的所有可能的情况。质量评价指标的分级一般为 3 级制和 5 级制两种。

4. 草坪质量评价指标实测值的获得

按照已确定的测定方法规范地测定草坪质量评价指标值。

5. 进行数据的统计分析,得出草坪综合评价的结果

结果的表示方法以优良、满意、中等、差或较差表示或计算出被测草坪的得分。

(三)草坪质量综合评价的加权评分法

加权评分法是草坪质量综合评价的统计方法。在加权评分法中需要确定两个标准:一是草坪质量指标的分级;二是加权平均数的分级。用加权评分法进行草坪质量综合评价首先要将被测草坪的评价指标的实测值与草坪质量指标的分级进行对比,得到草坪在各指标上的得分。再将各指标的得分与指标权重相乘,累加后除以指标数量,即得到加权平均数。最后根据加权平均数的分级标准确定被测草坪的等级。

三、NTEP 草坪外观质量评价法

(一)NTEP 简介

NTEP 是美国国家草坪评比项目(National Turfgrass Evaluation Program)的简称。随着草坪业的发展,草坪草新品种越来越多,品种性能不断改进。如草地早熟禾由 1968 年的 6 个品种增加到 1990 年的 90 个品种。随后,对这么多品种的颜色、质地、密度、病虫害的抗性以及不同的环境胁迫(寒冷、炎热、干旱、遮蔽)的忍耐力和抗践踏能力等众多特性作出评价变得越来越困难。加上不同地区环境条件不同,对草坪品种的评价就更复杂了。尽管统计学上的分析表明,品种之间存在着显著的差异。但是在普通绿化草坪和运动场草坪中,同一草种的不同品种表现很相近。因此,在不同的环境条件下,考察草坪品种对逆境的忍受力时需要一些控制严格的试验。NTEP 项目正是这样的一种试验。

美国国家草坪品种评比项目 NTEP 是在美国全国范围内的草坪品种测试。它是由美国农业部(USDA)农业研究局(Agricultural Research Service)和国家草坪基金会(National Turfgrass Federation,NTF)共同合作的项目。开始于 1980 年,目的在于评价草坪品种在不同的环境条件、养护管理措施和应用情况下的表现。经过 3～5 年的评比才得到参试的草坪品种在不同的区域和养护管理条件下质量的正确评价,不同地区的用户可根据品种比较结果选择草坪草种和品种。到 1993 年,有 550 个以上的品种正式参加了 12 个试验评比项目,涵盖 17 个草坪草种,分别在全美 15～50 个试验点上进行。

NTEP 项目已经成为世界范围内最知名的草坪研究项目之一。涵盖美国 40 个州和加拿大 6 个省,由大学和研究机构承担。NTEP 项目有良好的组织和协调机制,在实验布置、资料收集、分析和形成报告上有基本统一的格式。这些保证了 NTEP 数据的公正性,因而 NTEP 的数据被认为是很可靠的。世界上有 30 多个国家的个人、公司和单位广泛使用 NTEP 的报告作为草种选择的参考。NTEP 的测试结果使我们对草坪草种的表现有了更明确的了解。

(二)评分标准

NTEP 评分法是一种外观质量评分法。评分因素考虑草坪颜色、质地、密度、均匀性和总体质量。NTEP 采用 9 分制评价草坪质量。9 代表一个草坪能得到的最高评价,而 1 表示完全死亡或休眠的草坪。

用 9 分制评分法,1～2 分为休眠或半休眠草坪;2～4 分为质量很差;4～5 分为质量较差;5～6 分为质量尚可;6～7 分为良好;7～8 分为优质草坪;8 分以上质量极佳。

以上仅为 NTEP 评分法的一般原则，实际评分时可以进一步参照表 6-2。

1. 密度

在评估正在建植的草坪时，其密度和盖度是紧密相关的。从草坪上方垂直往下看，小区完全为裸地、枯草层或杂草组成时，为 1 分；盖度＜50％时，为 1～3 分；盖度 50％～80％时，为 3～5 分；盖度 80％～100％时，为 5～6 分；盖度达到 100％，由较稀疏到很稠密，为 6～9 分。

2. 质地

它表示草坪叶片的细腻程度，是人们对草坪叶片喜爱程度的指标。手感光滑舒适、叶片细腻的草坪质地最佳。手感不光滑，叶片宽、粗糙的草坪质地最差。对手感光滑舒适的草坪，叶片宽度为 1 mm 或更窄，为 8～9 分；1～2 mm，7～8 分；2～3 mm，6～7 分；3～4 mm，5～6 分；4～5 mm，4～5 分；5 mm 以上，1～4 分。虽然叶片较窄，但对手感不好的草坪，在以上评分的基础上略减。

3. 颜色

颜色表明整个小区内草坪的绿色状况，是草坪表观特性的重要指标。枯黄草坪或裸地为 1 分，小区内有较多的枯叶，较少量绿色时，1～3 分；小区内有较多的绿色植株，少量枯叶或小区内基本由绿色植株组成但颜色较浅时，为 5 分；草坪从黄绿色到健康宜人的墨绿色为 5～9 分。

4. 均匀性

草坪草色泽一致、生长高度整齐、密度均匀、完全由目标草坪草组成、不含杂草，并且质地均匀的草坪为 9 分；裸地、枯草层或杂草所占据的面积达到 50％以上时，均匀性为 1 分。

5. 总分

在将各要素的评分综合成总分时，通常按以下的标准给不同的项目分配权重：颜色 2 分；密度 3 分；质地 2 分；均匀性 2 分。

表 6-2 草坪外观质量评分标准

指标	盖度分等	评分	指标	叶宽分等	评分
草坪密度	＜50％	1～3	叶片质地	5～10 mm	1～4
	50％～80％	4～5		3～5 mm	4～6
	80％～100％	5～6		1～3 mm	6～8
	盖度 100％	5～6		＜1 mm	8～9
	较稀疏到很稠密	6～9			

续表 6-2

指标	盖度分等	评分	指标	叶宽分等	评分
颜色	休眠或枯黄	1	均匀性	十分均匀	9
	较多的枯叶，少量绿色	1～3			
	较多的绿色，少量枯叶	3～5		50% 斑秃	1
	浅绿到较深的绿色	5～7			
	深绿到墨绿	7～9			

复习思考题

1. 草坪外观质量的评价指标包括哪些？
2. 草坪功能质量评价指标有哪些？
3. 草坪质量综合评价的方法是什么？
4. NTEP 的评分标准是什么？

技能训练

技能训练 6-1 草坪质量综合评价

一、训练目的

能运用草坪质量综合评价标准和评价方法，实施草坪质量综合评价。

二、训练场所、用具及材料

(1)训练场所：应用中的草坪地。

(2)用具及材料：正方形样方、木架、细绳、分光光度计、比色卡、剪刀等。

三、训练内容

首先掌握草坪质量综合评价标准和评价方法，其次根据草坪质量综合评价标准所要求的内容，对草坪进行评分。

四、训练步骤方法

(1)确定草坪质量综合评价的指标,草坪的颜色、密度、均一性、质地、盖度和高度是草坪质量综合评价的重要指标。

(2)确定草坪质量评价指标的测定方法。

(3)草坪质量评价指标实测值的获得,按照已确定的测定方法规范地测定草坪质量评价指标值。

(4)进行数据的统计分析,得出草坪综合评价的结果。

五、考核标准及配分

本项技能满分 100 分,要求达到 60 分以上。

(1)了解草坪质量综合评价指标,明确评价指标主要内容。 20 分

(2)正确运用草坪质量综合评价测定方法。 20 分

(3)掌握评分法的一般原则,实际评分时参照表 6-1。 20 分

(4)对校园绿化草坪进行质量综合评价,给出客观的评价等。 20 分

(5)实训报告上交及时,内容全面,结果准确。 20 分

附　　表

附表 1　温度与草坪作业

(引自《草坪绿地实用技术指南》,孙吉雄,2002)

温度/℃	项　　目
	冷 地 型 草 类
32	幼苗停止生长
25	根停止生长
21	根生长的最高极限温度
21	晚夏种草的时机
5～23	幼苗生长的最适温度
10～18	根生长的最适温度
4	幼苗停止生长
0.5	根停止生长
－6	如温度迅速降至－6 以下,可使草类死亡
	暖 地 型 草 类
48	幼苗停止生长
43	根停止生长
26～35	幼苗生长的最适温度
23～29	根生长的最适温度
23	秋季将黑麦草加种于狗牙根草上的最适时机
18	春季种草的最适时机
	春根可能开始衰落,根可能在 1～2 d 内变黄,变褐后死亡
10	在此温度以下根生长开始变慢
10	由于寒冷的伤害,可能导致草叶变色
－4	温度太低草类可能死亡

续附表 1

温度/℃	项　目
	杂草防治
10	入冬开始使草变色
16～8	土壤接近此温度时，大戟草及猪殃殃等开始发芽，因此应当施用早期防治剂
12～14	当土壤接近此温度时，蟋蟀草开始发芽因此应当施用早期防治剂
	虫害防治
13	防治白蛴螬及蟋蟀之最低温度

附表 2　草坪草生产特性一览表

（引自《草坪绿地实用技术指南》，孙吉雄，2002）

草种名	每克种子粒数/(粒/g)	种子发芽适宜温度/℃	单播种子用量/(g/m^2)	营养体繁殖面积比/(m^2/m^2)
		冷地型草		
小糠草	11 088	20～30	4～6(8)	7～10
匍匐翦股颖	17 532	15～30	3～5(7)	7～10
细弱翦股颖	19 380	15～30	3～5(7)	5～7
欧翦股颖	26 378	20～30	3～5(7)	5～7
草地早熟禾	4 838	15～30	6～8(10)	7～10
林地早熟禾			6～8(10)	7～10
加拿大早熟禾	5 524	15～30	6～8(10)	8～12
普通早熟禾	5 644	20～30	6～8(10)	7～10
早熟禾		20～30		
球茎早熟禾		10		
紫羊茅	1 213	15～20	14～17(20)	5～7
匍匐紫羊茅	1 213	20～25	14～17(20)	6～8
羊茅	1 178	15～25	14～17(20)	4～6
苇状羊茅	504	20～30	25～35(40)	8～10
高羊茅	504	20～30	25～35(40)	8～10
多年生黑麦草	504	20～30	25～35(40)	8～10
一年生黑麦草	504	20～30	25～35(40)	

续附表 2

草种名	每克种子粒数 /(粒/g)	种子发芽适宜温度/℃	单播种子用量 /(g/m²)	营养体繁殖面积比 /(m²/m²)
		冷地型草		
鸭茅		20～30		
猫尾草	2 520	20～30	6～8(10)	6～8
冰草	720	15～30	15～17(25)	8～10
		暖地型草		
野牛草	111	20～35	20～25(30)	10～20
狗牙根	3 970	20～35	5～7(9)	10～20
结缕草	3 402	20～35	8～12(20)	8～15
沟叶结缕草		20～35		
假俭草	889	20～35	16～18(25)	10～20
地毯草	2 496	20～35	6～10(12)	10～20
两耳草		20～35		
双穗雀稗		30～35		
格拉马草	1 995	20～30	6～10(12)	7～10
垂穗草		15～30		

注:1. 括弧内是指为特殊建坪目的加大了的单播种量。若用于种子生产时,播量应适当减少。

2. 野牛草是指头状花序量。

附表 3　有关草坪方面的国内部分信息网站

(引自《草坪绿地实用技术指南》,孙吉雄,2002)

站　名	网　址
1. 中国林木种子公司	http://www.chinaforest.com
2. 中国绿色时报	http://www.greentimes.com
3. 中国种子集团公司	http://www.chinaseeds.com.cn
4. 中国农业信息网	http://www.agri.gov.cn
5. 中国农业科技信息网	http://www.cast.net.cn
6. 中国北方种子信息	http://www.agri.net.cn

续附表 3

站　　名	网　　址
7. 中国种子信息网	http://www.netease.com
8. 特福	http://www2.ami.ac.cn
9. 百绿	http://barenbrug.com.cn
10. 中国草业信息网	http://www.grassinfo.net
11. 中农草业	http://www.caasgrass.com
12. 北京绿洲	http://www.oasislandscape.com.cn
13. 宏日草业	http://www.chinahengri.com
14. 北京绿冠	http://www.topgreen.com.cn
15. 北京中种草业	http://www.grassonline.com.cn
16. 西部草业	http://www.e-chinagrass.com
17. 丹农	http://www.dlf.dk
18. 宁夏绿洲草业	http://www.cn-oasis.com
19. 克劳沃	http://www.bjclover.com

参考文献

[1] 韩烈保，等. 草坪建植与管理手册. 北京：中国林业出版社，1999.
[2] 黄复瑞，等. 现代草坪建植与管理技术. 北京：中国农业出版社，2000.
[3] 胡林，等. 草坪科学与管理. 北京：中国农业大学出版社，2001.
[4] 赵燕. 草坪建植与养护. 北京：中国农业大学出版社，2007.
[5] 蔡平等. 园林植物昆虫学. 北京：中国农业出版社，2003.
[6] 李传仁. 园林植物保护. 北京：化学工业出版社，2007.
[7] 中国农田杂草原色图谱编委会. 中国农田杂草原色图谱. 北京：农业出版社，1990.
[8] 韩烈保，等. 运动场草坪. 北京：中国林业出版社，1999.
[9] 赵美琦，等. 草坪养护技术. 北京：中国林业出版社，2001.
[10] 龚束芳. 实用草坪栽培与管理. 哈尔滨：东北林业大学出版社，2001.
[11] 孙晓刚. 草坪建植与养护. 北京：中国农业出版社，2002.
[12] 薛光，等. 草坪杂草及化学防除彩色图谱. 北京：中国农业出版社，2002.
[13] 郑长艳. 草坪建植与养护. 北京：化学工业出版社，2009.
[14] 鲁朝辉，等. 草坪建植与养护. 重庆：重庆大学出版社，2006.
[15] 胡叔良，等. 高尔夫球场及运动场草坪设计建植与管理. 北京：中国林业出版社，1999.
[16] 沈国辉，等. 草坪杂草防除技术. 上海：上海科学技术文献出版社，2002.
[17] 余德亿. 草坪病虫害诊断与防治原色图谱. 北京：金盾出版社，2007.
[18] 李惠. 常见杂草识别与防除原色图谱. 北京：中国农业出版社，2009.
[19] 陈雅君，等. 园林草坪学. 北京：气象出版社，2009.
[20] 徐秉良. 草坪技术手册草坪保护. 北京：化学工业出版社，2006.
[21] 胡林，边秀举，阳新玲. 草坪科学与管理. 北京：中国农业大学出版社，2001.
[22] 孙吉雄. 草坪学. 北京：中国农业出版社，2006.
[23] 周寿荣. 现代草坪建设与养护技术. 成都：四川科学技术出版社，2008.
[24] 潘文明. 草坪建植与养护. 北京：高等教育出版社，2005.